著者プロフィール

赤間公太郎（あかまこうたろう）

株式会社マジカルリミックス 代表取締役CEO

宮城県出身。コンピューター系の専門学校を卒業後、仙台のデザイン会社に入社。Webサイトのデザイン／コーディングをはじめとし、各種デジタルメディアのデザインに従事。2002年退職後すぐにマジカルリミックスを創業。2007年に法人化で株式会社マジカルリミックスを設立。サイト運用に関するコンサルティング、社内ITトレーニング、セミナー出演、執筆など。2005年から仙台の専門学校で、非常勤講師としてWeb関連講義を担当。

- プロフィールサイト：http://www.akamakotaro.com
- kotaログ：http://www.kotalog.net

大屋慶太（おおやけいた）

株式会社デック 代表取締役社長

名古屋芸術大学美術学部卒業。某大手通信会社系列の企業で印刷物のデザインを担当。その後退職し、愛知県の印刷会社で、Webデザイナー兼コーダーとして5年ほど在籍。大手クライアントの案件も、多数手がける。2005年スタジオ・デックの屋号で、フリーランスとして独立。2006年に株式会社デックとして法人化。近年は制作会社経営のかたわら、講師、本の執筆、制作業界の人々が集う飲酒会運営などさまざまな方面で活躍中。

執筆協力：青山真人（あおやままこと）　津田詩織（つだしおり）

- 株式会社デック：http://s-deck.jp

服部雄樹（はっとりゆうき）

服部制作室 代表

愛知県名古屋市出身。2014年までインドネシア・バリ島で活動し、世界各国のクリエイターと交流。多くの海外案件に携わる。帰国後、服部制作室を設立。Webサイトの制作だけでなく、各種WebサービスのテンプレートデザインやUI設計、セミナー登壇、コラムへの寄稿など精力的に活動中。"かっこいいを簡単に"をモットーに、海外のWebデザインを日本向けにローカライズした新しいデザインを提案している。

- 服部制作室：http://www.hattori-studio.jp

本書は、HTMLとCSSについて、2016年3月時点での情報を掲載しています。
本文内の製品名およびサービス名は、一般に各開発メーカーおよびサービス提供元の登録商標または商標です。
なお、本文中にはTMおよび®マークは明記していません。

はじめに

近年、Webデザインに求められるスキルの多様化がより一層進んでいます。HTMLやCSSの進化はもとより、ブラウザベンダーの先進的な対応や、めまぐるしく登場する新しい技術などもそうです。はじめからあれもこれもと取り入れるには、あまりに覚えるべき情報が膨大です。

このような続々登場する新しい技術や、高度なテクニック、美麗な装飾などに目が行きがちですが、それらを採り入れるには「そもそもの根底の部分がしっかり作られていること」が大前提になります。「基礎」や「根幹」は、Webデザインに限らずいつの時代もとても重要です。その部分をきちんとマスターしてこそ、新技術に対応する準備が整うのです。
これは、Webデザイナーを目指す人だけでなく、たまたま社内のWeb業務を任された人や、印刷物のデザイナーなどから転身する人にとっても同じです。

本書では、文書構造を意識した質の高いHTML、利便性や作業効率に配慮したCSSの書き方、昨今必ず対応が求められるスマートフォン対応（レスポンシブWebデザイン）など、幅広く解説をしています。また、HTMLやCSSの書き方だけにとどまらず、ファイルをサーバに転送し公開する方法や、制作物のクオリティチェックの考え方、最終章ではSNSなどを利用して、よりたくさんの人に見てもらえるように「集客面」について触れています。

セミナー登壇や専門学校など教育現場でも実績のある講師が、それぞれの得意とするパートで執筆いたしました。
本書が、これからWebデザインを始めたいと考えている方はもちろん、Webデザインの知識を再度覚え直したい方など、基礎・根幹を押さえるための一助となれば幸いです。

2016年3月
執筆者を代表して　赤間公太郎

「いちばんやさしいHTML5&CSS3の教本」の読み方

「いちばんやさしいHTML5&CSS3の教本」は、はじめての人でも迷わないように、わかりやすい説明と大きな画面でHTML5とCSS3を使ったWebサイトの作り方を解説しています。

「何のためにやるのか」がわかる！

薄く色の付いたページでは、Webサイトを作る際に必要な考え方を解説しています。
実際のコーディングに入る前に、要素やセレクタなどの意味をしっかり理解してから取り組めます。

タイトル
レッスンの目的をわかりやすくまとめています。

レッスンのポイント
このレッスンを読むとどうなるのか、何に役立つのかを解説しています。

解説
Webサイトを作る際の大事な考え方を、画面や図解をまじえて丁寧に解説しています。

講師によるポイント
特に重要なポイントでは、講師が登場して確認・念押しします。

「どうやってやるのか」がわかる！

コーディングの実践パートでは、1つ1つのステップを丁寧に解説しています。
途中で迷いそうなところは、Pointで補足説明があるのでつまずきません。

手順
番号順に入力をしていきます。入力時のポイントは赤い線で示しています。また、一部のみ入力するときは赤字で示します。

Point
その入力作業を行う際の注意点や補足説明です。

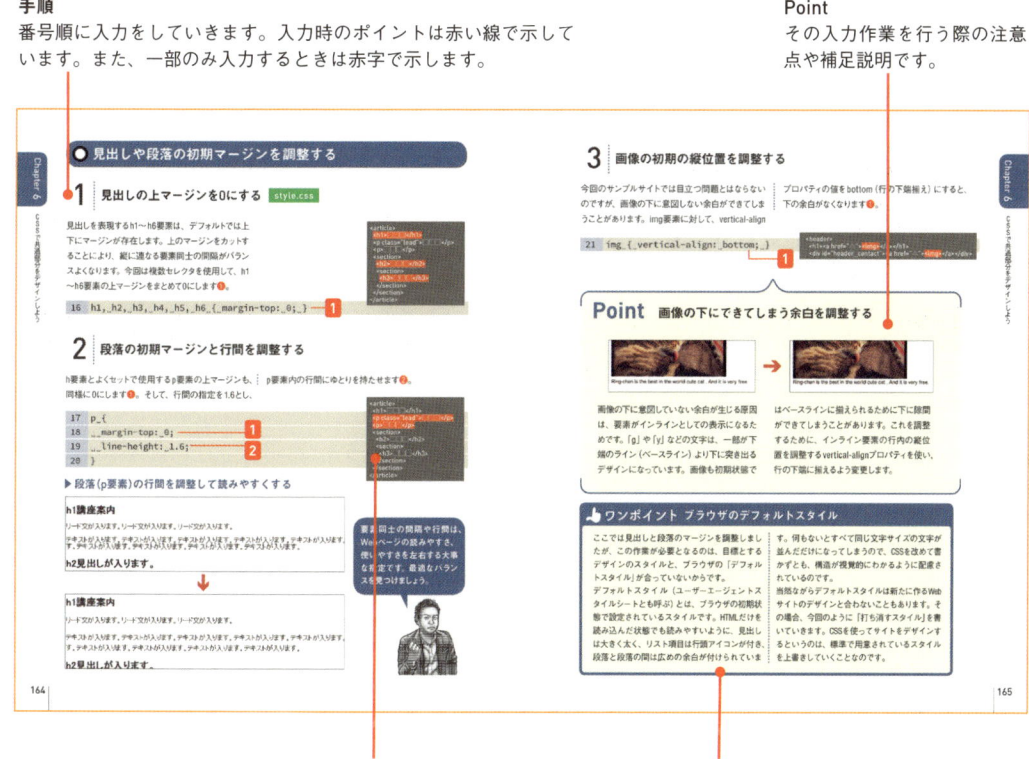

セレクタミニマップ
CSSのセレクタが選んでいるHTMLの要素を示しています。

ワンポイント
レッスンに関連する知識や知っておくと役立つ知識を、コラムで解説しています。

本書の読み方

いちばんやさしい HTML5&CSS3 の教本
人気講師が教える 本格Webサイトの書き方

Contents 目次

- 著者プロフィール ……………………………………………………… 002
- はじめに ………………………………………………………………… 003
- 本書の読み方 …………………………………………………………… 004
- HTML要素&CSSプロパティ一覧 …………………………………… 286
- 索引 ……………………………………………………………………… 291
- 本書のサンプルコードのダウンロードについて …………………… 295

Chapter 1 Webサイトを作成する準備をしよう　page 13

Lesson		page
01	[Webサイトの基本] Webサイトが表示される基本的な仕組みを知りましょう	14
02	[Webサイト作りのワークフロー] Webサイト制作の大まかな流れを把握しましょう	16
03	[Webサイトの設計] Webサイトの構成とデザインを決めましょう	18
04	[制作環境を整える❶] 「Google Chrome」をインストールしましょう	22
05	[制作環境を整える❷] テキストエディタ「Brackets」をインストールしよう	26
06	[制作環境を整える❸] ファイルの種類を表す「拡張子」を表示しましょう	30
07	[制作環境を整える❹] 文字コードを理解しましょう	32

Chapter 2 HTMLの基本を学ぼう

page 35

Lesson

08 [HTMLのバージョン]
HTMLとは何かを知りましょう ……………………………………… 36

09 [DOCTYPE宣言と要素]
HTMLの基本構造を知りましょう …………………………………… 38

10 [タグと属性]
タグの基本的な書き方を知りましょう ……………………………… 42

11 [要素の分類]
代表的な要素について学びましょう ………………………………… 44

12 [パスの指定]
ディレクトリとパスについて学びましょう ………………………… 48

13 [HTMLの練習]
HTMLを書いてみましょう …………………………………………… 52

14 [img要素]
Webページに画像を挿入してみましょう …………………………… 60

15 [インデントとコメント]
読みやすいHTMLを書きましょう …………………………………… 64

Chapter 3 共通部分のHTMLを作成しよう　page 67

Lesson 16 ［HTML文書の設計］
完成形をイメージしましょう …… page 68

Lesson 17 ［骨格のための要素］
ページの骨組みを作成しましょう …… 72

Lesson 18 ［ヘッダーの作成］
ヘッダーとグローバルナビゲーションを作りましょう …… 78

Lesson 19 ［メインエリアの作成］
メインエリアとパンくずリストを作ろう …… 82

Lesson 20 ［aside要素とfooter要素］
サイドバーとフッターを作りましょう …… 86

Chapter 4 共通部分から個別のページを作成しよう　page 93

Lesson 21 ［トップページの作成］
共通ページをもとにしてトップページを作成しましょう …… page 94

Lesson 22 ［表の作成］
講座案内ページの表組みを作成しましょう …… 102

Lesson 23 ［画像リストの作成］
ギャラリーページの画像リストを作成しましょう …… 106

Lesson 24 ［フォーム］
お問い合わせページのフォームを作成しましょう …… 108

Chapter 5 CSSの基本を学ぼう

page 119

Lesson		page
25	[CSSとは] CSSとは何かを知りましょう	120
26	[基本的な書き方] CSSの基本構造を知りましょう	122
27	[セレクタの種類] セレクタについて理解しましょう	124
28	[スタイルの優先順位] CSSが競合するスタイルを解決する仕組みを知りましょう	128
29	[スタイルの継承] スタイルの継承について知りましょう	130
30	[文字関連のプロパティ] 文字の書式を設定するプロパティを知りましょう	132
31	[色の指定] 色の指定方法を知りましょう	136
32	[ボックスモデル] 要素のサイズと間隔の指定方法を理解しましょう	140
33	[レイアウト指定の概要] Webページの主なレイアウトパターンを知りましょう	144
34	[floatプロパティ] フロートを利用したレイアウト方法を理解しましょう	146
35	[displayプロパティ] ディスプレイを利用したレイアウト方法を理解しましょう	148
36	[positionプロパティ] ポジションを利用したレイアウト方法を理解しましょう	150
37	[CSSの実習] CSSを書いてみましょう	152

Chapter 6 CSSで共通部分をデザインしよう

page 159

Lesson		page
38	［タイプセレクタ］ タイプセレクタを使ってページ全体の書式を整えましょう	160
39	［ボーダーと背景］ ボーダーと背景でメインコンテンツの見出しを装飾する	166
40	［フロートの利用］ 幅を設定してヘッダーエリアを整えましょう	170
41	［フロートの利用とリストの調整］ フロートを利用してグローバルナビゲーションを整えましょう	174
42	［フロートの利用］ メイン部分を2段組みにしましょう	178
43	［サイドバーのスタイリング］ ボーダーと背景設定を組み合わせてサイドバー内を整えましょう	180
44	［グラデーション］ グラデーションを利用して立体的なボタンを作りましょう	184
45	［ディスプレイの利用］ フッターナビゲーションをインライン化して整えましょう	188
46	［疑似要素］ 疑似要素を使ってパンくずリストを整えましょう	192
47	［transitionプロパティ］ アニメーションによる視覚効果を追加してみましょう	196

Chapter 7 コンテンツのデザインを整えよう　page 201

Lesson 48 [figureやdt、dd要素の装飾]
トップページのデザインを整えましょう ……………………… page 202

Lesson 49 [表のデザイン]
講座案内の表組みを装飾しましょう …………………………… 206

Lesson 50 [フロートとnth-child疑似クラス]
ギャラリーの写真を格子状に並べましょう …………………… 210

Lesson 51 [フォームのスタイリング]
フォームを装飾してみましょう ………………………………… 216

Chapter 8 スマートフォンに対応しよう　page 225

Lesson 52 [スマートフォン対応の概要]
スマートフォンに対応する方法を知りましょう ……………… page 226

Lesson 53 [デベロッパーツールの利用]
スマートフォンでの表示をパソコンで確認しましょう ……… 228

Lesson 54 [レスポンシブWebデザイン❶]
Viewportを設定してWebページの表示方法を制御しよう … 232

Lesson 55 [レスポンシブWebデザイン❷]
メディアクエリでCSSを切り替えましょう …………………… 236

Lesson 56 [Webフォント]
Webフォントでアイコンを表現してみましょう ……………… 245

Chapter 9 Webサイトを公開しよう
page 251

Lesson 57 ［Webサーバの準備］
Webサイトを公開するサーバを用意しましょう ……………………………………… page 252

Lesson 58 ［ファイルのアップロード］
FTPクライアントを使ってファイルをアップロードしましょう ………………………… 254

Lesson 59 ［バリデート］
Webサイトの品質を確認しましょう ………………………………………………… 262

Chapter 10 機能を追加して集客しよう
page 265

Lesson 60 ［SEO施策］
検索結果にWebサイトの情報が詳しく載るようにしましょう ……………………… page 266

Lesson 61 ［ファビコン、Webクリップアイコンの設定］
ブックマークやスマートフォン用のアイコンを設定しましょう ……………………… 268

Lesson 62 ［SNSボタンの設置］
ソーシャルネットワークを活用しましょう …………………………………………… 272

Lesson 63 ［Googleマップの設置］
Google マップを埋め込みましょう ………………………………………………… 282

Chapter 1

Webサイトを作成する準備をしよう

Webサイトの制作の前に、まずはインターネットの仕組みを理解し、HTMLを入力するためのエディタや閲覧のためのブラウザを準備しましょう。

Lesson 01 [Webサイトの基本]
Webサイトが表示される基本的な仕組みを知りましょう

このレッスンのポイント

Webサイトを作る前に、まずは、私たちが普段何気なく見ているWebサイトがどういった要素でできているのか、どのような仕組みで表示されているのかを説明します。なぜHTMLとCSSを覚えないといけないのかを納得してから先に進みましょう。

→ Webページが表示される仕組み

Webサイト作りを目指す皆さんなら、ブラウザ（Webブラウザ）にURLを入力するとWebページが表示されるということはご存じでしょう。URLがインターネットの住所を表すということも知っているかもしれませんね。

ブラウザにURLを入力すると、インターネット上のURLが表す場所に「このWebページを見たいよ」というリクエストが送られます。それに対していくつかのデータが送り返されてきます。

このとき送られてくるデータが、本書で勉強するHTML（エイチティーエムエル）やCSS（シーエスエス）です。ブラウザはそれを解釈してWebページとして表示してくれるのです。

Webページの集まりのことをWebサイトと呼びます。1つ1つのWebページ自体は単なるドキュメントですが、Webページ同士をリンクさせて互いに参照しあったり画像を表示させたりして、ひとまとめのWebサイトが成り立っています。

▶ HTMLやCSSがWebページになる

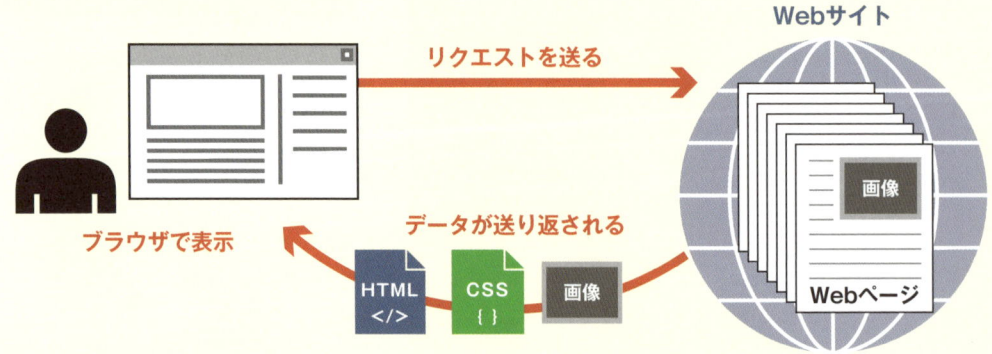

「HTML」でWebページの内容を記述する

HTML (HyperText Markup Language：ハイパーテキストマークアップランゲージ) は、Webページの内容を書くための言語です。HTMLを使って、「見出し」や「段落」といった文書の構造を記すマークや、他のページへのリンクを張る、画像を埋め込むといった情報を加えていきます。原則的に1つのHTMLのファイルが1つのWebページになるので、HTMLファイルがWebページの本体といってもいいでしょう。

▶ HTMLの例

```
<h1>ギャラリー</h1>
<p class="lead">実際に通われる生徒さんの作品をご紹介します。</p>
```

 ## 「CSS」でHTMLを装飾する

左の画面のようにHTMLだけでWebページの内容は書けますが、それだけだとそっけないですね？　右の画面のようにCSSで装飾して、もっと人に見てもらいやすいWebページにしましょう。CSS (Cascading Style Sheets：カスケーディングスタイルシート) はWebページの見た目を指定するための言語です。HTMLと組み合わせて「文字の大きさ」「レイアウト」「色」などを指定します。

▶ HTMLだけのWebページにCSSを追加すると……

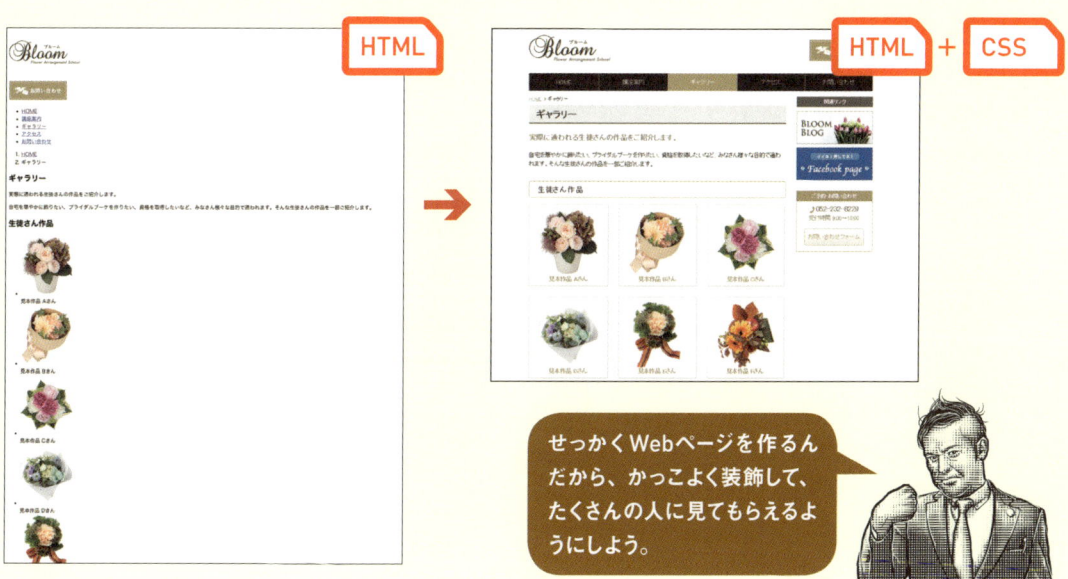

せっかくWebページを作るんだから、かっこよく装飾して、たくさんの人に見てもらえるようにしよう。

Lesson 02 ［Webサイト作りのワークフロー］
Webサイト制作の大まかな流れを把握しましょう

このレッスンの
ポイント

Webサイトの仕組みはなんとなくイメージがつかめましたか？ 次はWebサイトを作る流れを勉強しましょう。最初にサイトの狙いやターゲット設定など大きな構成から考え、それをもとにページ構成や内容を決めていきます。そこから後がようやく実制作です。

➔ Webサイトの「ゴール」を考える

HTMLやCSSを書く作業を==コーディング==と呼びます。ただし、Webサイトをゼロから作るときに、いきなりコーディングをはじめることはまずありません。==誰に向けたWebサイトなのか、どういったことを伝えたいのかというターゲットやゴールを==設定し、それをもとにページ構成を決め、そこからようやくデザインやコーディングといった実制作に入るのです。

Webサイトを大勢に向けた手紙と考えてみましょう。紙とペンがあれば手紙は書けますが、書いてあることがいきあたりばったりで、情報がまったくまとまっていなかったら、読んだ人には何も伝わりません。最悪の場合、最後まで読んでさえもらえないでしょう。同じように、Webサイトも内容をよく熟考する必要があるのです。

▶ Webサイト制作の流れ

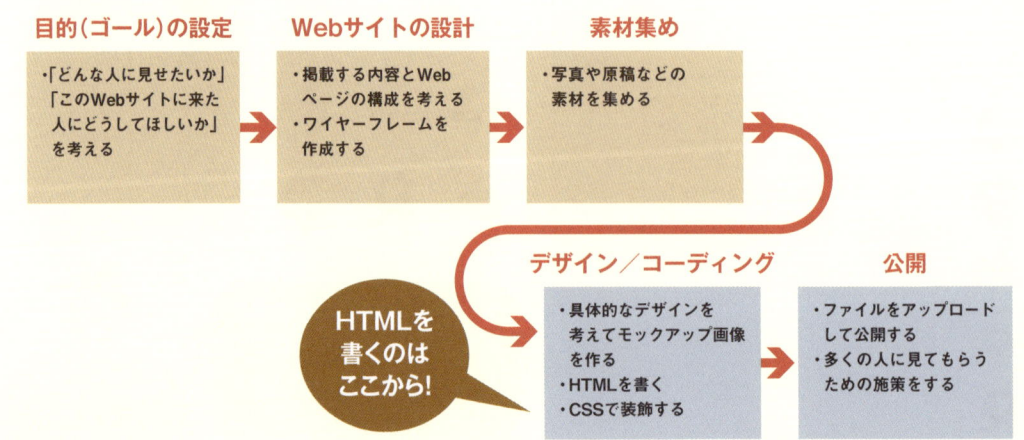

「ゴール」から「コンテンツ」を考える

本著では、サンプルサイトとしてフラワーアレンジメント教室「Bloom」（ブルーム）のWebサイトを作成します。見た人が「アレンジメントって楽しそう！」と興味を持ち「教室に参加してみよう」と「問い合わせ」をするというアクションをゴールと設定しました。ここでの大きな目的は、教室の生徒数を増やすことです。そのためのコンテンツとして、「どんな講座が用意されているかを紹介する」「実際に作成した事例を見せることでよりイメージをかき立てる」「連絡先や教室の場所をわかりやすく案内する」といったページを用意します。==初めてページを見る人の気持ちになって、どんな情報が載っていたら興味を持つか、問い合わせてみたくなるかを考えてみましょう。==このWebサイトの目的が「教室のイメージ向上」だったり「先生の数を増やすこと」だったりした場合、用意すべきコンテンツは当然変わってくるのです。

▶ サンプルサイトのゴールからコンテンツ決めまで

目的（ゴール）の設定	Webサイトの設計	素材集め
・フラワーアレンジメント教室BloomのWebサイトを作る ・アレンジメントの楽しさを伝えて教室の生徒を増やす	必要なページは ・講座紹介 ･･･････▶ ・作品の紹介 ･･････▶ ・アクセス ･･･････▶ ・問い合わせ ･････▶ ワイヤーフレームを作る	・講座の内容テキスト ・作品の写真 ・住所と地図 ・問い合わせフォーム

デザインとコーディングを始める

必要な素材が集まったら、いよいよ実制作の始まりです。プロのWebデザイナーに依頼した場合、デザインを確定させるために、==グラフィックソフトを使ってモックアップ画像（デザインカンプ）を作るのが一般的==です。そしてモックアップどおりにブラウザで表示されるように、HTMLやCSSを作成していきます。

個人でWebサイトを作るときは、デザインを別に起こすのも大変なので、==いきなりHTMLから作り出すこともあります。==現場の制作手法でも、コーディングしながらデザインを固めていく「インブラウザデザイン」という手法があるので、自分のやりやすい方法で進めましょう。

本書ではHTMLとCSSの勉強をするけど、それ以前の作業工程はもっと大事！

Lesson 03 [Webサイトの設計]
Webサイトの構成とデザインを決めましょう

このレッスンのポイント

実際にWebサイトの構成とデザインを固めていきましょう。Webサイトの設計にはトレンドがあるので、普遍的な正解はありません。ただし、どのようなデザインであっても、Webサイトの目的とユーザーの動きを常に意識することが重要です。

ユーザーの体験を考えながらサイトマップを作成する

情報の重要度や、ユーザーが見ていく流れを意識しながらサイトマップを作成します。
Webサイトの入り口にあたるページのことをトップページといいます。このトップページから直接表示できるページを第2階層目と呼び、重要な情報は第2階層目に配置してアクセスしやすくします。内容が多い場合は、カテゴリーごとに情報を分け、さらに下層ページを作りましょう。階層を深くしていくと情報の整理は楽ですが、トップページからアクセスしたユーザーがそのページにたどり着きにくくなるため、わかりやすいリンクや横移動しやすい導線を考える必要があります。

目的とゴール、ユーザーの導線を考えながらページを割り振ります。重要な情報にすぐにたどり着けるように設計しましょう。

▶ サイトマップ（サンプルサイトの場合）

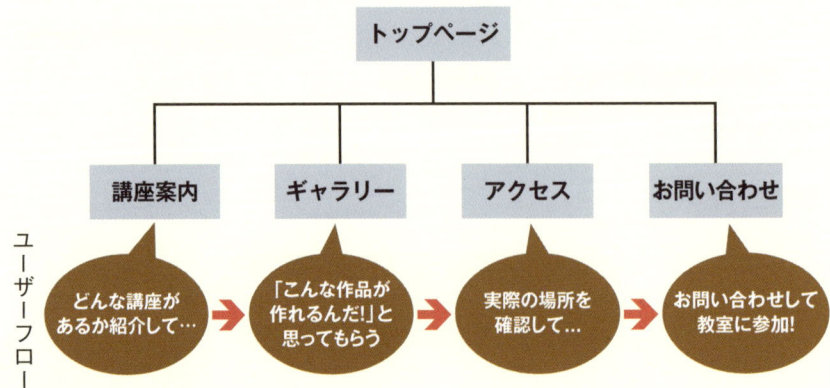

ワイヤーフレームを作る

Webサイトの構成が決まったら、次はWebページのレイアウトを考えます。ボタンやテキストなどの大まかな配置を記載した図面のようなものを==ワイヤーフレーム==といいます。ワイヤーフレームには必要な機能やリンク先を忘れずに記載します。ユーザーの導線を意識して、他人が見てもわかりやすいワイヤーフレームを作りましょう。

サンプルサイトでは「お問い合わせ」など利益に直結する重要なボタンを目立つところに配置したり、自社のサービス紹介にはアクセスしやすくしたりしました。ワイヤーフレームはただの図面なので、伝われば何で作っても構いません。もちろん手書きでも問題ありませんが、==デジタルツールを使うと編集や共有がしやすく便利==です。図形が書きやすいExcelやPowerPointなどを使用する人もいれば、プロ向けのグラフィックソフトを使用する人もいます。自分の使いやすいツールを使用するといいでしょう。Web上で利用できるGoogleドキュメントを利用するのもアリですね。Cacoo (https://cacoo.com/lang/ja/) のようなワイヤーフレームを書くためのWebツールも提供されていて、これらを使えば管理や共有が効率的に行えます。

▶ サンプルサイトのワイヤーフレーム

他のWebサイトを参考にしながら、完成をイメージして作ろう！

Webページにおける各パーツの名称

Webページはただ文字と写真が並んでいるだけではありません。よく使われる定番のパーツというものがあります。サンプルサイトで使われるパーツの名称と、主な役割を知っておきましょう。

▶ Webサイト各部の名称

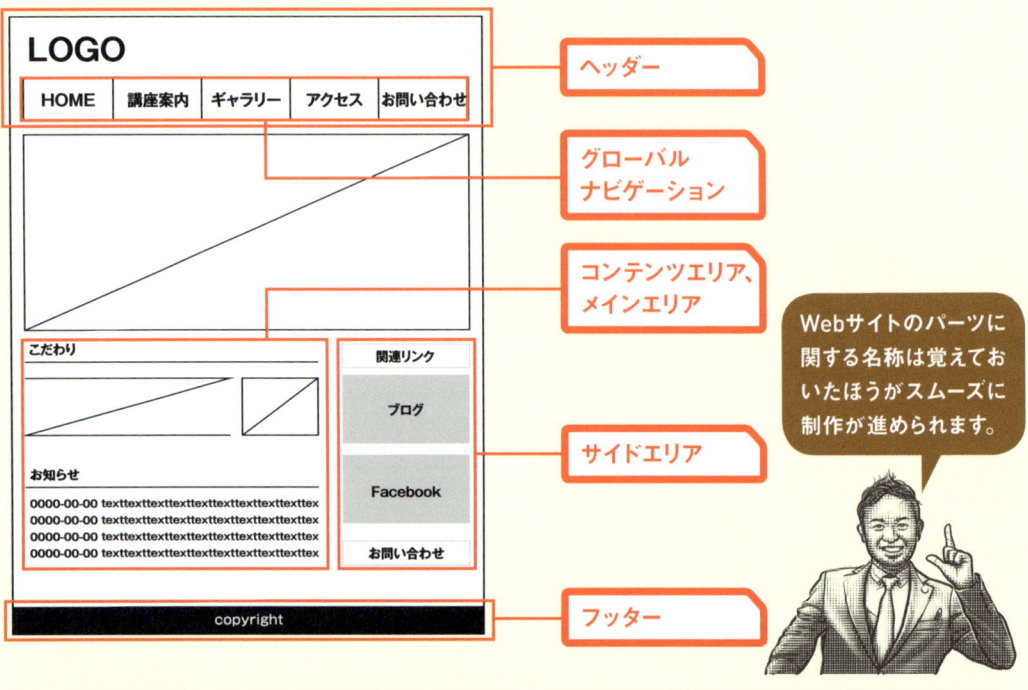

Webサイトのパーツに関する名称は覚えておいたほうがスムーズに制作が進められます。

パーツ名称	役割
ヘッダー	ページの上部に設置される部分。イントロダクションやナビゲーションが含まれる。
グローバルナビゲーション	グローバルナビゲーションはWebサイトの主要なページへのリンクの集まり。ページに共通で設置されることが多く、Webサイト内を移動するためのショートカットとして機能する。
コンテンツエリア、メインエリア	各ページの内容が入るメイン部分。
サイドエリア、サイドバー	ページのサイドに設置される部分。単に右サイド、左サイドなどと呼ぶこともある。各ページの共通要素や、下層ページへのリンクメニュー、広告バナーなどを置く。下層ページへのリンクメニューを設置した場合は、サイドメニュー、ローカルナビゲーションなどと呼ばれる。
フッター	下部に設置される部分。Webサイトの補足的な内容や、関連リンク、コピーライトなどの重要度の低い情報を置く。

Webデザインの横幅を考えよう

デザインするにあたって最初に決めなければいけないことはWebページの横幅をどれぐらいにするかです。最近のパソコンのディスプレイでは1366×768あたりのサイズが主流です。なお、pxはピクセルと呼び、画面の1画素を表す単位です。

Webサイトの横幅を考える際は、大半のディスプレイで横スクロールせずに見られるようにするのがいいでしょう。本書のサンプルサイトでは、下表の主要なWebサイトも参考にして横幅980pxで作成します。スマートフォンサイトの場合は、また基準が変わります。今回はパソコンとスマートフォン両対応のWebサイトを作ります。詳しくは第8章で解説します。

▶ 主要Webサイトの横幅

サイト名	幅	URL
NTTドコモ	905px	https://www.nttdocomo.co.jp/
キヤノン	920px	http://canon.jp/
Yahoo! JAPAN	950px	http://www.yahoo.co.jp/
全日本空輸（ANA）		https://www.ana.co.jp/
三菱東京UFJ銀行		http://www.bk.mufg.jp/
さくらインターネット	960px	http://www.sakura.ad.jp/
サントリーホールディングス		http://www.suntory.co.jp/
シャープ		http://www.sharp.co.jp/
ニコニコ動画	976px	http://www.nicovideo.jp/
Apple Inc.	980px	http://www.apple.com/
内閣府		http://www.cao.go.jp/
モスフードサービス		http://mos.jp/
ソニー	1200px	http://www.sony.jp/
トヨタ自動車	1280px	http://toyota.jp/

サンプルサイトのモックアップ画像を作ろう

モックアップ画像をグラフィックソフトで作る場合、最終形をイメージしながら作らなければなりません。どこがテキストになってどこが画像になるか、背景はどのように入るか、フォントサイズは適切かなど、コーディングすることを意識して作成しましょう。

また、見る環境によってブラウザのサイズはさまざまです。ブラウザのウィンドウを広げた場合どのように表示されるかなども考えながら作りましょう。

Photoshopでモックアップ画像を作成

Lesson 04 ［制作環境を整える❶］
「Google Chrome」をインストールしましょう

このレッスンのポイント

ここからはWeb制作のための準備をしていきます。まずはブラウザのGoogle Chromeをインストールしましょう。Chromeは強力な動作検証機能を持っているだけでなく、後でインストールするテキストエディタのBracketsと連携して利用できます。

➡ 制作に役立つブラウザを選択する

ブラウザにはさまざまな種類がありますが、基本的にはどれを使っても同じように表示されるので、普段使うものは何でも構いません。しかし、Web制作をするなら、制作に役立つものを選びましょう。
本書では、検索サービスで有名な Google が無償で提供している Google Chrome（グーグルクローム）を使用します。Chromeは現在最もシェアが高いブラウザで、WindowsとMacの両方に対応しているので、どちらの環境でも同じように制作が進められます。

また、スマートフォンでの表示を確認する機能など、制作者にとって便利な動作検証用の機能が数多く搭載されています。
先ほど「ブラウザはどれでも同じ」といいましたが、実際にはブラウザによって細かいHTMLとCSSの解釈が異なるため、同じように表示させるには注意してコーディングする必要があります。その点でもシェアが高く、HTMLとCSSの最新技術を積極的に取り込むChromeは制作者向けのブラウザといえます。

▶ Google Chrome

動作検証に役立つ開発者ツール

普段使うブラウザは何でもいいけれど、この本のとおりに進めるためにChromeをインストールしよう。

● Google Chromeをインストールする（Windows）

1 インストーラーをダウンロードする

1 Chromeのページ（https://www.google.co.jp/chrome/）を表示

2 ［Chromeをダウンロード］をクリック

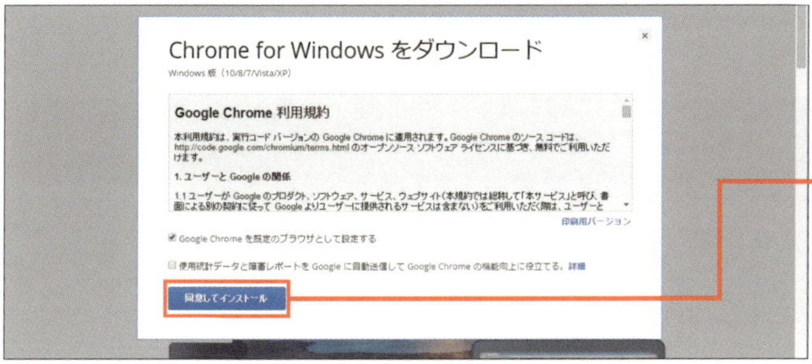

2 利用規約を確認する

1 ［同意してインストール］をクリック

3 インストールを実行する

1 ［実行］をクリック

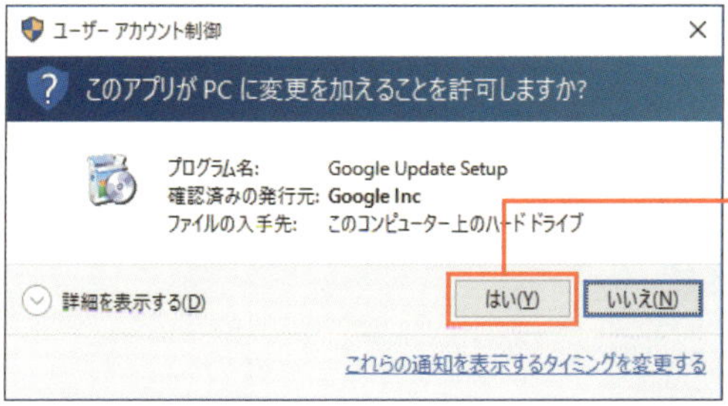

4 コンピュータへの変更を許可する

1 ［はい］をクリック

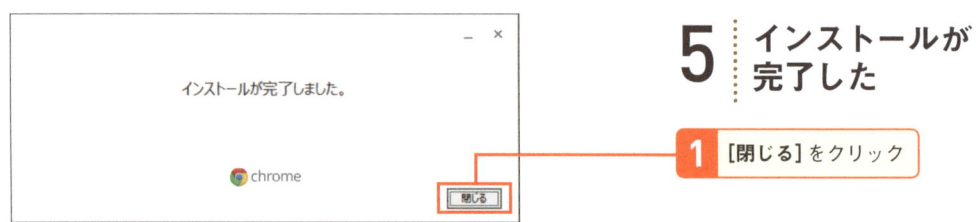

5 インストールが完了した

1 [閉じる]をクリック

6 Chromeを起動する

1 スタートメニューから[すべてのプログラム]をクリック

2 [Google Chrome]をクリック

● Google Chromeをインストールする（Mac）

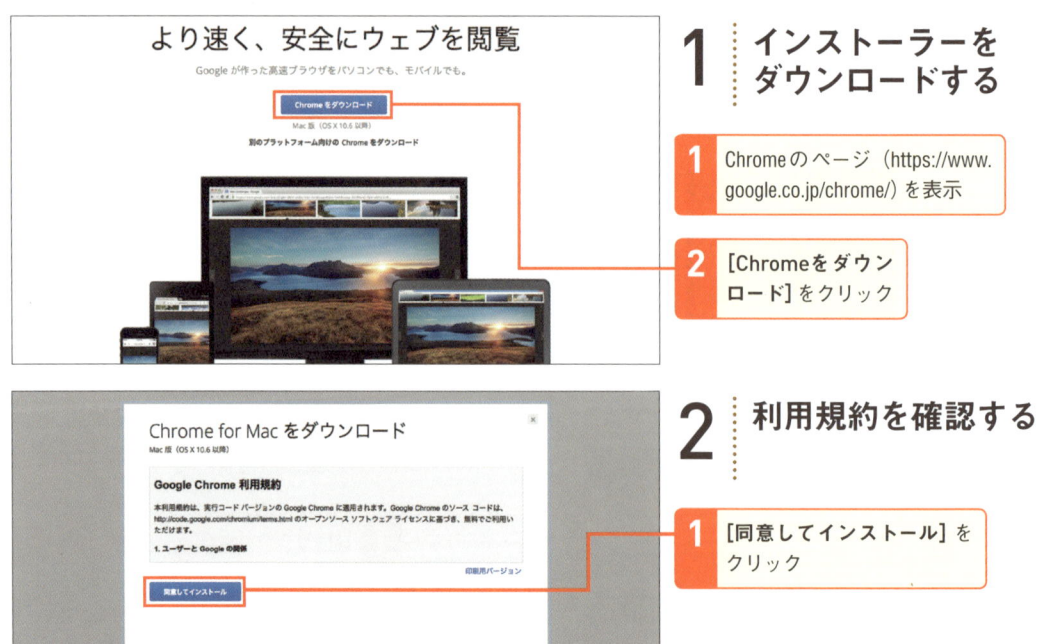

1 インストーラーをダウンロードする

1 Chromeのページ（https://www.google.co.jp/chrome/）を表示

2 [Chromeをダウンロード]をクリック

2 利用規約を確認する

1 [同意してインストール]をクリック

3 ダウンロードした ファイルを開く

1 ダウンロードしたファイルをダブルクリック

4 アプリケーションフォルダへコピーする

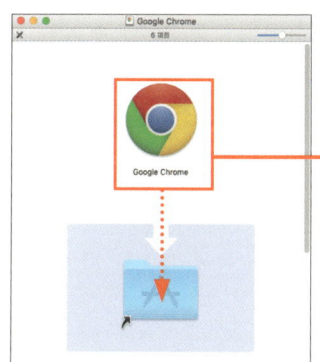

1 アイコンをアプリケーションフォルダにドラッグ

5 Chromeを起動する

1 アプリケーションフォルダを開いて[Google Chrome]をダブルクリック

👍 ワンポイント アプリをタスクバーやDockに登録しよう

インストールしたブラウザやエディタは、Windowsならスタートメニュー、Macならアプリケーションフォルダや Launchpadから起動できますが、それぞれもっと素早く起動する手段が用意されています。Windowsはタスクバー、MacはDockです。どちらもアプリを起動するとアイコンが表示されるので、右クリック（Macは[Control]キーを押しながらクリック）して登録します。

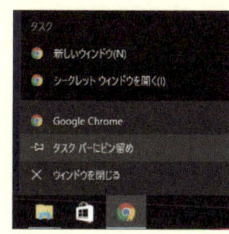

アイコンを右クリックして[タスクバーにピン留め]を選択

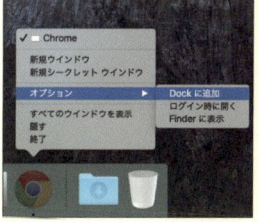

[Control]キーを押しながらアイコンをクリックして[オプション]-[Dockに追加]を選択

Lesson 05 ［制作環境を整える❷］
テキストエディタ「Brackets」をインストールしよう

このレッスンのポイント

HTMLやCSSを書くためにテキストエディタを使用します。テキストエディタにもいろいろありますが、HTMLやCSSの編集に最適化されたものなら効率よくコーディングできます。本書ではBracketsというエディタを使用して解説していきます。

➡ テキストエディタ選びは超重要

HTMLやCSSのファイルの中身は、文字データだけで構成されています。これをJPEGなどの画像ファイルなどと区別して、==テキストファイルと呼びます。テキストファイルを編集するためには、テキストエディタというソフトを使用==します。

テキストエディタには、パソコンにはじめからインストールされているメモ帳（Windows）やテキストエディット（Mac）などがありますが、もっと高機能でHTMLやCSSの編集に最適化されたソフトのほうが楽に製作できます。==本書で使用するのは、AdobeのBrackets（ブラケッツ）というテキストエディタ==です。AdobeのWebページ製作ソフトには、多くのプロが使用しているDreamweaverという有名な製品があるのですが、大変高額です。Bracketsは無料で使える上に、WindowsとMacの両方に対応しており、Web制作を助けるさまざまな機能を搭載しています。機能もシンプルなので、ワープロソフトを使った経験があればすぐに使いこなせるでしょう。

▶ Bracketsの画面構成

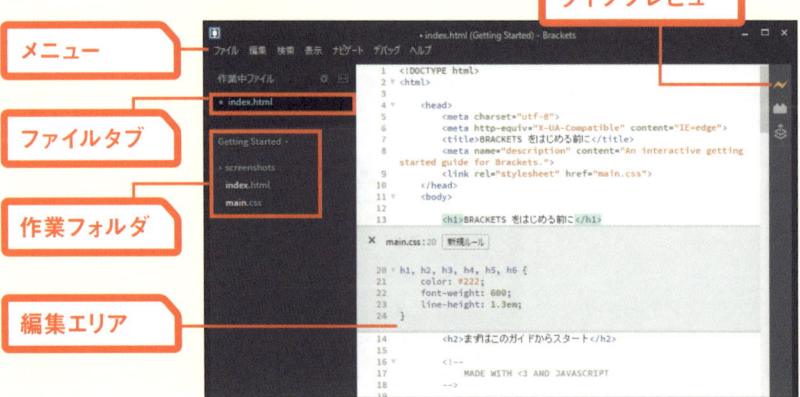

- メニュー
- ファイルタブ
- 作業フォルダ
- 編集エリア
- ライブプレビュー

ダウンロードページは英語ですが、操作画面は日本語なので心配無用です！

● Bracketsをインストールする（Windows）

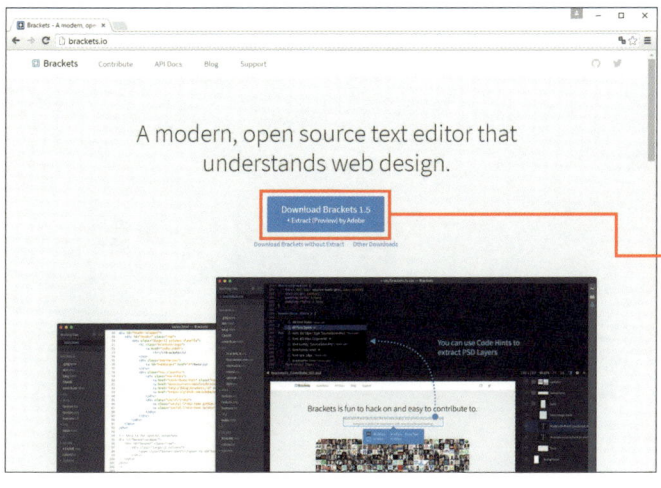

1 インストーラーをダウンロードする

1. Bracketsのページ（http://brackets.io/）を表示
2. ［Download Brackets］をクリック

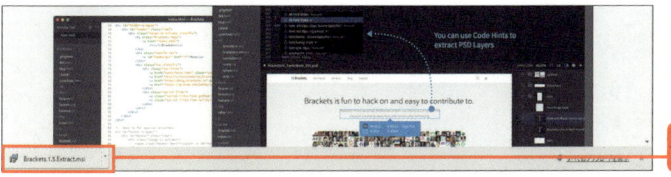

2 ダウンロードしたファイルを実行する

1. ファイルをダブルクリック

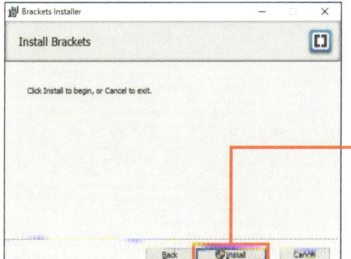

3 ファイルのインストール先を選択する

1. 必要ならインストール先を変更
2. ［Next］をクリック

4 インストールを開始する

1. ［Install］をクリック

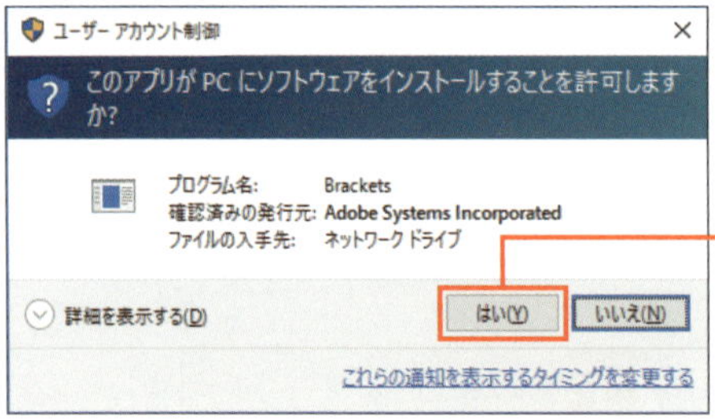

5 コンピュータへの変更を許可する

1 [はい]をクリック

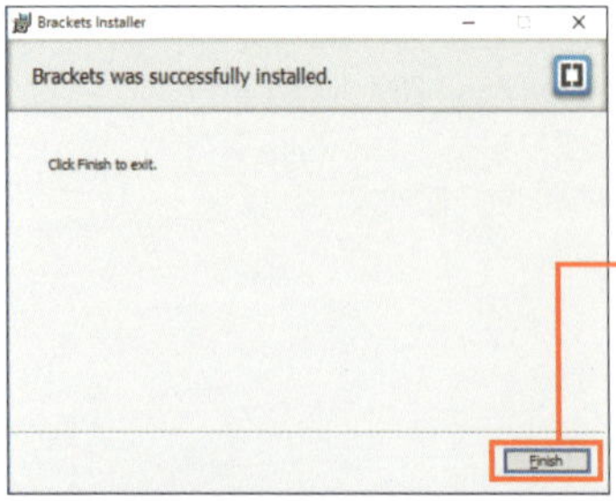

6 インストールを完了する

1 [Finish]をクリック

7 Bracketsを起動する

1 スタートメニューから[すべてのプログラム]をクリック

2 [Brackets]をクリック

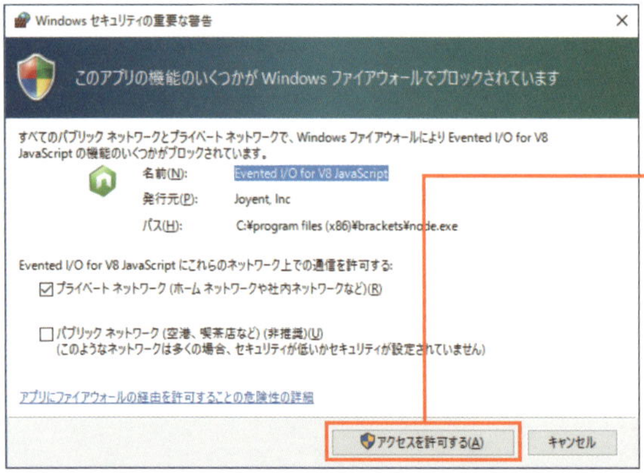

8 ファイアウォールのブロックを解除する

1 [アクセスを許可する]をクリック

最初の起動時に許可したら、次回からこのメッセージは表示されなくなります。

● Bracketsをインストールする(Mac)

1 インストーラーをダウンロードする

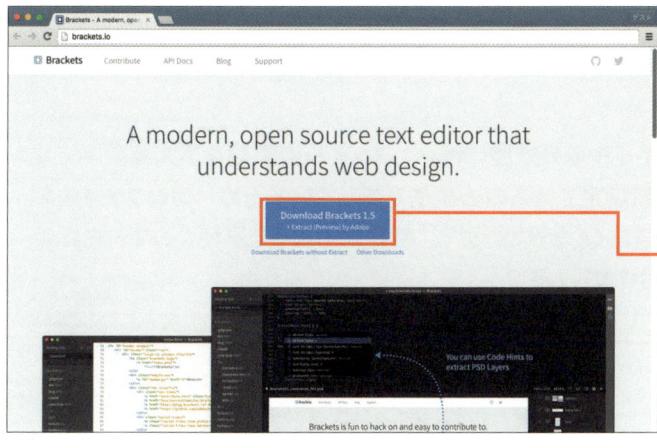

1 Bracketsのページ（http://brackets.io/）を表示

2 [Download Brackets]をクリック

2 ダウンロードしたファイルを開く

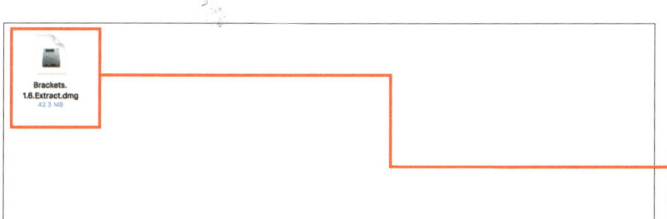

1 ダウンロードしたファイルをダブルクリック

3 アプリケーションフォルダへコピーする

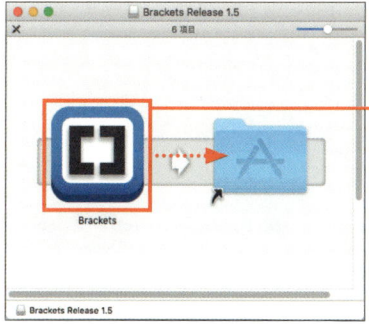

1 アイコンをアプリケーションフォルダにドラッグ

4 Brakcetsを起動する

1 アプリケーションフォルダを開いて[Brackets]をダブルクリック

Lesson 06 ［制作環境を整える❸］
ファイルの種類を表す「拡張子」を表示しましょう

このレッスンのポイント

拡張子とはファイル名の末尾に付く、ファイルの種類を表す英数字です。パソコンの初期設定ではこの拡張子を隠しているため、何のファイルなのか判別が付きにくくなっています。制作にあたって不便なので、先に設定を変更しておきましょう。

➔ 拡張子が見えないとファイルの種類が区別できない

HTMLやCSSは、中身のデータの形式でいうと、どちらも文字データだけで構成されたテキストファイルです。それを区別するには、==ファイル名の末尾に付いた拡張子（かくちょうし）という3〜4文字の英数字を確認します。HTMLファイルの拡張子は「.html」か「.htm」、CSSファイルの拡張子は「.css」==です。Windows、Macともに標準では拡張子を隠してしまうため、ここで説明する方法で表示しておきましょう。なお、HTMLやCSSはテキストファイルなので、拡張子を変えるだけでファイルの種類を変更できますが、JPEGやPNGなどの画像ファイルではできません。変えてしまうと==ファイルの内容と拡張子が不一致になって開けなくなるので注意してください。==

▶ 拡張子の表示

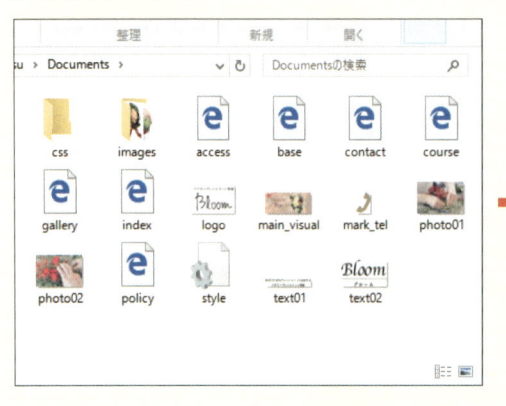 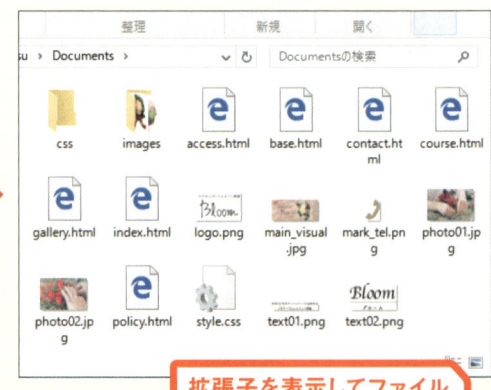

拡張子を表示してファイルの種類を見分けやすくする

◯ 拡張子を表示する（Windows 10/8.1）

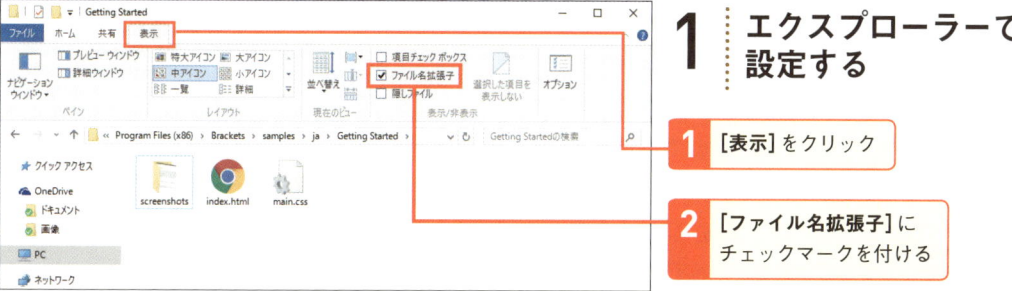

1 エクスプローラーで設定する

1. [表示]をクリック
2. [ファイル名拡張子]にチェックマークを付ける

👍 ワンポイント Windows 7の場合

Windows 7で拡張子を表示するには、エクスプローラー（フォルダウィンドウ）の[整理]メニューの[フォルダーと検索のオプション]をクリックします。[フォルダーオプション]ダイアログボックスが表示されるので、[表示]タブをクリックして、[登録されている拡張子は表示しない]のチェックマークを外します。

◯ 拡張子を表示する（Mac）

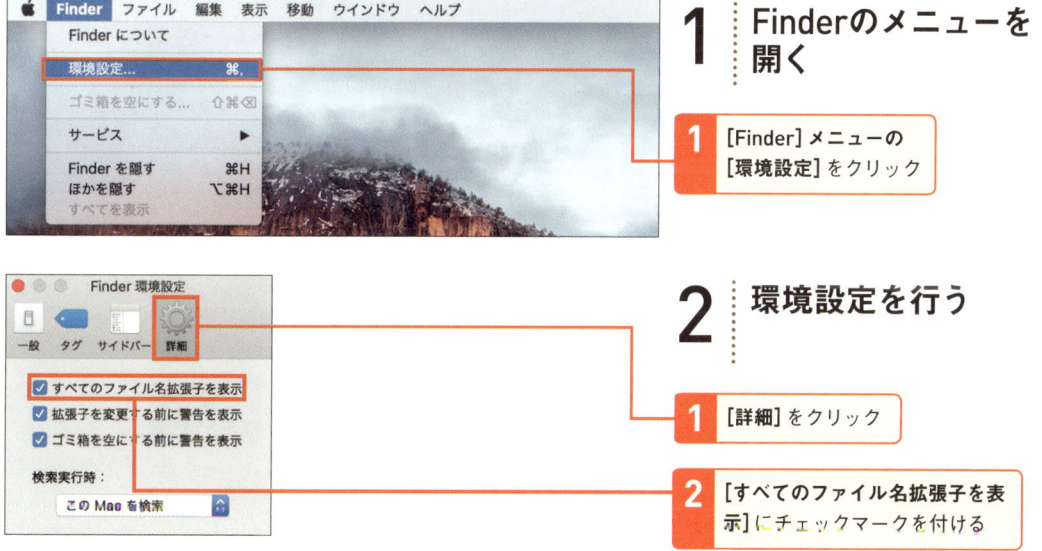

1 Finderのメニューを開く

1. [Finder]メニューの[環境設定]をクリック

2 環境設定を行う

1. [詳細]をクリック
2. [すべてのファイル名拡張子を表示]にチェックマークを付ける

Lesson 07 ［制作環境を整える❹］ 文字コードを理解しましょう

このレッスンのポイント

Bracketsで作成したテキストファイルは、最近の標準の「UTF-8」という文字コードを使用するので、新しいWebサイトを作る場合は大きな問題はありません。ただし、古いWebサイトのデータを修正する場合などに別の文字コードへの対応が必要になることがあります。

文字コードは文字に割り振られた番号

コンピュータ上でテキストを表示するために各文字に振り当てられた数字のことを文字コードと呼びます。この文字コードにはShift JIS、EUC-JP、UTF-8などいくつもの種類があります。欧米などで使われている英数字の文字コードは1バイトで表現されます。しかし、1バイトで表現できる文字数は少なく、日本語のような言語では足りなくなるため、日本や中国といった国ではそれぞれ独自に2バイトの文字コード使用していました。近年ではこれまで各国でバラバラだった文字コードを統一していこうという流れのもと、すべての文字を統一して表示できるUnicode（ユニコード）の採用が進んでいます。そのため新たにWebサイトを作る際はUnicodeの一種であるUTF-8を選ぶことをおすすめします。

▶ 主な文字コード

文字コード	説明
ASCII	英数字が収録された文字コードで、世界中で使われている。
JISコード(ISO-2022-JP)	日本語表記の文字コード。電子メールで使われることが多い。
Shift JIS	JISコードをもとに改良された。昔はパソコン用OSの標準だったので、今も使っている人が多い。
Unicode	世界の主要な言語の文字をほとんど収録。
UTF-16	Unicodeの一種。現在のパソコン用OSでよく使われている。
UTF-8	Unicodeの一種。ASCIIとの親和性が高く、HTML5で推奨されている。
EUC-JP	UNIX系OSに使われる文字コードの1つ。

▶ 文字コードごとに番号はバラバラ

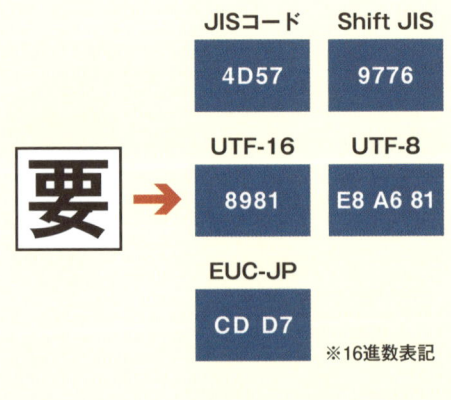

文字化けはなぜ起きる？

データ制作時の文字コードと、表示するときの文字コードが同じでないと、数字から文字の変換がうまくいかず、正しく文字が表示されず意味不明な記号が現れます。これがいわゆる文字化けなのです。
古いデータや古いサイトを見る際や、メールなどでは、送信側と受信側の文字コードが違い文字化けしてしまうことがよくあります。その場合エンコード（変換）の設定を手動で変更するとうまく表示されることがあります。

▶ 文字コードが合っていないと文字化けが起きる

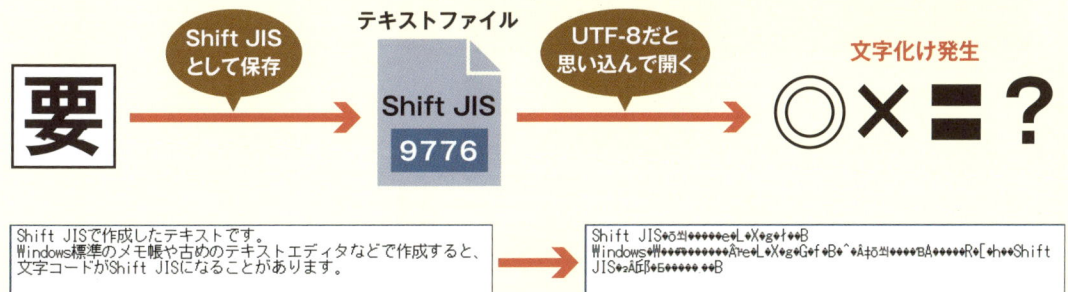

文字化けを防ぐには？

基本的にテキストファイルの場合は、特に指定しなければ使用するエディタのデフォルト設定の文字コードが使われます。データを作成する際にしっかり文字コードを把握しておきましょう。
HTMLファイルの場合、文字コードを宣言するタグがあるので忘れずに書きましょう（P.44参照）。Webブラウザでは、通常は自動的に適切な状態を表示してくれますが、制作時に正しく文字コードが指定されていないと誤って解釈されることがあります。また、Webサーバの設定であらかじめ文字コードが指定されていることもあるので、正しく指定しているはずなのに文字化けが起きる場合はWebサーバの文字コードも確認してみましょう。

▶ 文字化けを防ぐための注意点

👆 ワンポイント Bracketsでさまざまな文字コードに対応する

Bracketsは初期状態ではUTF-8以外の文字コードが使用できません。他の文字コードに対応するには、Shizimily Multi-Encoding for Bracketsという拡張機能をインストールします。過去に作成されたHTMLはシフトJISやEUC-JPで書かれていることがあるので、インストールしておくことをおすすめします。
拡張機能は他にもさまざまなものが公開されており、Bracketsをどんどん便利に強化することができます。

▶ Shizimily Multi-Encoding for Bracketsのインストール

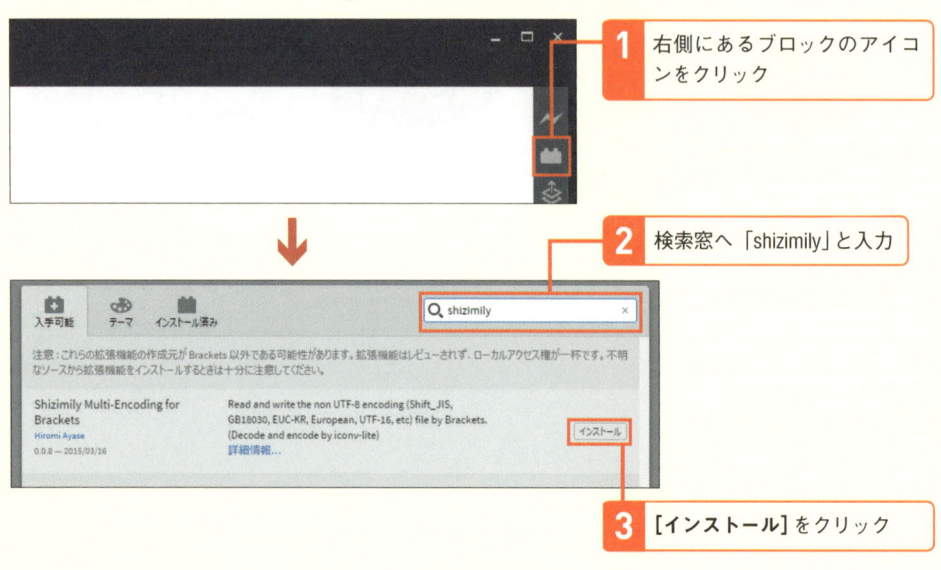

1 右側にあるブロックのアイコンをクリック

2 検索窓へ「shizimily」と入力

3 [インストール]をクリック

▶ 初心者にもおすすめのBracketsの拡張機能

拡張機能名	働き
EditorConfig	文字コードの中で改行位置を表すものを「改行コード」と呼び、OSの種類によって異なる。この拡張機能をインストールすると、改行コードを切り替えられるようになる。
indent guides	インデントが可視化され、正確にインデントを設定しやすくなる。
show whitespace	show whitespaceは、半角スペースを表示してくれる機能拡張。HTMLやCSSでは空白がないと意味が変わることがあるので、そのような見落としを防ぐことができる。

Chapter 2

HTMLの基本を学ぼう

まずは「HTMLとは何か」といった基本的なことや、文書の構造、代表的な要素など、基礎となる知識を学び、章の後半では簡単なHTMLを書きながら理解を深めていきましょう。

Lesson 08 ［HTMLのバージョン］
HTMLとは何かを知りましょう

**このレッスンの
ポイント**

HTMLと聞くと難しそうでためらってしまう人も多いかもしれませんが、心配はいりません。一見難解に見えるHTMLですが、慣れてしまえばシンプルで使い方もとても簡単です。ここではまず「そもそもHTMLって何？」という概要を知り、少しずつ攻略してきましょう。

⇒ 他の文書や画像にリンクできるハイパーな文書

HTMLとは、Hyper Text Markup Language（ハイパーテキストマークアップランゲージ）の略で、Webページを作成するために開発された最も基本的なマークアップ言語の1つです。現在、インターネット上で公開されているWebページは、ほとんどがHTMLで作成されています。

「Hyper Text」とはテキストを超えるという意味で、==文書間をリンクする「ハイパーリンク」を埋め込むことで複数の文書を関連付けられる高機能なテキストのことです。==

そして「Markup」とは、==文書の各部分がどんな働きをしているか（見出しなのか、段落なのかなど）について目印を付けるということです。==

この「Hyper Text」と「Markup」を組み合わせた言語、つまり「Language」がHyper Text Markup Language（HTML）となります。

▶ ハイパーリンクの仕組み

来月、<u>インドネシアのバリ島</u>へ、家族と海外旅行に行くことになりました。

文書A

別の文書にリンク

バリ島

インドネシア有数の観光地で日本人の観光客も多い。

文書B

画像ファイルにリンクして文書内に表示することもできる

→ HTMLの最新バージョンはHTML5

HTMLには「バージョン」という概念があります。例えばWindowsには10/8/7/XPなどいろいろな種類がありますが、同じようなものだと考えてください。HTMLは1993年にスイスで開発され、それ以降さまざまな改定が加えられて進化してきました。

2016年1月現在の最新バージョンはHTML5です。HTML5では文書構造の明確化やメディアファイルの取り扱いに大きな変更が加わりました。本書ではこのHTML5に準拠したHTMLの書き方を解説していきます。

▶ HTMLの履歴

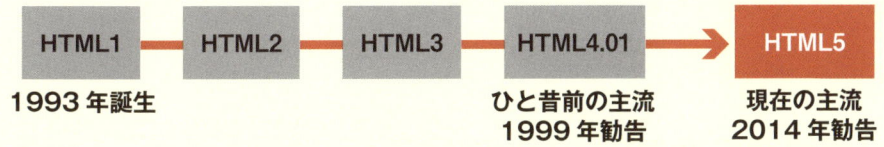

→ もうHTML5を使っても大丈夫

HTML5のコーディングに関する大きな改善点は、仕様の標準化を進めたことです。Webページを閲覧するためのブラウザにはさまざまな種類があり、それぞれが独自の進化を遂げてきたため、同じWebページを閲覧してもブラウザによって表示が異なるということが日常茶飯事でした。
この問題を解消するため、HTML5では「各ブラウザにすでに実装されている機能を分析し、それをもとに仕様を決める」という検証作業が行われました。以前は、HTML5に対応していないInternet Explorer（IE）8以前の古いブラウザなどへの配慮が必要でしたが、現在ではシェアが少なくなったことや、HTML5が標準であるスマートフォンの普及により、「もうHTML5を使っても大丈夫」といえるでしょう。

▶ すでにHTML5対応ブラウザが主流

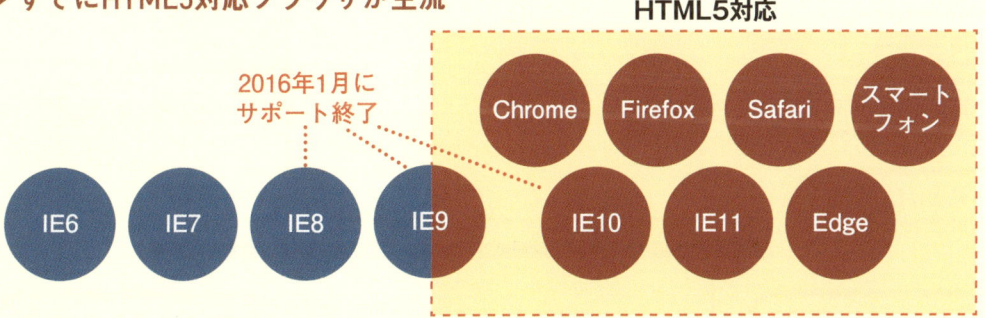

※Windows VistaのIE9は2017年までサポートを継続

Lesson 09 [DOCTYPE宣言と要素]
HTMLの基本構造を知りましょう

このレッスンのポイント

このレッスンでは、HTML文書の基礎構造について学んでいきます。HTML文書の基本形は、1行目にDOCTYPE宣言を書き、次に全体を囲む大きな箱であるhtml要素と、その中にhead要素とbody要素を書くというものです。1つずつ順に見ていきましょう。

➔ HTMLは要素の集まり

HTMLは、それぞれ異なる役割を持った「要素」の集合体でできています。下図のように、ヘッダー用のheader要素、段落用のp要素などさまざまな種類があり、それらを組み合わせることで1つのWebページができあがるのです。

ただし、必ずしもすべての項目に専用の要素があるわけではないため、文書の構造に合わせて柔軟に組み合わせを考えていくことも必要になります。

▶ Webページを構成する要素

HTMLの大まかな構造

シンプルなHTMLを見て大まかな構造をつかみましょう。先頭の1行目はDOCTYPE宣言といい、HTMLは必ずこの行から始まります。
2行目以降は、タグというマークを使って要素を書き込んでいきます。この部分の構造は、html要素という一番大きな要素の中にhead要素とbody要素があり、それぞれの中にWebページの内容となる要素が入ります。要素を箱にたとえると、html要素という箱の中に、bodyやheadそれぞれの箱がある……という入れ子の構造です。

▶ HTMLの基本構造

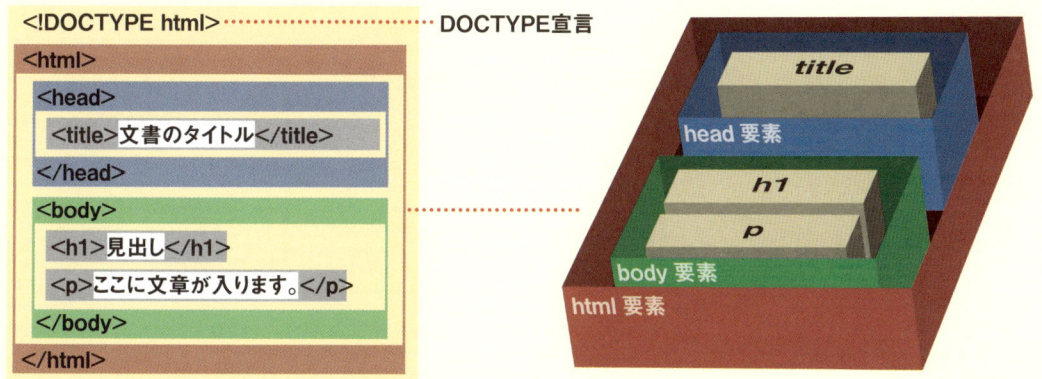

要素の入れ子関係を親子と呼ぶ

HTMLの構造を表すときによく「親子」という言葉が出てきます。前節でも触れましたが、これはHTMLの記述の特性として、要素が入れ子になっていることから、外側の要素を「親」と呼び、その中に内包されている要素を「子」と呼びます。この親子構造を下図のようにツリー形式で表すことも多いので、覚えておくといいでしょう。

▶ 要素の親子関係とツリー図

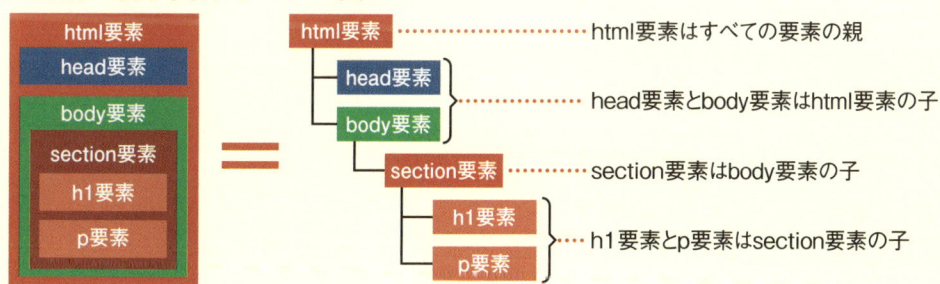

DOCTYPE宣言はHTMLのバージョンを示す

HTMLでWebページを作成する際に、まず1行目に必ず書くのがDOCTYPE宣言（Document Type Definition、DTD）です。HTMLでは、バージョンによって使用できる要素や記述ルールが異なるため、その文書がHTMLのどのバージョンで作成されているかを宣言するために書きます。

昔HTMLを習った人はすごく長いDOCTYPE宣言を教わったかもしれませんが、HTML5からhtmlと書くだけになりました。バージョンを書かないことが、HTML5以降のHTMLであることを示します。

▶ HTML5のDOCTYPE宣言はシンプルになった

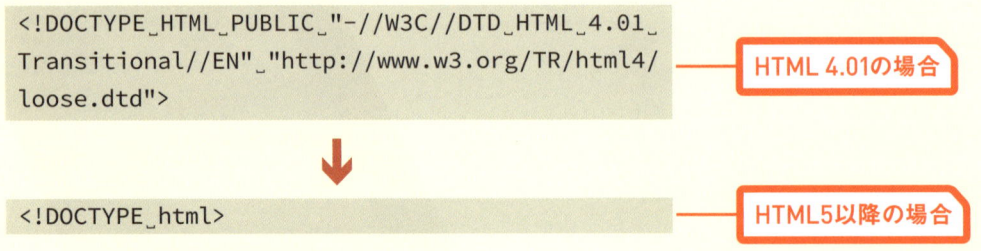

html要素は文書全体を示す

DOCTYPE宣言に続いて2行目に書くhtml要素は、HTML文書全体を示す要素で、DOCTYPE宣言を除くすべての要素がhtml要素の中に含まれます。文書全体を示す、というと少しわかりにくいですが、HTML文書は必ず1つの要素から始まらないといけないというルールがあるため、すべてを内包する最も大きな要素としてhtml要素を配置し、その中にhead要素、body要素という2つの要素を入れます。

▶ html要素は一番大きな箱

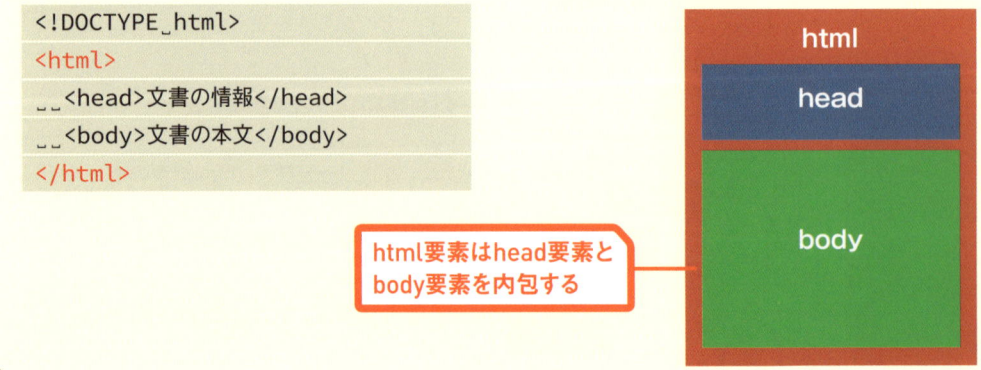

head要素とbody要素は役割が違う

html要素の中に入る1つ目の箱である<mark>head要素は、その文書に関する情報を示す要素</mark>です。文書に関する情報とは、タイトルや、読み込むCSSの指定、文字コードなどが挙げられます。例えば書籍や雑誌の巻末に、著者や発行日、発行者の情報が記載されていますが、それと同じようなものだと考えてください。

head要素の内容は、人ではなく検索エンジンやブラウザなどの機械に情報を伝えるためのものなので、Webページの内容としては表示されません。

2つ目の<mark>body要素は、その文書の本文を示す要素</mark>です。見出しや段落、画像、表など文書の本文を構成する内容はすべてbody要素の中に書き、これらがブラウザの画面上に表示されます。

▶機械に伝える情報と人に伝える情報

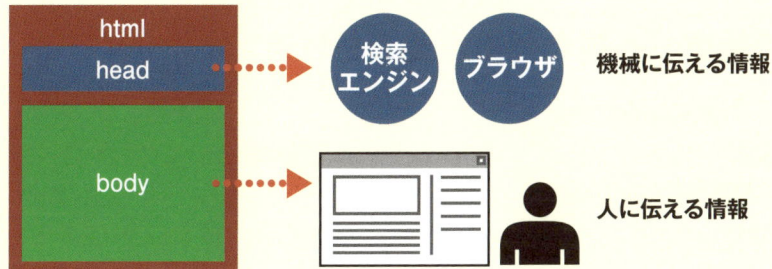

▶head要素とbody要素の例

```
<!DOCTYPE html>
<html>
  <head>
    <meta charset="文字コード">
    <title>文書のタイトル</title>
  </head>

  <body>
    <h1>大見出し</h1>
    <p>ここに文章が入ります。</p>
  </body>

</html>
```

head要素には、検索エンジンに伝える情報も含まれます。Webページに表示されないからといって適当ではいけません。

Lesson 10 ［タグと属性］
タグの基本的な書き方を知りましょう

このレッスンの
ポイント

このレッスンでは、HTMLを書く上で最も基本的な文法を学んでいきます。タグ、属性、要素、この3つを覚えるだけで基本的なHTML文書は作成できます。どんな分野でも、基礎をしっかり覚えることは最も重要です。ゆっくり確実に学んでいきましょう。

→ タグで要素の始まりと終わりの目印を付ける

タグとは目印を意味する言葉で、HTMLはタグで目印（マーク）を付けて各要素の役割を示します。タグには開始タグと終了タグがあり、終了タグはタグ名の前にスラッシュ（/）を付けます。例えば大見出しを示すh1要素の場合、<h1>が開始タグで</h1>が終了タグです。

ほとんどのタグは開始タグと終了タグを対にして記述しますが、終了タグを省略してもいいタグ（<li>、<dd>など）や、単独で完結する（終了タグを書いてはいけない）タグ（<img>、
など）もあります。

▶ 開始タグと終了タグ

```
<h1> 見出し </h1>
```
　開始タグ　　　　　終了タグ

▶ 終了タグを省略できるタグの例（<li>など）

```
<ul>
  <li>リストA
  <li>リストB
</ul>
```

▶ 単独で完結するタグの例（<img>、
など）

```
<img src="abc.jpg">
<br>
```

要素はタグに囲まれた全体を指し、その始まりと終わりを示すのがタグです。混同しやすいのですが、別のものなので注意しましょう。

→ 属性で要素の補足情報を書く

属性は要素の役割を細かく指定するために使われ、開始タグの中に書きます。
例えば画像を表す<img>タグに「src」という属性を追加する場合、下図のように記述します。タグ名「img」との間をスペースで区切られた後にある「src」が属性名で、その後に「=」が続き、「"」と「"」の間に入る文字や数値（この場合「image/sample.jpg」）が属性値です。通常この2つをセットで属性と呼びます（値を持たない属性名だけの属性もあります）。

この例の場合、属性「src」は画像ファイルの場所を指定するので、src="image/sample.jpg"は、「imageというフォルダの中にあるsample.jpgという画像ファイルを表示する」という意味になります。この記述によってsample.jpgという画像ファイルがブラウザ上に表示されるというわけです。このように要素の役割を細かく指定したり機能を拡張したりするものが属性だと覚えてください。

▶ 属性名と属性値

これはsample.jpgという画像を表示するimg要素を意味します。

👍 ワンポイント　タグ名と属性名は半角スペースで区切る

タグに属性を書く際に気を付けなければいけないのが、タグと属性の間には必ず半角スペースを入れるというルールです。imgタグの場合なら<img src="○○○">が正しい記述で、<imgsrc="○○○">のように半角スペースなしで記述すると正しく表示されません。また、複数の属性を記述する場合も<img src="○○○" alt="○○○">のように、属性ごとに半角スペースで区切って書きます。

▶ 正しい書き方

`<img_src="　○○○　">`

※ ␣ は半角スペースを表します

▶ 誤った書き方

`<imgsrc="　○○○　">`

Lesson 11 [要素の分類] 代表的な要素について学びましょう

このレッスンのポイント

このレッスンでは、Webサイトの作成時によく使われる代表的な要素を紹介していきます。ここで紹介する要素だけを用いて、簡単なWebサイトを完成させることも十分可能です。どれも基礎となる重要な要素なので、しっかり学んでいきましょう。

文書の基本情報を示すための要素

まず、head要素の中に入れる文書の基本情報を示す要素から見ていきましょう。1つ目に入れるのがmeta要素です。meta要素は属性次第でさまざまな情報を書くことができ、検索用のキーワードや説明文などを書くためにも使われます。
その中で必ず入れなければいけないのが文字エンコーディングの指定です。文字エンコーディングの指定にはmeta要素のcharset属性を使用します。HTMLファイルの文字コード（P.32参照）がUTF-8の場合は、「charset="UTF-8"」と書きます。この記述によって、この文書が「UTF-8」で作成されたものだということをブラウザに伝えられます。
続いて、文書のタイトルを書きましょう。タイトルにはtitle要素を使用します。また、CSSのファイルをリンクさせる（読み込む）場合はlink要素を使います。link要素にはrel属性でファイルの種類を、href属性で読み込むファイルのパスを指定します。

▶ meta、title、linkの使用例

```
<head>
<meta charset="UTF-8">                                     ← 文字コードの指定
<meta name="keywords" content="りんご,みかん,バナナ,果物">   ← 検索エンジン向けのキーワード
<title>ここに文書のタイトルが入ります</title>                  ← 文書のタイトル
<link rel="stylesheet" href="css/style.css">               ← CSSのリンク
</head>
```

→ Webページの骨格を作るための要素

次にbody要素内に書く要素を紹介していきます。まずは骨格（文書構造）を作るための要素です。header、nav、article、aside、footerなどがあり、それぞれヘッダー、ナビゲーション、記事、補足情報、フッターを意味します。

また、具体的な役割はなくとも、意味や機能の1つのまとまりを表す場合はsection要素を使用します。

ただし、レイアウト目的の単なるコンテナには、汎用的なブロックレベルの要素であるdiv要素の使用が推奨されています。「単なるコンテナ」とは、本書のサンプルでいえば、メインエリアとサイドバーをまとめるdiv要素などが該当します（P.76参照）。この要素の目的はページ幅を980pxに収めることで、骨格としての意味はありません。

▶ 骨格を作るための要素

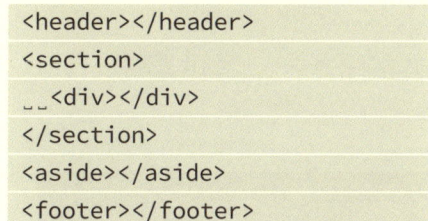

→ 文章などの内容を書くための要素

骨格を作ったら次は内容（コンテンツ）です。文章を書くための要素にはh1〜h6、p、ul、li要素などがあります。これらはそれぞれ、見出し、段落、リスト（箇条書き）、リスト項目を表しています。フローコンテンツやヘッディングコンテンツなどに属します。

見出しを作成するためのh1〜h6要素は、h1から順に大見出し、中見出し、小見出しなどを表し、重要な見出しほど数字が小さくなります。
画像を挿入するimg要素もよく使われます。

▶ 文章を書くための要素

ユーザーが操作できる要素

HTML文書の最大の特徴はユーザーが操作できることです。操作する＝クリックする要素として最もポピュラーなものがリンクで、作成する際にはa要素を使用します。入力フォームの作成にはform要素やinput要素、textarea要素などを組み合わせます。

▶ ユーザーが操作できる要素

```
<a href="index.html">リンク</a>
<form>
  <input type="text"></input>
  <input type="button">ボタン</input>
</form>
```

- リンク（a要素）
- フォーム（form要素）
- ボタン（button要素）
- 入力フィールド（input要素）

👍 ワンポイント ブロックレベルとインライン

HTML 4.01では、要素はブロックレベル要素とインライン要素のいずれかに分類されていましたが、HTML5ではこの分類はなくなりました。とはいえ、各要素の初期状態の並び方はこの分類に基づいているため、レイアウトを組む上で覚えておくといいでしょう。

ブロックレベル要素とは、見出し・段落・表などの、文書を構成する基本となる要素で、1つの固まり（ブロック）として認識されるため、ブラウザでは前後で改行されます。つまり縦に並びます。代表的な要素には、p、div、ul、dl、h1～h6があります。

インライン要素とは、ブロックレベル要素や文章の中に含まれる要素のことで、テキストと同じレベルで扱われるため、前後で改行されず、テキストと一緒に流し込まれます。代表的な要素には、a、br、em、span、strongがあります。

なお、これらの並び方はCSSで自由に変更できるので（P.148参照）、あくまで初期状態での並び方を決めるもの、という程度に考えてください。

▶ ブロックレベル要素

- header要素
- h1要素
- p要素

前後で改行されるため、縦に積み上がる

▶ インライン要素

テキスト｜span要素｜a要素｜strong

要素｜テキスト

前後で改行されず、テキストと一緒に流し込まれる

👍 ワンポイント HTML5のコンテンツモデル

HTML5では厳密な要素の分類方法として新たに「コンテンツモデル」が導入されています。コンテンツモデルとは、各要素ごとに内包できる要素の種類を分類したもので、簡単にいうと「どの要素にどんなコンテンツを入れていいのか」を定義したルールです。コンテンツは主に7つのカテゴリーに分類され、それぞれの関係は下図のように表されます。

▶コンテンツモデルのカテゴリーとそこに含まれる主な要素

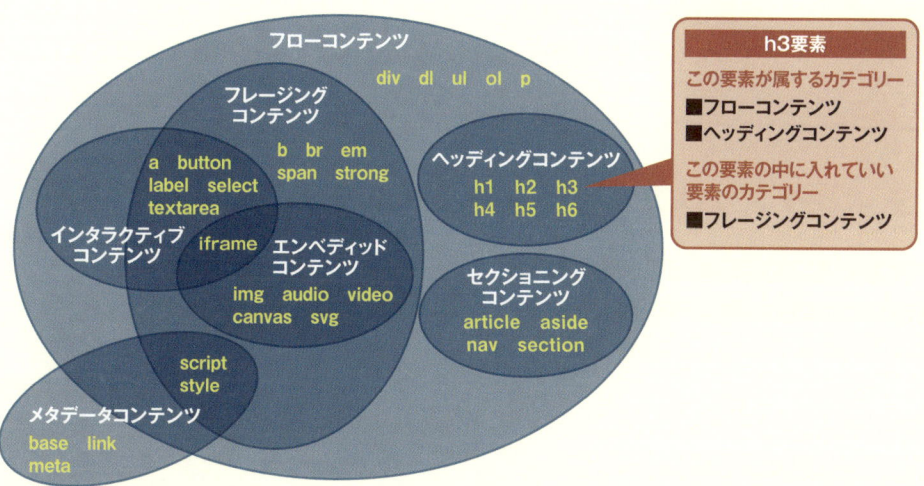

カテゴリー	説明
メタデータコンテンツ	メタデータコンテンツには、文書に関するさまざまな情報（メタデータ）を示すための要素が属す。これらは基本的にhead要素内に書くが、body要素内に書けるものもある。
フローコンテンツ	フローコンテンツには、body要素内で使用できるほとんどの要素が属す。
セクショニングコンテンツ	セクショニングコンテンツには、セクションを作るために使用する要素が属す。セクションとは書籍でいう章や節などの文書の区切りのこと。
ヘッディングコンテンツ	ヘッディングコンテンツには、見出しを示すための要素が属す。
フレージングコンテンツ	フレージングコンテンツには、段落内のテキストの範囲を示す要素が属す。例えば、一部を太字にするときやリンクを張るときなどに使用する。ほぼインライン要素と一致する。
エンベディッドコンテンツ	エンベディッドコンテンツには、画像やビデオなど、外部のリソースを組み込む際に使用する要素が属す。
インタラクティブコンテンツ	インタラクティブコンテンツには、ユーザーが操作できる、リンクやフォームなどの要素が属す。

Lesson 12 ［パスの指定］
ディレクトリとパスについて学びましょう

このレッスンのポイント

Webページ同士をリンクでつないだり、画像を配置したりするには、Webサイトの「ディレクトリ構造」と、ファイルの場所を表す「パス」の書き方を知らなければいけません。HTML文書や画像ファイルなどをつないで「Webサイト」という集合体にする仕組みを理解しましょう。

ディレクトリは簡単にいえばフォルダのこと

ディレクトリというと耳慣れないかもしれませんが、身近なパソコン用語でいえばフォルダのことです。パソコンを使用するとき、例えば「書類」というフォルダを作り、その中に「仕事用」「プライベート用」などと、フォルダ分けをして管理されている方は多いと思います。それと同じようにWebサイトもディレクトリで階層化して作成します。

一番上の階層をルートディレクトリと呼び、この階層にある「index.html」の内容がWebサイトのトップページとして表示されます。ルートディレクトリにindex.htmlがないとWebサイトが表示されないので必ずindex.htmlを配置してください。

▶一般的なWebサイトのディレクトリ構造

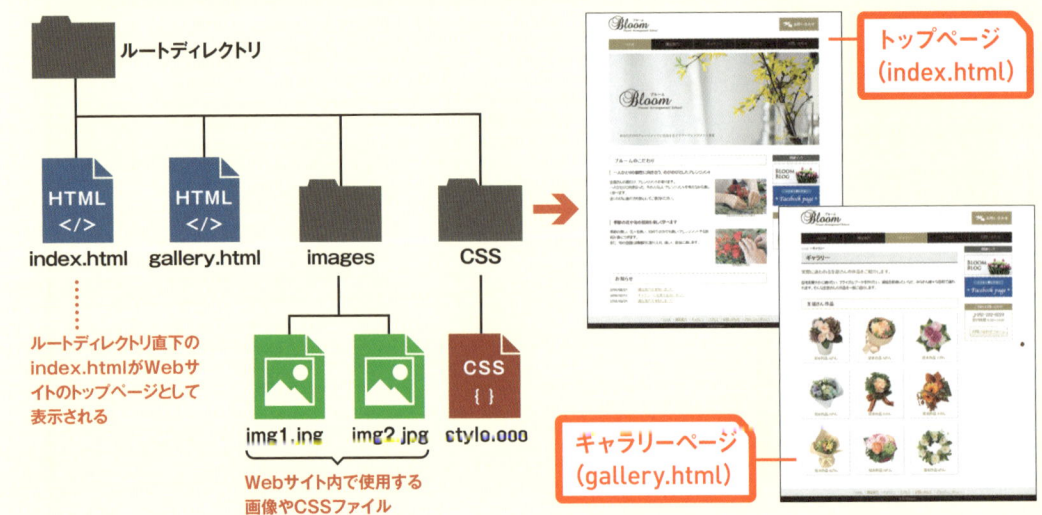

自サイト外を指すときは「絶対パス」を使う

URLのように「http://」(または「https://」)からはじまる指定方法を、絶対パスといい、主に自分のWebサイト以外にリンクを張る際などに使用します。HTMLでリンクを張るには<a>タグを使用するのですが、hrefという属性の値として絶対パスを書きます。例えばインプレス社のとあるページにリンクを張る場合、下図のように書きます。

最初の「http:」の部分をスキームといい、通信方法を表しています。http:ならHTMLのための通信という意味です。その後に「//」で区切ってインターネット上のルートディレクトリがある場所を表すドメイン名という情報が続きます。その後はディレクトリ名やファイル名を「/」で区切って書きます。

▶ 絶対パス

```
<a href="http://www.impress.co.jp/newsrelease/topic.html">リリース</a>
```

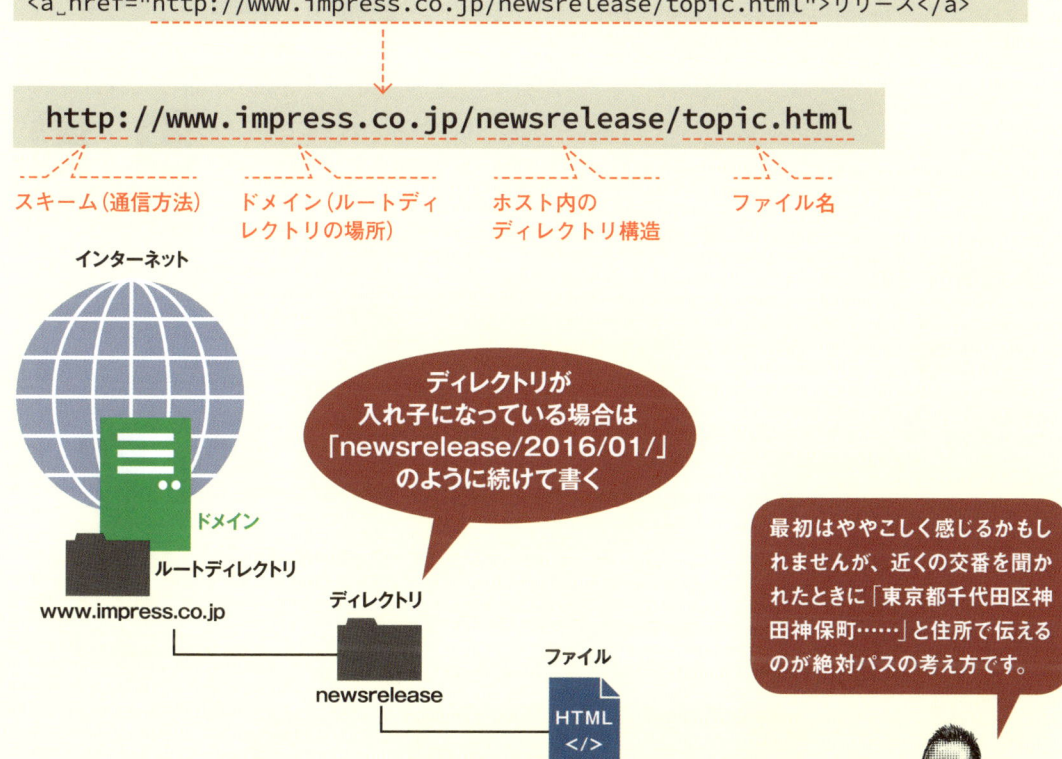

http://www.impress.co.jp/newsrelease/topic.html

- スキーム(通信方法)
- ドメイン(ルートディレクトリの場所)
- ホスト内のディレクトリ構造
- ファイル名

ディレクトリが入れ子になっている場合は「newsrelease/2016/01/」のように続けて書く

最初はややこしく感じるかもしれませんが、近くの交番を聞かれたときに「東京都千代田区神田神保町……」と住所で伝えるのが絶対パスの考え方です。

同じWebサイト内のリンクには「相対パス」を使う

相対パスは、リンクを書くページを基準にして、対象となるファイルの場所を相対的に指定する方法です。他のWebサイトへリンクを張る際は使えませんが、絶対パスより短く書くことができるので、同じWebサイト内のページへリンクを張るときはこちらを使用します。

例えば道案内をするときに、絶対パスでは目的地の住所（URL）を伝えますが、「この道を進んでつきあたりを右……」というように、今いる場所から目的地までの経路を伝えるのが相対パスです。

▶ リンクの相対パス

`<a href="gallery.html">page</a>`

同一ディレクトリ内のgallery.htmlを指す

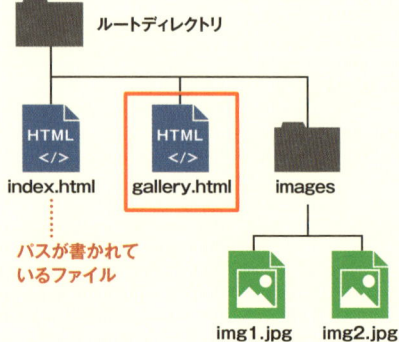

▶ 画像の相対パス

`<img src="images/img1.jpg">`

同一ディレクトリ内のimagesフォルダ内のgallery.htmlを指す

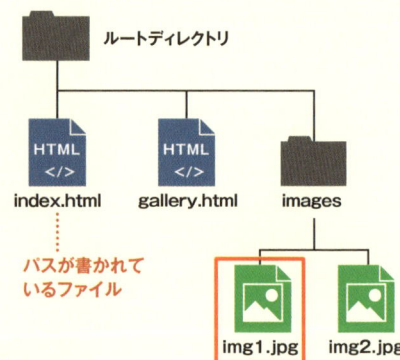

近くの交番を聞かれたときに「今いる場所からまっすぐ進んで、最初の曲がり角を右へ」という感じに伝えることがありますが、相対パスはそれに似ています。

→ 上の階層や下の階層を表すには

リンク先のファイルが同じ階層（ディレクトリ）にある場合はファイル名のみを記載すればいいのですが、上下の階層にある場合は書き方が異なります。
まず、上の階層にある場合「../」の後にファイル名を記述します。2つ上の階層であれば「../../」となります。

一方、下の階層の場合はまずフォルダ名を記述し、その後に「/」を記述します。例えば「imageというフォルダにあるsample.jpgという画像」を指定する場合は「image/sample.jpg」となります。

▶ 階層の指定方法

page.htmlの場所	記述方法	説明
同じディレクトリ	`<a href="page.html">`	同じディレクトリ内へのリンクには、ファイル名のみを記述します。
上位階層のディレクトリ	`<a href="../page.html">` `<a href="../../page.html">`	上位階層へのリンクには、「../」に続けてファイル名を記述します。2つ上の階層を指定するには、「../../」のように「../」を2つ続けて記述します。
下位階層のディレクトリ	`<a href="abc/page.html">` `<a href="abc/def/page.html">`	下位階層へのリンクには、ディレクトリ名の後に「/」を入れ、ファイル名を記述します。

→ 大規模サイトなどで使われる「サイトルート相対パス」

そしてもう1つ、==大規模サイトなどで使われるサイトルート相対パスという書き方もあります。==大規模なサイトではどんどん階層が深くなっていき、相対パスだけで記述をしていくと「../../../image/sample.jpg」というような記述が増え、どこの階層を指定しているのかひと目で理解するのが難しくなります。

こうしたときに「サイトルート相対パス」を使用すると管理が楽になります。書き方は「/image/sample.jpg」のように「/」から始めます。==先頭の「/」が一番上の階層（ルートディレクトリ）を示すので==、後は絶対パスと同じようにルートディレクトリを基準としたパスを書けばいいのです。

👍 ワンポイント ページ内の特定の場所へ移動する「ページ内リンク」

縦に長いページなどで、ページの途中にリンクさせたいケースがありますが、そんなときはページ内リンクを使います。着地点となる要素にあらかじめ`<div id="goal">`のようにid属性（P.73参照）を使って名前（ID名）を付けておき、リンク元には`<a href="#goal">`のように、「#」に続けてID名を書きます。こうすることで同じページ内の指定の場所にリンクすることが可能です。

また、別ページの指定の場所へリンクしたい場合は、リンク先へのパスに続けて「#ID名」を書きます。例えば「index.htmlのgoalというID名を付けた箇所にリンクしたい」という場合は、`<a href="index.html#goal">`と書きます。

chapter 2 HTMLの基本を学ぼう

Lesson 13 [HTMLの練習]
HTMLを書いてみましょう

このレッスンの ポイント

ここまでのレッスンでHTMLの基礎を学んできました。第3章から本格的な実践編に入りますが、その前に肩慣らしをしておきましょう。Bracketsを使ってごく簡単なHTMLを書きながら、文法や基本的な要素についておさらいをしていきます。

→ HTMLを新規作成してWebページとして表示するまで

ここまでの説明を踏まえて、簡単な練習用のHTMLを書いてWebページを表示してみましょう。シンプルなHTMLですが、ちゃんとしたHTMLのルールに則ったものです。見出し・段落・リストといった文章を書くために使う基本的な要素を含めています。

新しいHTMLのファイルを作るために、第1章でインストールしたBracketsを使います。HTMLファイルはテキストファイルなので、ワープロソフトなどで文章を書くのと手順はそう変わりません。ファイル名や保存場所は何でも構わないのですが、ここではドキュメントフォルダ内に「homepage」というフォルダを作り、「sample.html」という名前で作成します。

▶最初のWebページを作る

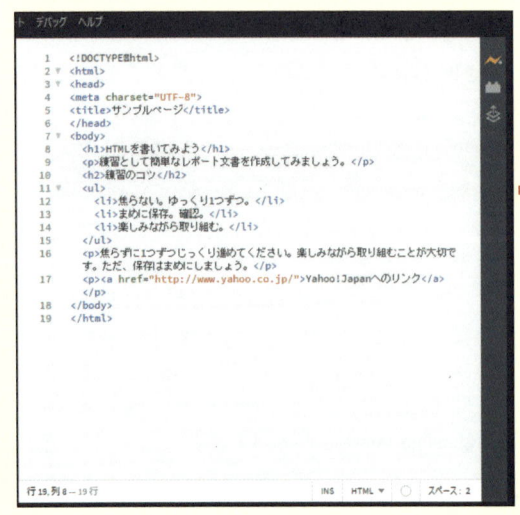
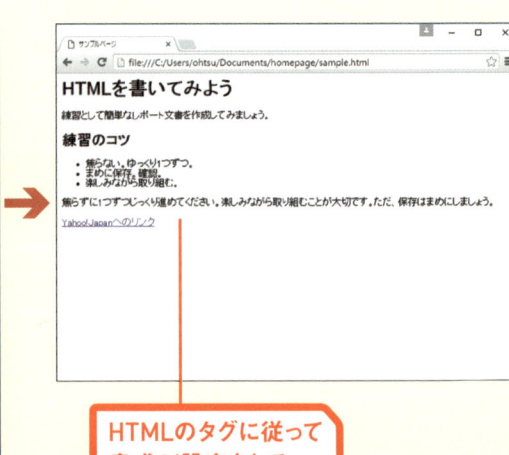

HTMLのタグに従って書式が設定される

● HTMLファイルを新規作成する

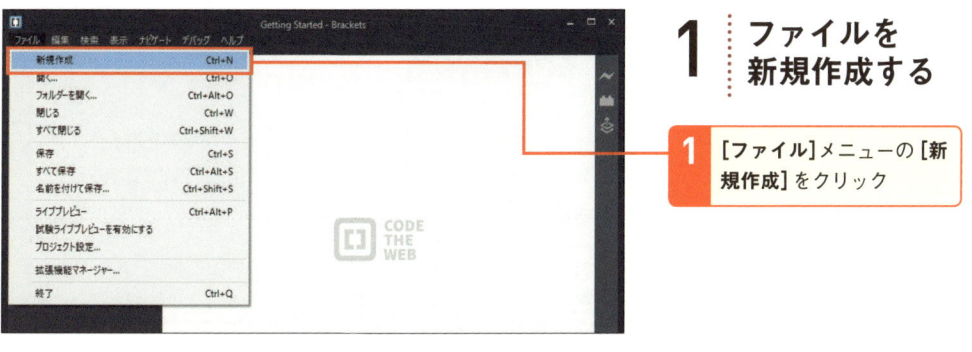

1 ファイルを新規作成する

1 [ファイル]メニューの[新規作成]をクリック

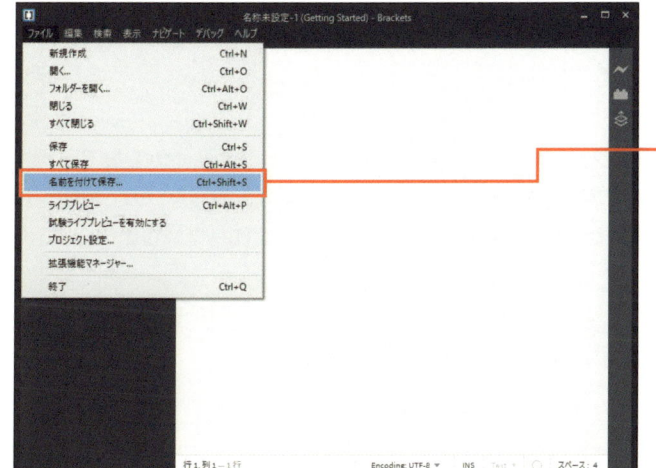

2 名前を付けてファイルを保存する

1 [ファイル]メニューの[名前を付けて保存]をクリック

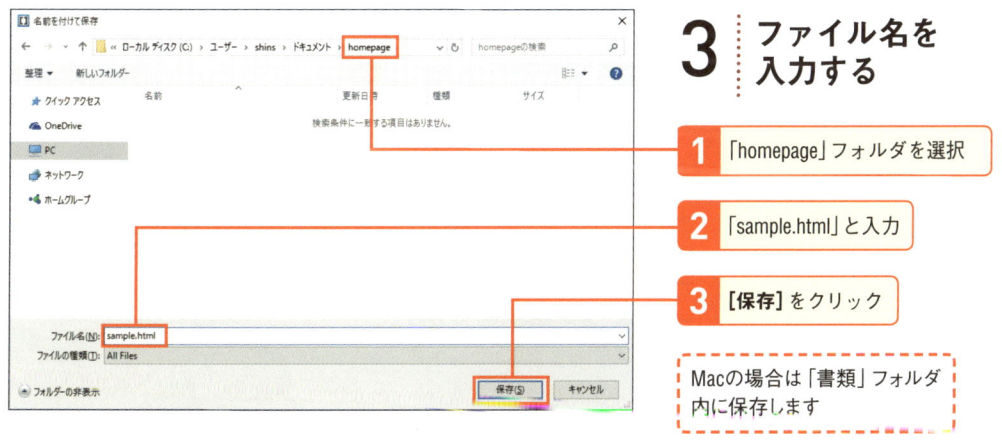

3 ファイル名を入力する

1 「homepage」フォルダを選択

2 「sample.html」と入力

3 [保存]をクリック

Macの場合は「書類」フォルダ内に保存します

HTMLを書いていこう

1 基本構造から書き始めよう　sample.html

HTMLファイルの用意ができたら、まずページの土台となる基本構造から書き始めます。レッスン9で学んだように、先頭に書くのは必ずDOCTYPE宣言です❶。<!DOCTYPEと次のhtml>の間は半角スペースを空けてください。その後にhtml要素の開始タグと終了タグを入力します❷。

```
01  <!DOCTYPE html>              ❶ DOCTYPE宣言を入力
02  <html>
03  </html>                      ❷ html要素のタグを入力
```

2 head要素とbody要素を書く

html要素のタグの間に、head要素とbody要素のタグを書きます❶。これでHTML文書の基本構造ができました。この2つの要素の中身をこれから書いていきます。タグを入力するときにBracketsが自動で字下げしてくれますが、内容には影響しないので削除してもそのままでも構いません（レッスン15参照）。

```
01  <!DOCTYPE html>
02  <html>
03  <head></head>                ❶ head要素とbody要素のタグを入力
04  <body></body>
05  </html>
```

Point　タグは半角英数で入力する

```
<h1>半角のタグ</h1>
＜ｈ１＞全角のタグ＜／ｈ１＞
```
→
```
半角のタグ
＜ｈ１＞全角のタグ＜／ｈ１＞＞
```

全角で入力するとブラウザはただの文字だと思ってしまいます。

タグは必ず半角英数で入力します。全角で入力したらタグとは解釈されません。一部の属性値などの例外はありますが、全角文字を入力できるのは基本的にタグとタグの間だけと覚えておきましょう。半角であれば大文字でも認識されますが、一般的に小文字が使われます。

3 ページのタイトルを入力する

基本構造ができたら次はページの基本情報を書きます。ここまでのレッスンを学んできた読者の方であれば基本情報を記述する場所はおわかりですね。そうです、head要素の中に記述します。
このサンプルでは、必須の要素である文字エンコーディングとタイトルを記述します。head要素のタグの間で改行して、meta要素で文字エンコーディングの「UTF-8」を指定します❶。meta要素の後で改行してtitle要素を書きます。タイトルは「サンプルページ」とします❷。

```
01  <!DOCTYPE html>
02  <html>
03  <head>
04  <meta charset="UTF-8">
05  <title>サンプルページ</title>
06  </head>
07  <body></body>
08  </html>
```

❶ meta要素を入力
❷ title要素を入力

4 ブラウザで確認してみよう

ここまで書けたら、一度ブラウザで確認してみましょう。［ファイル］メニューの［保存］をクリックしてファイルを保存し、画面右上の［ライブプレビュー］ボタンをクリックすると、自動的にChromeが起動してファイルを表示してくれます。
画面には何が表示されましたか？ 「何も表示されない」という方、大丈夫です。本文であるbody要素内にはまだ何も書いていないので、ブラウザには何も表示されないのが正常です。「何か文字が表示されている」「ブラウザが起動しない」という方はどこかで間違えているので、ここまでを振り返って確認してみてください。

▶「稲妻アイコン」でライブプレビューを実行

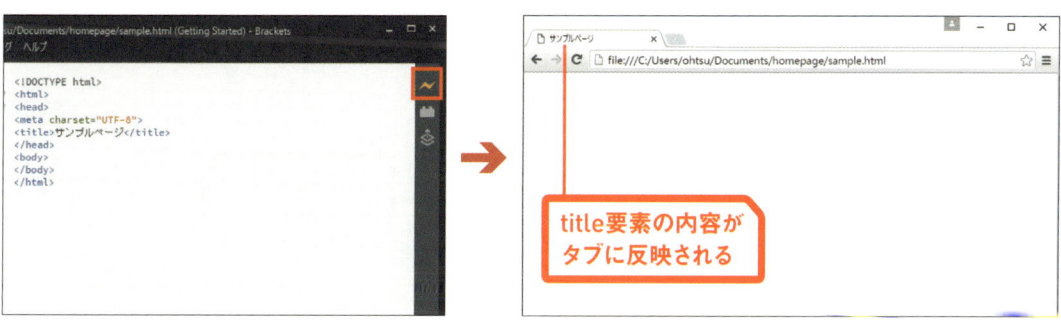

title要素の内容がタブに反映される

● コンテンツを入れてみよう

1 大見出しと段落を書く `sample.html`

続いて、Webページの本文となるbody要素の中にコンテンツ（内容）を入れていきましょう。まずh1要素の開始タグと終了タグを書き、その間に大見出しの文を書きます❶。その後にp要素のタグを書き、間に文章を書きます❷。p要素は見出し以外の通常の文章を書くときに使います。

```html
01  <!DOCTYPE html>
02  <html>
03  <head>
04  <meta charset="UTF-8">
05  <title>サンプルページ</title>
06  </head>
07  <body>
08  <h1>HTMLを書いてみよう</h1>          ← ❶ h1要素を入力
09  <p>練習として簡単なレポート文書を作成してみましょう。</p>   ← ❷ p要素を入力
10  </body>
11  </html>
```

Point 見出しと段落のための要素

`<h1>HTML を書いてみよう </h1>`

`<p> 練習として簡単なレポート文書を作成してみましょう。</p>`

見出しはh1～h6の要素で示されます。hとは「heading」の略で、h1が最も大きな見出し（大見出し）で、数字が小さくなるにつれて下位の見出し（小見出し）となります。
段落は「paragraph」を意味するp要素を使用し、`<p>`～`</p>`で1つの段落を示します。

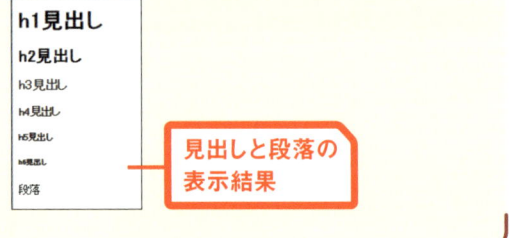

見出しと段落の表示結果

2 リストを書く

今度はリスト（箇条書き）を書きます。まずh2要素を使ってリストの見出しにする文を書きます❶。リストはul要素の中にli要素が並ぶ構造になります。

そこでまずli要素の開始タグと終了タグを書きましょう❷。間にli要素を書くので改行しておきます。

```
07  <body>
08  <h1>HTMLを書いてみよう</h1>
09  <p>練習として簡単なレポート文書を作成してみましょう。</p>
10  <h2>練習のコツ</h2>         ❶ h2要素を入力
11  <ul>
12  </ul>                        ❷ ul要素のタグを入力
13  </body>
14  </html>
```

Point リストのための要素

```
<ul>
  <li> 焦らない。ゆっくり1つずつ。</li>
  <li> まめに保存。確認。</li>
  <li> 楽しみながら取り組む。</li>
</ul>
```

ul要素とli要素は、項目を順不同（順序がない）のリストとして表示したい場合、例えば箇条書きのような場面で使用する要素です。

また、サイトのナビゲーションや画像ギャラリーなど、文中のリスト以外にも何かを同列に並べたいときに使用されます。ul要素には、必ず1つ以上のli要素を内包する必要があり、li要素以外の要素をul要素の子にしてはいけません。

また、同じリストのための要素でも、順序のあるリストを示す場合にはol要素、見出し付きの定義リストを示す場合にはdl要素と、目的に応じて使い分けます（P.83、96参照）。olとulは取り違えやすいのですが、語源の「order list（順序付きリスト）」と「unordered list（順不同リスト）」を知っていると覚えやすいでしょう。

3 リストの項目を書く

ul要素のタグの間に、li要素を使ってリストの項目を書いていきます❶。ちなみにliはlist item（リストアイテム）の略です。意味がわかるとおぼえやすいですね。最後にp要素で段落を書きます❷。

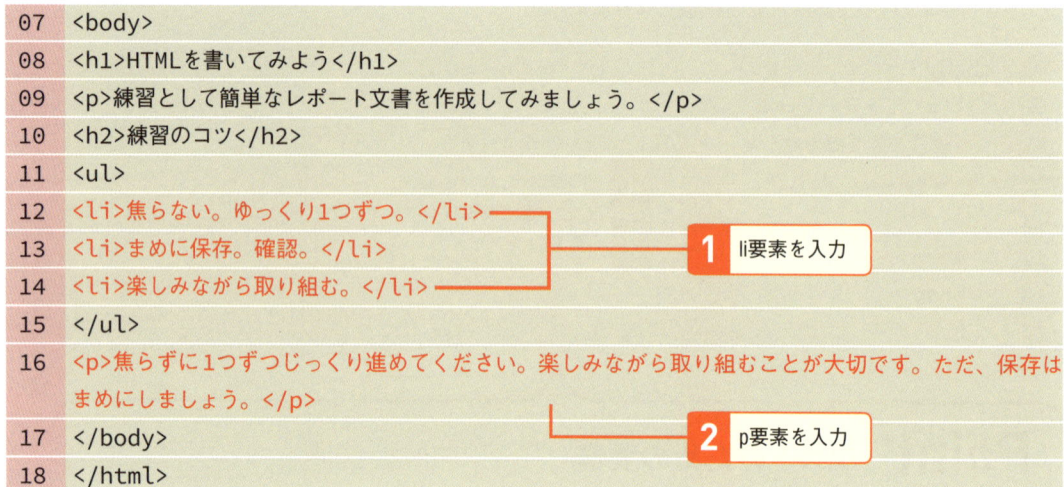

4 結果を確認する

ここまで書いたら一度保存して、ブラウザで確認しましょう。Bracketsのライブプレビュー機能なら自動で更新されるので、特に操作をしなくても書いた内容が即時反映されます。以下の画面のような表示になっていれば成功です。

▶ 正しく記述できているときの表示

5 リンクを書く

続いてリンクを書いてみましょう。リンクにはa要素を使用し、開始タグと終了タグの間にリンク文字を入力します。ここではp要素の「Yahoo!JAPANへのリンク」という文字に、Yahoo!JAPANのトップページへのリンクを設定します❶。

```
14  <li>楽しみながら取り組む。</li>
15  </ul>
16  <p>焦らずに1つずつじっくり進めてください。情熱を持って取り組めばきっと大丈夫です。ただ、保
    存はまめにしましょう。</p>
17  <p><a href="http://www.yahoo.co.jp/">Yahoo!JAPANへのリンク</a></p>
18  </body>
```

 ❶ a要素を入力

Point リンクのための要素

`<a href="*******">` リンク文字 `</a>`

　　　　　　↑
　　　リンク先のパス

a要素は「anchor」の略で、テキストや画像などにリンクを設定する際に使います。リンクの設定にはhref属性を使用し、属性値にリンク先のURLなどのパスを記述します（パスについてはレッスン12参照）。

6 リンクを確認する

リンクを設定したらブラウザで確認してみましょう。テキストに色が付いて下線が引かれているはずです。クリックしてYahoo!JAPANのトップページへ移動したら成功です。

▶ リンク先に移動する

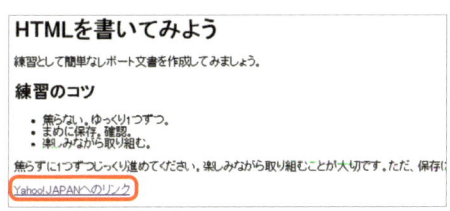 →

Lesson 14 [img要素]
Webページに画像を挿入してみましょう

このレッスンのポイント

Webページを作成する上で、文章と同じくらい重要な画像です。このレッスンでは、画像の挿入方法を学びます。ファイル形式やサイズなどいくつかの注意点はありますが、それほど難しくはありません。じっくり学んでいきましょう。

→ 画像にはimg要素を使用する

画像を表示する際にはimg要素を使用します。imgは「image」の略で、src属性に画像ファイルのパスを指定します。
また、img要素にはalt属性という重要な属性があります。alt属性には、画像が閲覧できない環境向けに、画像との置換が可能なテキスト(代替文字列)を指定します。画像が閲覧できない環境というのは、通信エラーやリンク切れの場合や、目の不自由な方が音声読み上げブラウザを使用している場合などです。alt属性を正しく入力することで、画像が表示されなくても何の画像が挿入されているかを伝えることができるのです。

▶ alt属性の例

```
<img src="sample.jpg" alt="夕日に浮かぶシルエットの写真">
```
　　　　　　　ファイル名　　　　　　　　代替文字列

▶ リンク切れのときなどは代替文字列が表示される

焦らずに1つずつじっくり進めてください。楽しみながら取り組むことが大切です。ただ、保存はまめ
Yahoo!JAPANへのリンク

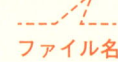夕日に浮かぶシルエットの写真

→ Webページで使える画像のファイル形式

画像のファイル形式には非常に多くの種類がありますが、Webページ上では主にJPEG・GIF・PNGの3つのファイル形式が使われています。同じ画像ファイルでもそれぞれに特徴があり、用途によって使い分ける必要があります。

フルカラー対応で圧縮率が高いJPEG(ジェイペグ)は、写真の表示に適しています。最大色数が少ないGIF(ジフ)は、ボタンやアイコンなどの単色が多いイラストの他、アニメーション機能を生かしたバナーなどでもよく使われます。PNG(ピング)はW3Cが推奨しているファイル形式で、8bit(PNG-8)と24bit(PNG-24)の2種類があり、GIF同様ボタンやアイコンなどに使われています。

JPEGの拡張子にはいくつかバリエーションがあり、「.jpg」「.jpeg」「.jpe」「.jp2」などいろいろな拡張子が存在しますが、基本的には「.jpg」か「.jpeg」を使うことをおすすめします。

また、すべてに共通していえることですが、「.JPEG」「.jpeg」のように大文字と小文字の拡張子が混在するのは避けましょう。HTMLの記述とファイルの拡張子が一致していないと、表示エラーになってしまいます。

▶ 各ファイル形式の特徴

形式	長所	短所
JPEG	フルカラー（約1,677万色）の画像を扱える。圧縮率を変更することができ、他の画像形式よりファイルサイズが小さくなる。	圧縮率を高めると画像が劣化する。最高画質でもわずかに劣化するため、線画には向かない。透過処理やアニメーションなどの機能はない。
GIF	画像の一部を透明にする透過処理ができ、パラパラ漫画のようなアニメーションにすることもできる。	最大256色までしか使えない。
PNG	8bit（PNG-8）と24bit（PNG-24）の2つがある。8bitではGIFと同様に256色でのグラフィックス表示に適した保存ができる。24bitではフルカラーの写真の保存や透過色を持たせることができる。	フルカラーにするとファイルサイズが大きくなる。GIFのようなアニメーション機能はない。

→ 画像が大きくなりすぎないように注意する

img要素にはwidthとheightという属性があり、画像の幅と高さを指定することができます。何も指定しない場合は画像ファイルそのままのサイズで表示されます。

最近のデジカメなどは非常に高画質になっており、それに伴い画像のサイズも大きくなっています。一眼レフでは長辺の長さが5,000px（ピクセル）を越えることもありますが、Webサイトの幅は広くても1,200px程度なので、5,000pxの画像を挿入するとページ内で表示しきれないことになります。ファイル容量も多いのでダウンロードの時間もかかります。こういったことを防ぐため、Webページに画像を挿入する際にはグラフィックソフトなどを使い、あらかじめリサイズしておきましょう（P.118のコラム参照）。

● HTMLに画像を加える

1 画像ファイルを用意する

画像ファイルをsample.htmlと同じフォルダに入れます。JPEGやPNGなどのファイルなら何でもいいので自分で用意してみましょう。img要素に指定するときのために、ファイル名を覚えておくか、コピーします。

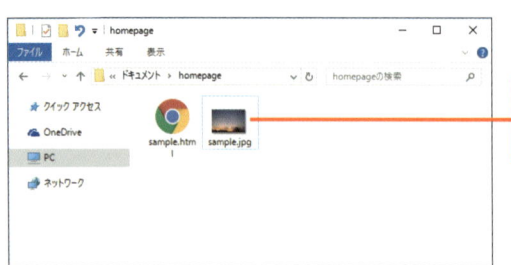

sample.htmlと同じフォルダに画像ファイルを入れる

2 img要素を書く　sample.html

img要素を使用し、手順1で用意した画像を挿入します❶。先述のように、拡張子が間違っていると正しく表示されないので、ファイル名は拡張子まで正確に、大文字小文字にも注意して書きます。

```
07  <body>
08  <h1>HTMLを書いてみよう</h1>
09  <p>練習として簡単なレポート文書を作成してみましょう。</p>
10  <h2>練習のコツ</h2>
11  <ul>
12  <li>焦らない。ゆっくり1つずつ。</li>
13  <li>まめに保存。確認。</li>
14  <li>情熱を持って取り組む。</li>
15  </ul>
16  <p>焦らずに1つずつじっくり進めてください。情熱を持って取り組めばきっと大丈夫です。ただ、保存はまめにしましょう。</p>
17  <p><a href="http://www.yahoo.co.jp/">Yahoo!JAPANへのリンク</a></p>
18  <img src="sample.jpg" alt="夕日に浮かぶシルエットの写真">
19  </body>
```

❶ img要素を入力

3 ブラウザで確認する

入力が終わったらブラウザで確認してみましょう。下の図のように画像が表示されているでしょうか。画像が正しく表示されていない場合は、パスが間違っているかタグの記述に間違いがあるので、見なおしてみてください。

また、画像のサイズが大きすぎて、表示しきれていないこともあるので、その場合はP.61を参考にwidth属性やheight属性を指定するか、グラフィックソフトで画像ファイルのリサイズを行ってください。

画像が挿入された

👍 ワンポイント Bracketsはパスを補完してくれる

Bracketsには自動的に画像パスの候補を表示してくれる補完機能があります。例えば<img src="">と記述すると、自動的に候補となるファイルのリストを表示してくれます。こういった機能をうまく使えば、コーディングが速くなるだけでなく、パスの入力ミスを防ぐので、有効に活用していきましょう。

候補のリストが表示される

Lesson 15 ［インデントとコメント］
読みやすいHTMLを書きましょう

このレッスンの
ポイント

ここまでで書いてきたコードを見てみると、なんとなく読みにくい感じがしませんか。タグが単調にずっと続くので、どこからどこまでが何を表しているのかわからなくなります。これを解決してコードを見やすくする方法を学びましょう。

→ HTMLの構造をインデントで表す

HTMLには、文書を読みやすくするためのいくつかのテクニックがあります。その1つがインデントです。**インデントとは字下げのことで、行頭に適切なスペースを配置することで文書の階層がわかりやすくなります。**下のインデントを入れた例を見ると、どの要素が入れ子になっていて、どの要素が並列の関係なのかがわかりやすくなっていますね。

子要素のさらに子要素になる場合はもう1段階下げます。
Bracketsは Enter キーを押して改行したときなどに自動でインデントを設定してくれます。意図どおりの下げ方になっていない場合は、行頭にカーソルを置いた状態で Tab キーや Shift ＋ Tab キーを押して調整しましょう。

▶ 要素の階層に合わせてインデントする

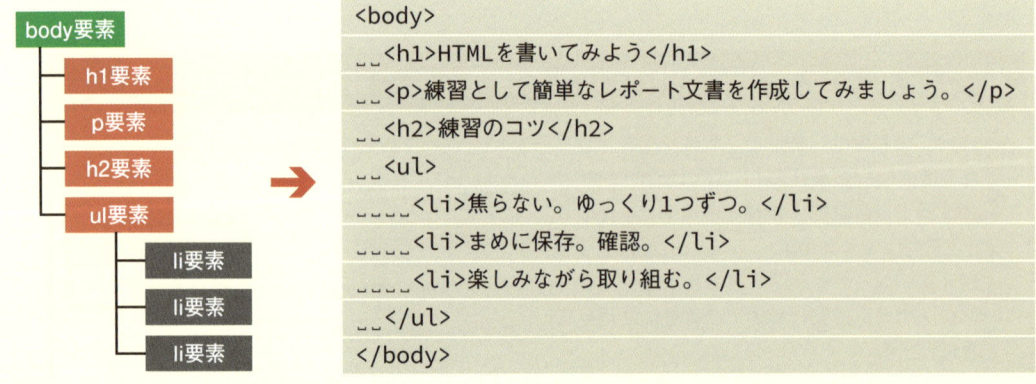

064

コメントで目印を付ける

文書を読みやすくするもう1つの方法はコメントです。==コメントを使用するとその部分はブラウザ上に表示されない==ため、運用保守のための目印として記述をすることが多いです。これを**コメントアウト**といいます。HTMLにコメントを記述するには<!--で始めて、-->で閉じます。入力するのが面倒そうですが、BracketsではWindowsなら Ctrl + /、Macなら command + / というショートカットキーで簡単にコメントアウトができます。

▶ 範囲をわかりやすくするためにコメントを入れる

```html
<body>
<!--ヘッダー-->
<header>
</header>
<!--/ヘッダー-->

<!--wrapper-->
<div_id="wrapper">
</div>
<!--/wrapper-->

<!--フッター-->
<footer>
</footer>
<!--/フッター-->
</body>
```

ブラウザに表示されないからといって、必要のない記述をするのは避けましょう。

👍 ワンポイント インデントの設定を変更する

インデントの幅や、タブとスペースのどちらを使うかは制作者によってスタイルが異なりますが、本書ではインデント幅を「半角スペース2つ」とし、body要素の中で見やすくなるようインデントを設定しています。
Bracketsでは、ウィンドウ左下のステータスバーで挿入する文字の種類や幅を設定できます。

ここをクリックしてインデントに使う文字や幅を設定

NEXT PAGE ➡ | 065

ワンポイント 適切なタグの使い分けがSEOにつながる

HTML5の根幹に「セマンティクス」という考え方があります。セマンティクスとは「意味」や「意味合い」を表す言葉ですが、HTMLにおいては「マークアップした（タグで囲んだ）中身が何であるのかを明確化する」というような意味で使われます。

例えば、h1要素とp要素をブラウザ上でまったく同じように表示することは、CSSを使えば可能です。ページを見ている人はたとえそれがp要素であっても、文字サイズが大きく太字になっていたりすれば、それを見出しだと思います。

しかしGoogleなどの検索エンジンはそうではありません。たとえ見た目上は同じであっても、p要素はあくまで段落であり、見出しであるh1要素と同じ意味にはなりません。検索エンジンに対して、その文字が見出しなのか段落なのかを伝える手段は、見た目ではなくタグなのです。

このように、意味に対して正確にタグを書き、コンピュータが効率よく情報を収集・解釈できるようにすることを「セマンティックウェブ」といい、HTML5ではこの概念が大幅に強化されました。HTML5で追加された要素には単体で意味を持つものが多くあり、例えばheader要素やnav要素などがそれにあたります。

詳しくは第3章で解説しますが、これまではdiv要素などにID名やクラス名を付けることで各要素の意味を示していました。例えば<div id="header">や<div id="nav">という記述です。これはコンピュータから見ればどちらも同じdiv要素であり、「これがヘッダー」「これがナビゲーション」という区別をコンピュータは正確に判断できません。

HTML5では、headerやnavといった意味を示す要素が追加され、コンピュータは文書の中身をより正確に理解できるようになりました。

検索エンジンで上位に表示されるよう工夫することをSEO（Search Engine Optimization：検索エンジン最適化）といいますが、HTMLの要素を正しく使って記述すれば、検索エンジンに重要なコンテンツとそうでないコンテンツを明確に伝えることができます。つまり、セマンティクスを意識したマークアップはSEO対策としても非常に有効なのです。

これからHTML5を勉強する人は、ぜひ「セマンティックウェブ」を意識してみてください。

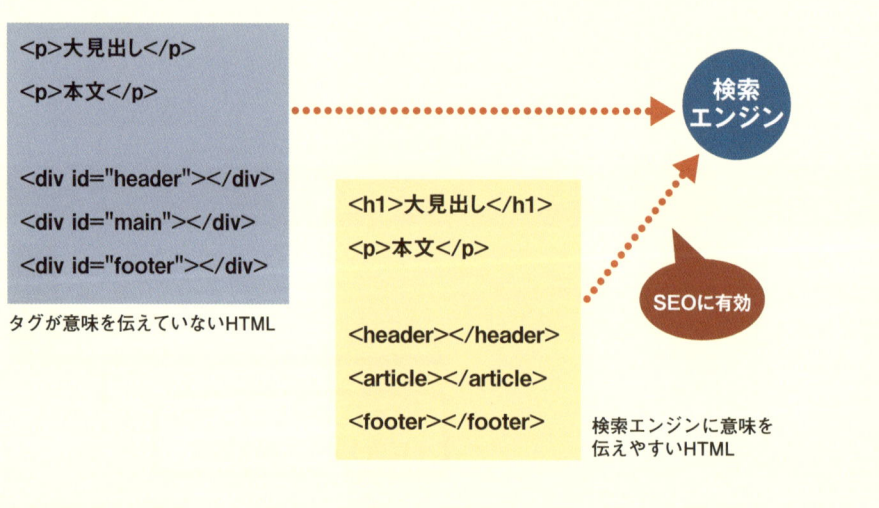

Chapter 3

共通部分の HTMLを 作成しよう

この章では、ヘッダーやナビゲーション、サイドバーなどの、全ページで使い回す共通部分を作成します。基本的な構造や骨格を作りながら、HTMLの記述方法を学んでいきましょう。

Lesson 16 [HTML文書の設計]
完成形をイメージしましょう

このレッスンの ポイント

実際にHTMLを書き始める前に、Webサイトの完成図をイメージしながら構造を決めていきます。ワイヤーフレームをもとに、どういった要素を組み合わせてHTMLを組んでいくのか、はじめにしっかりと考えておきましょう。

→ サンプルサイトを作りながらHTMLを学ぶ

ここから、第3章、第4章を通じて全5ページ（＋共通ページ）のHTMLを作っていきます。下図のように、それぞれのページでは、テーブル、リスト、フォームなど、Webサイトを作成する上で必要なコンテンツの作成方法を学べます。

これから始める第3章では、各ページの作成をスムーズに進めるため、まずは全ページの共通部分を取り出して先に作成していきます。

▶ サンプルサイトを構成するHTMLとそれぞれで学べる要素

base.html

骨組みの作成
・header、nav、section、div、aside要素
・section要素

コンテンツの作成
・h1〜h3要素、p要素、img要素
　ul、ol、li要素

トップページ
index.html

メインビジュアルの作成
・img要素

「こだわり」セクションの作成
・section要素

「お知らせ」セクションの作成
・dl、dt、dd要素

講座案内
course.html

表の作成
・form、input要素
・dl、dt、dd要素

ギャラリー
gallery.html

画像リストの作成
・ul、li要素
・img要素

教室案内
access.html

Googleマップの埋め込み

問い合わせ
contact.html

フォームの作成
・form、input要素
・dl、dt、dd要素

レポート文書の作成を目指そう

正しいHTMLコードもでたらめなHTMLコードも、CSSで見た目を同じにすることはある程度可能です。ではどんな書き方でもいいのか、というともちろんそんなことはありません。
そこでイメージしてほしいのが、レポート文書です。論文や企画書など、一度はワープロソフトなどで作成したことがある人も多いのではないでしょうか。読みやすいレポートは、見出しや段落、リストなどがきちんと整列されていて、見出しの構造も一定のルールに基づいて記載されています。
今回作成するHTML文書でも、下図のように「目次」「本文」「補足」「コピーライト」などを、HTMLのルールに基づいて入力していきます。

chapter 3 共通部分のHTMLを作成しよう

▶ base.htmlの完成状態

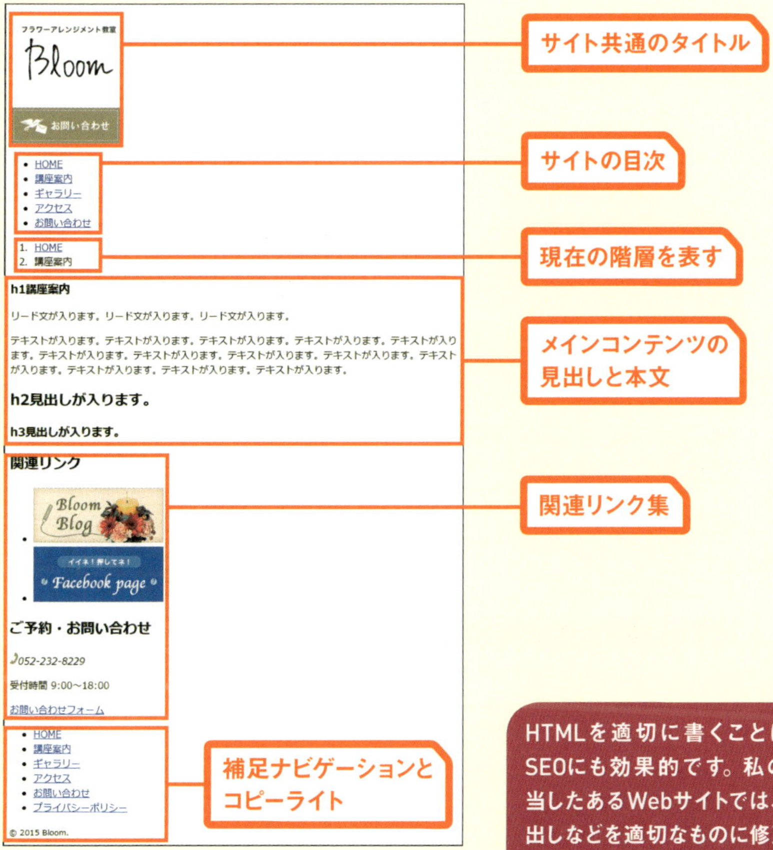

- サイト共通のタイトル
- サイトの目次
- 現在の階層を表す
- メインコンテンツの見出しと本文
- 関連リンク集
- 補足ナビゲーションとコピーライト

> HTMLを適切に書くことは、SEOにも効果的です。私の担当したあるWebサイトでは、見出しなどを適切なものに修正しただけで検索順位が大きく変動したこともありました。

サンプルサイトの構造に合わせてHTMLを書こう

Webサイトを作成する上で、各ページがどんな構造になっているかを理解する必要があります。第1章で見せたワイヤーフレームを振り返りながら、各ページをどんな要素で構成していくべきか、分解しながら考えていきましょう。

例えばトップページのワイヤーフレームを見てみると、大きく4つのエリアに分解することができます。

1つ目は赤色で色付けされた==ヘッダーエリア==。ここにはロゴや問い合わせボタン、グローバルナビゲーションなどが入ります。

2つ目は==メインビジュアル==です。これはトップページにしか掲載しない要素です。

3つ目は藍色で色付けされたエリア。ここには各ページのコンテンツを掲載する==メインエリア==、そしてサブ的な情報を掲載する==サイドバー==などが入ります。

4つ目は黄色で色付けされた==フッターエリア==です。ここにはコピーライト表記などが入ります。

このように分解していくと、どんな要素を組み合わせてHTMLを組んでいくのかが、自ずと固まってきます。実際にHTMLを書き始める前に、こういった構成案を固めておくことは非常に重要です。

▶ トップページの構成

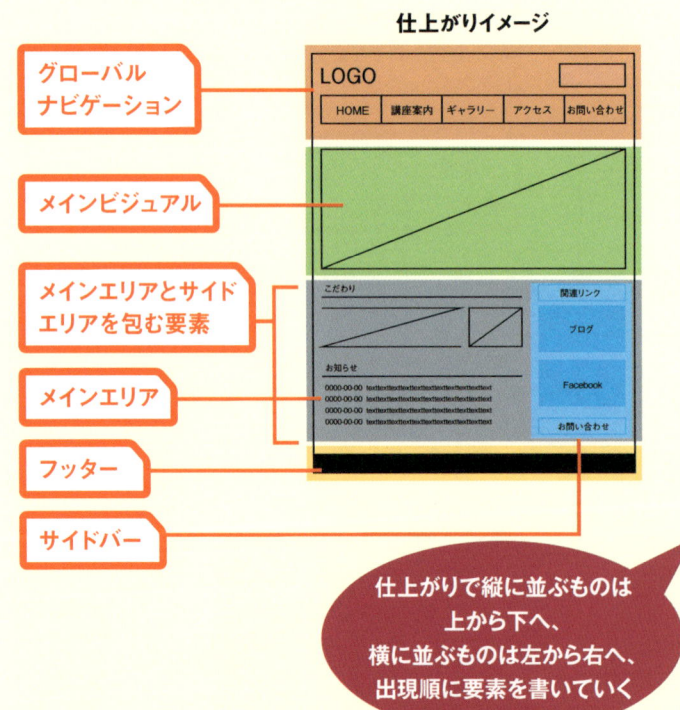

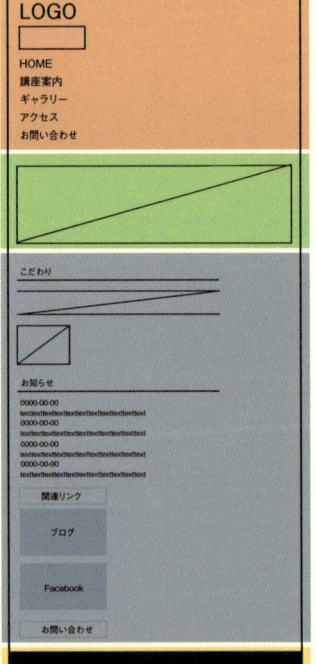

共通部分をbase.htmlとして先に作る

今回のサンプルサイトも含め、多くのWebサイトには全ページに共通する部分があります。例えば、ヘッダーやフッター、ナビゲーションなどがそれにあたります。

トップページとお問い合わせページを比較すると、==ヘッダー、サイドバー、フッターが共通していること==がわかります。これは他の全ページでも同様です。

さらにメイン部分の内容でも、==見出しや段落など、デザインを共有して使い回す要素==があります。

本書ではこれらの共通部分だけを「base.html」として先に作成します。なぜなら、各ページを作成する際にこの「base.html」を複製することで、==あらかじめ共通部分ができあがった状態から効率よく書き始めることができる==のです。

▶ トップページとお問い合わせページの比較

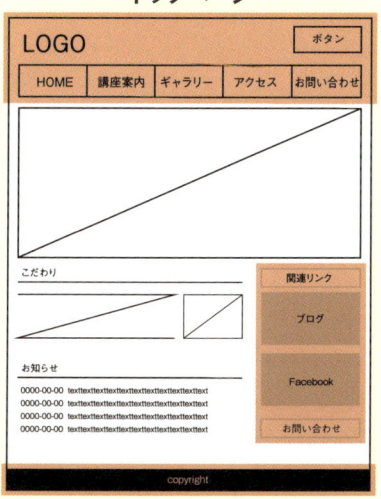

色付けした部分が共通

共通部分を抜き出したbase.html

共通ページでは、見出しや本文は適当なダミーテキストを入れておきます。

Lesson 17 ［骨格のための要素］
ページの骨組みを作成しましょう

このレッスンの ポイント　ここからいよいよ具体的なページの作成に入ります。まずはじめのレッスンでは、全ページで使い回す共通部分を作成します。base.htmlという全ページの基準となるHTMLファイルを作りながら、HTMLの具体的な書き方を学んでいきましょう。

➔ 適切な要素を使おう

骨組みに使用する要素はいくつかありますが、それぞれに役割があります。例えば「header要素はヘッダーに、nav要素はナビゲーションに使う」などのように、内容に合わせて正しい要素を選択することは、セマンティックウェブ（P.66参照）の観点からも非常に重要です。div要素のような汎用的な要素だけで骨組みを作ることもできますが、きちんと内容に沿った適切な要素を選びしましょう。

▶ 骨組みに使われる要素

要素名	用途
header	ヘッダーに使う。
footer	フッターに使う。
section	1つの要素内に意味の区切りを設けたいときに使う。
article	独立した記事に使う。
aside	補足的な情報に使う。
nav	主要なナビゲーションに使う。
div	特に意味を持たない汎用的なコンテナ。デザインやレイアウトのための囲みが必要な場合などに使う。
main	メインコンテンツ用。IEが未対応なので本書では使わない。

▶ base.htmlの骨組み部分

```
<header>
    <nav id="global_navi">
    </nav>
</header>

<div id="wrapper">
    <div id="main"></div>
    <aside id="sidebar"></aside>
</div>

<footer>
</footer>
```

- ヘッダーなのでheader要素
- 主要なナビゲーションなのでnav要素
- デザインのためのものなのでdiv要素
- main要素の代わりにdiv要素
- 補足的なエリアの要素なのでaside要素
- フッターなのでfooter要素

➡ id属性とclass属性を使って要素の役割を明確にする

header要素のようにそれだけで意味を持っている要素と違い、div要素などは単体では特定の意味を持たないため、<mark>id属性やclass属性で名前を付け、各要素の役割を明確にする必要があります。</mark>また、ul要素は順不同リストという意味を持ちますが、箇条書き、ナビゲーション、ギャラリーなど用途が広いので、名前を付けたほうがいい場合があります。例えば、ul要素に<ul id="gallery">というID名を付ければ、他のul要素と区別をして、そのul要素がギャラリーのためのリストであることがわかります。CSSやJavaScriptなどを使用する際にも、このID名が付いたul要素だけに特別な設定をすることができます。

▶ 特定の要素にID名を付ける

```
<ul>……</ul>
<ul id="gallery">……</ul>   ……特別の役割を持つ
<ul>……</ul>                    ul要素であること
<ul>……</ul>                    を表す
```

➡ 同じIDはページ内で一度だけ、クラス名は何度でも使える

それでは、ID名とクラス名は何が違うのでしょうか。簡単にいうと<mark>1つのHTML文書内でID名は一度しか出現できない、クラス名は何度でも使える</mark>点が違います。例えば<ul id="gallery">というID名を付けたul要素は、同じページ内に1つしか設置してはいけません。また、それぞれの要素はID名を1つしか持つことができません。galleryというID名を持ったul要素は、他のID名を持つことができないのです。

一方、<mark>クラス名</mark>は何度でも使うことができます。class属性を用いて<ul class="gallery">のように名前を付けた場合は、ページ内にいくつでも設置することができます。同じページ内に複数のギャラリーを掲載する場合などはclass属性を使用したほうがいいでしょう。

また、1つの要素に複数のクラス名を付けることも可能です。例えば<ul class="gallery flower">のように、クラス名の間を半角スペースで区切ることで、いくつでも名前を付けることができます。これを<mark>マルチクラス</mark>といいます。マルチクラスは、同じページ内に複数のギャラリーを設置して共通の装飾を設定し、さらに「ある特定のギャラリーだけ背景色を変えたい」というようなケースで役立ちます。

▶ ID名とクラス名の違い

同じID名は1つだけ

```
<div>……</div>
<div id="main">……</div>
<div>……</div>
<div>……</div>
```

クラス名は複数OK

```
<ul>……</ul>
<ul class="gallery">……</ul>
<ul>……</ul>
<ul class="gallery">……</ul>
<ul class="gallery flower">……</ul>
```

NEXT PAGE ➡

ディレクトリを作り、画像素材を用意しよう

1 Webサイト用のフォルダを作成する

HTMLを書き始めるその前に、各種ファイルの置き場所となるディレクトリ（フォルダ）を用意しましょう。場所はどこでも構いませんが、本書ではドキュメントフォルダに「bloom」という名前のフォルダを作ることにします。

そして、サンプルファイルの「3章開始」フォルダから画像素材をコピーしてください。これでディレクトリの準備ができました。

▶ ドキュメントフォルダにディレクトリを作っておこう

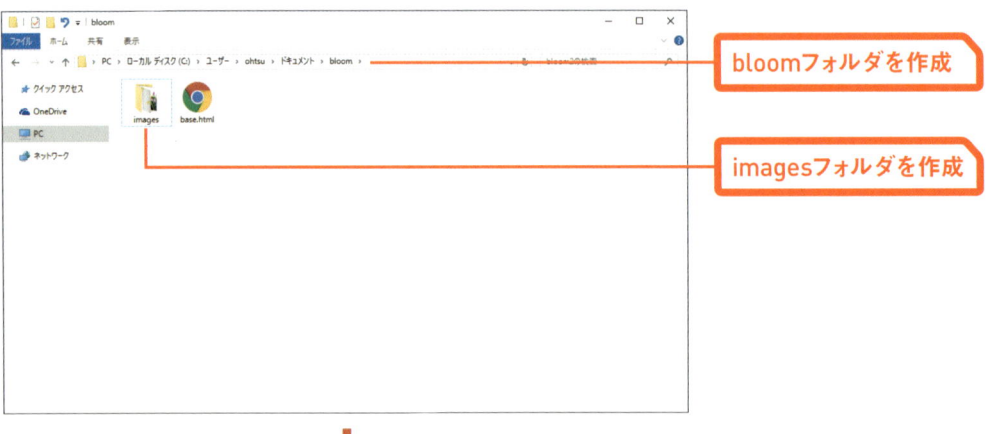

bloomフォルダを作成

imagesフォルダを作成

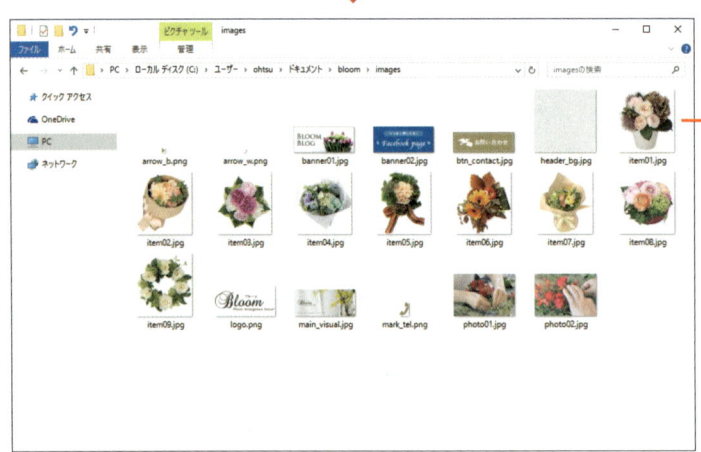

サンプルサイト用の画像素材をコピーしておく

ページの基本構造と基本情報を記述しよう

1 head要素やbody要素を書く `base.html`

それではいよいよHTMLを書き始めます。まずBracketsで新規HTMLファイルを作成し、「base.html」という名前で「bloom」フォルダに保存します。準備ができたら、はじめにページの基本構造と基本情報から書いていきます。

第2章で書いてもらったものとほとんど同じですが、いくつか初めて見る記述がありますね。html要素に追加されている lang="ja" という属性です。これはlang属性といい、言語を指定するためのもので、jaは日本語であることを意味します。

```html
01  <!DOCTYPE html>
02  <html lang="ja">
03  <head>
04  <meta charset="UTF-8">
05  <title>フラワーアレンジメント教室 Bloom</title>
06  <link rel="stylesheet" href="css/style.css">
07  </head>
08  <body>
09  </body>
10  </html>
```

Point CSSの読み込みも書いておく

`<link rel="stylesheet" href="css/style.css">`

- rel="stylesheet" → 種類の指定
- href="css/style.css" → CSSファイルの指定

関連ファイルを読み込む際にはlink要素を使用します。link要素を使用する際はhref属性とrel属性が必須です。href属性には、リンクする外部ファイルのURLを指定し、rel属性にはリンクタイプを指定します。リンクタイプにはいくつか種類がありますが、CSSファイルを読み込む場合は「stylesheet」と入力します。

本書では第6章からstyle.cssというCSSファイルを作成します。あらかじめこのCSSファイルを読み込むためのlink要素を記述しておきましょう。

NEXT PAGE ➡

骨格のための要素を追加しよう

1 header、div、footer要素を書く `base.html`

続いてbody要素の内容を書いていきます。レッスン1で分解したページの構造は、大きく4つのエリアに分かれていました。このうち、メインビジュアル用のエリアはトップページでしか使用しないので、base.htmlには書きません。

残り3つのうち、ヘッダーはheader要素❶、メインエリアとサイドバーを囲む部分はdiv要素❷、フッター部分はfooter要素❸を使用して枠組みを作ります。div要素にはid属性を使用して「wrapper」というID名を付けましょう。wrapperとは、wrapする（包む）人という意味で、全体を包む大きな要素によく使われる名前です。

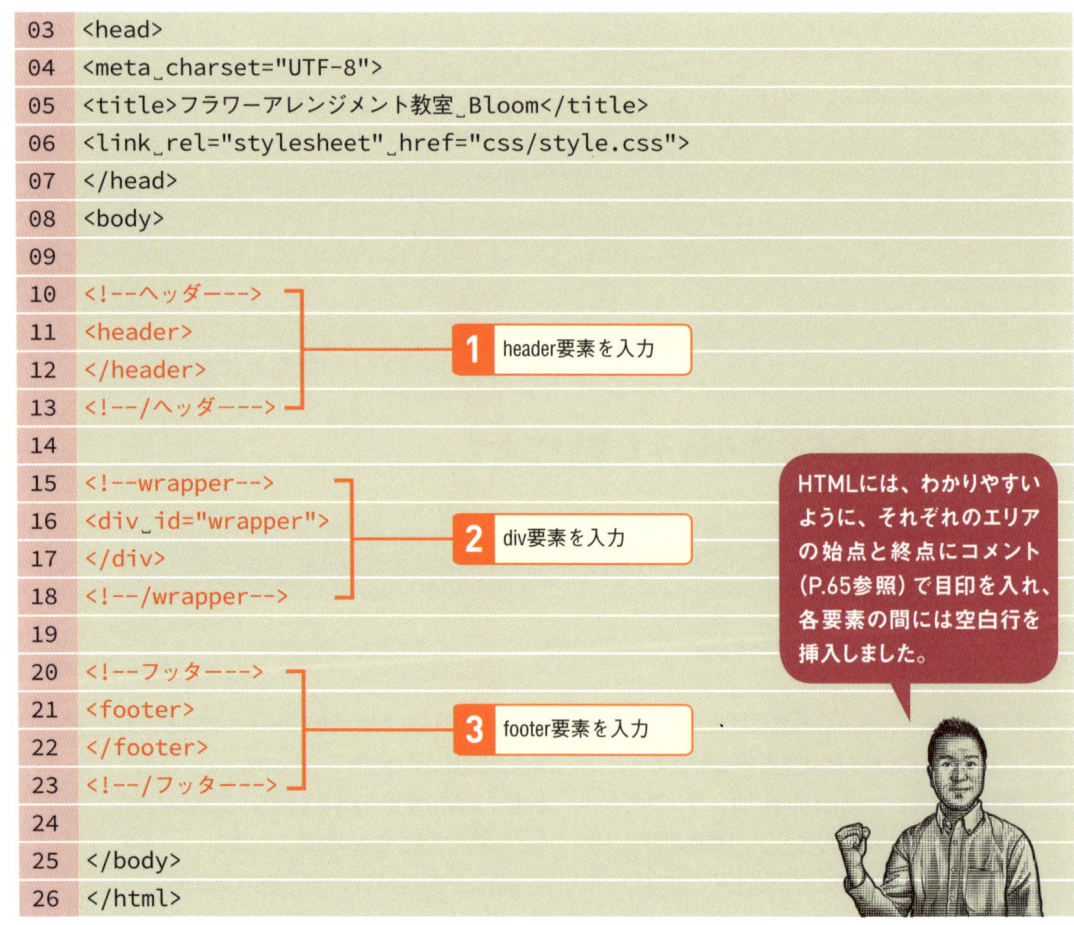

HTMLには、わかりやすいように、それぞれのエリアの始点と終点にコメント（P.65参照）で目印を入れ、各要素の間には空白行を挿入しました。

2 ブラウザで確認する

骨組みの要素を書いたら、一度ブラウザで確認してみましょう。head要素の中のtitle要素に記述した内容がタブに表示されているでしょうか。body要素にはまだタグしか記述していないのでブラウザの画面には何も表示されないはずです。

title要素の内容がタブに表示される

Point 骨組みだけでは何も表示されない

タグで骨組みを作っただけではブラウザ上には何も表示されません。初期状態の要素は背景色などが設定されておらず、要素の中に文字も入力されていないからです。とはいえ、もちろん何も存在していないわけではないので、CSSを使えば背景色や枠線を付けることが可能です。また、何度か説明してきたように骨組み用の各要素にはそれぞれ意味があるので、どれも同じように表示されないからといって、使い分けが適当ではいけません。

Lesson 18 [ヘッダーの作成]
ヘッダーとグローバルナビゲーションを作りましょう

このレッスンのポイント

このレッスンでは、ページ上部に設置する「ヘッダー」を作り、その中に「ロゴ」や「グローバルナビゲーション」を作成していきます。ここからいよいよ本格的なHTMLの記述に入るので、1つずつしっかりと進めていきましょう。

→ ヘッダーを作ろう

ページの骨格に続いて共通部分の中身を作成していきます。まずはヘッダーです。ヘッダーは「ロゴ」「問い合わせボタン」「グローバルナビゲーション」の3つで構成されています。

今回のサンプルサイトでは、「ロゴ」と「お問い合わせボタン」は画像を使って作成しています。画像を掲載する際はimg要素を使用し、src属性に各画像へのパスを、alt属性に画像の代替となる説明文をそれぞれ記述します。

▶ ヘッダーのワイヤーフレーム

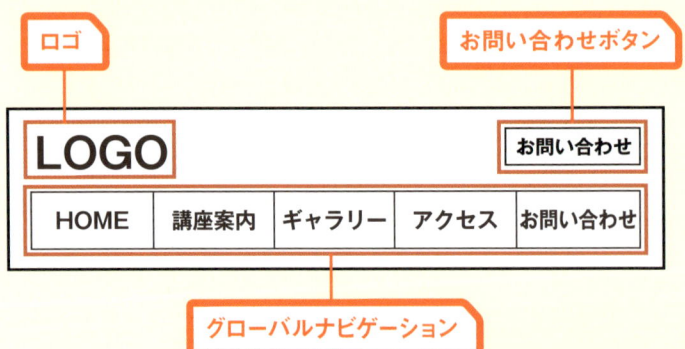

画像のalt属性は、画像だけでは意味を理解しない音声読み上げブラウザや検索エンジンに対して、それが何の画像であるのかを伝える大切な役割を果たします。必ず記述しましょう。

グローバルナビゲーションはWebサイトの目次

ヘッダーの中にグローバルナビゲーションを書きます。グローバルナビゲーションはWebサイト内の全ページに共通で設置され、ユーザーを目的のページへ導く大切な役で割を果たします。

本にたとえれば目次のような役割といえるでしょうか。本の目次は箇条書きのリストになっていますが、Webページでもリストを示すul要素を使ってグローバルナビゲーションを作成するのが一般的です。現状、グローバルナビゲーション専用のタグというものはないので、主要なナビゲーションを示すnav要素にul要素を組み合わせるのが最適でしょう。HTMLだけでは味気ない箇条書きですが、CSSによって見た目をガラッと変えることが可能です。

また、li要素に現在地を示すクラス名を付けて色を変えるなどの手法も多く使われており、「ユーザーが今いるページ」を伝えるという役割もあります。

▶ グローバルナビゲーションの機能

▶ グローバルナビゲーションの実体はリンクを張ったリスト

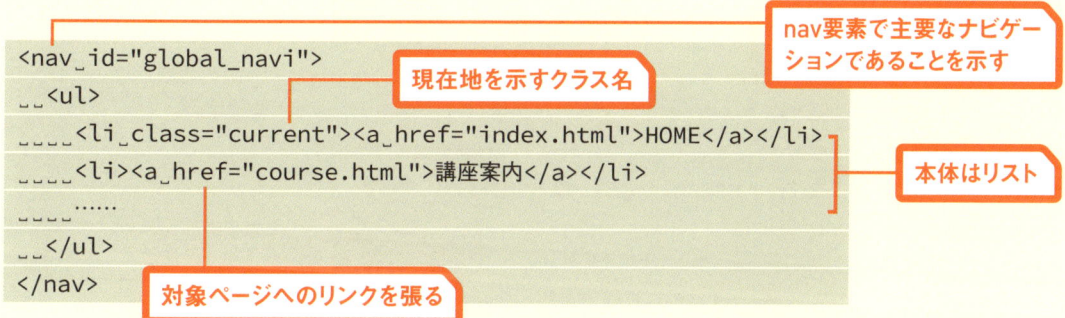

nav要素の使い方は制作者によっていろいろな解釈がありますが、「主要なナビゲーションに使用する」と定義されているため、本書ではグローバルナビゲーションのみに使用します。

ヘッダーを作ろう

1 ロゴとお問い合わせボタンの画像を配置する

`base.html`

img要素を使ってロゴとお問い合わせボタンの画像を配置します❶。ロゴの代替文字列には教室の名前を入力しておきます。お問い合わせボタンの代替文字列はそのまま「お問い合わせ」にします。

```
10  <!--ヘッダー-->
11  <header>
12    <img src="images/logo.png" alt="フラワーアレンジメント教室ブルーム">
13    <img src="images/btn_contact.jpg" alt="お問い合わせ">
14  </header>
15  <!--/ヘッダー-->
```

❶ img要素を入力

2 画像にリンクを張る

続いて、ロゴに大見出し (h1) の役割を持たせるため、ロゴをh1タグで囲みます。お問い合わせボタンはdivタグで囲み、id属性で「header_contact」というID名を指定しておきましょう。続いてそれぞれの画像にリンクを張っていきます。ロゴはトップページ (index.html) ❶へ、お問い合わせボタンはお問い合わせページ (contact.html) へリンクしています❷。リンクにはa要素を使用します。

```
10  <!--ヘッダー-->
11  <header>
12    <h1><a href="index.html"><img src="images/logo.png" alt="フラワーアレンジメント教室ブルーム"></a></h1>
13    <div id="header_contact"><a href="contact.html"><img src="images/btn_contact.jpg" alt="お問い合わせ"></a></div>
14  </header>
15  <!--/ヘッダー-->
```

❶ h1要素で囲んでリンクを設定

❷ div要素で囲んでリンクを設定

ヘッダー内のロゴは、慣用的にトップページへのリンクを設定します。

グローバルナビゲーションを作ろう

1 nav要素とリストを書く `base.html`

グローバルナビゲーションはリストなので、ul要素とli要素を使用してリスト化します。そのリストの親を、ナビゲーションを意味するnav要素にして「global_navi」というID名を指定します❶。このとき、一番はじめのリスト項目に今どのページにいるのかを表す「current」というクラス名を指定します。base.htmlでは仮にHOMEのリスト項目にクラス名を指定します。リストが作成できたらそれぞれの文字列をa要素のタグで囲み、各ページへのリンクを張りましょう❷。

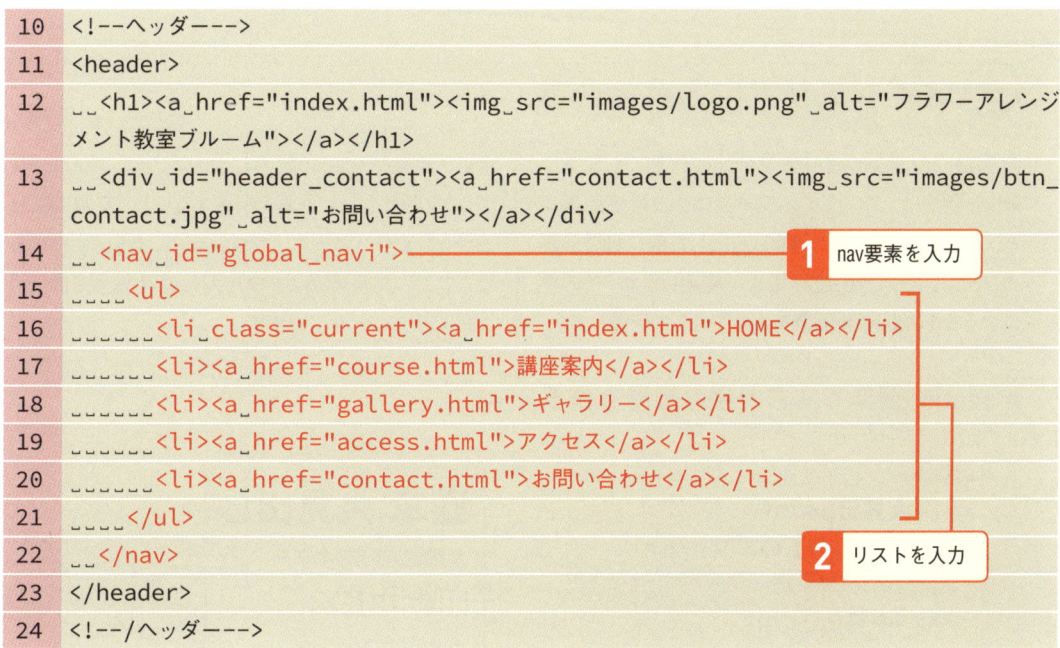

Lesson 19 ［メインエリアの作成］
メインエリアとパンくずリストを作ろう

このレッスンのポイント

続いて、各ページのコンテンツが入ることになるメインエリアを作成しましょう。このエリアにはページごとに異なるコンテンツが入るため、base.htmlでは見出しや段落、パンくずリストなど汎用的な要素を配置します。

→ メインエリアに入れる内容

今回はコンテンツエリアをarticle要素にします。==article要素==は、ページの本文やブログの投稿記事など、その部分の内容だけを取り出した際に==独立したコンテンツとして成り立つ==場合に使用します。その中にいくつかの==section要素==を入れ子にして配置します。

article要素やsection要素は「セクショニングコンテンツ」と呼ばれ、これらを配置することで文書内にセクションが作られます。セクションによる区切りがあることで、文書構造（アウトライン）や階層をより明示的に表すことができます。

▶ section要素で文書内容の階層を作る

```html
<article>
  <h1>大見出し</h1>
  <p>大見出しの下の本文</p>
  <section>
    <h2>中見出し</h2>
    <p>中見出しの下の本文</p>
    <section>
      <h3>小見出し</h3>
      <p>小見出しの下の本文</p>
    </section>
  </section>
</article>
```

■章:大見出し
大見出しの下の本文
□節:中見出し
中見出しの下の本文
▼項:小見出し
小見出しの下の本文

chapter 3 共通部分のHTMLを作成しよう

パンくずリストとは？

パンくずリストとは、Webサイト内で「**今どのページにいるのか**」**を示すナビゲーションです。**「パンくず」という名前は、童話「ヘンゼルとグレーテル」で、主人公が森で迷子にならないように通った道にパンくずを置いていったエピソードに由来します。

パンくずリストには「ページにたどり着いた経路」や「ページの階層構造上の位置」などを、ユーザーが視覚的に理解できるメリットがあり、検索エンジンもサイトの構造を把握しやすくなるため、SEOにも効果があるとされています。

▶ パンくずリストの完成イメージ

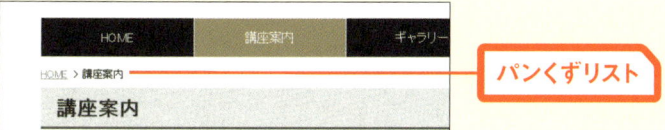

ol要素とul要素の違い

パンくずリストはリストですが、ol要素を使用します。ul要素とol要素の使い分けは、**順序があるかないか**です。グローバルナビゲーションのように**順番を入れ替えても意味の変わらないリストにはul要素**を使用し、パンくずリストのように、物事の流れや順序を表すもの、つまり**順番が入れ替わると意味が変わってしまうリストにはol要素**を使用します。内包するリスト項目にはどちらもli要素を使用しますが、ol要素の子にした場合、行頭記号の代わりに番号が付きます。この番号はCSSで消すことができます。

▶ ol要素の使用例

```
<p>美味しいコーヒーの淹れ方</p>
<ol>
__<li>豆を挽いてドリッパーにセットする</li>
__<li>少量のお湯を注ぎ、じっくり蒸らす</li>
__<li>少しずつゆっくりドリップする</li>
</ol>
```

美味しいコーヒーの淹れ方
1. 豆を挽いてドリッパーにセットする
2. 少量のお湯を注ぎ、じっくり蒸らす
3. 少しずつゆっくりドリップする

● メインエリアを作ろう

1 パンくずリストを作成する `base.html`

まずは、レッスン17で作成したwrapperエリアの中に、「main」というID名を付けたdiv要素を配置し❶、その中にパンくずリストを作成していきましょう。
パンくずリストには、ul要素ではなく、ol要素を使用し❷、リストをdivタグで囲み、パンくずリストという意味の「breadcrumb」というID名を指定しておきます❸。

```
26  <!--wrapper-->
27  <div id="wrapper">
28    <!--メイン-->
29    <div id="main">                        ❶ メインエリアのdiv要素を入力
30      <div id="breadcrumb">                ❷ パンくずリストのdiv要素を入力
31        <ol>
32          <li><a href="index.html">HOME</a></li>   ❸ ol要素を入力
33          <li>講座案内</li>
34        </ol>
35      </div>
36    </div>
37    <!--/メイン-->
38  </div>
39  <!--/wrapper-->
```

2 article要素を書く

コンテンツエリアはarticle要素にします❶。そしてこのarticle要素の中に、見出しやセクションなどを入力していくので、開始タグと終了タグの間で改行しておきましょう。

```
33          <li>講座案内</li>
34        </ol>
35      </div>
36      <article>                            ❶ article要素を入力
37      </article>
38    </div>
```

3 ダミーの見出しと段落を作成する

article要素のセクションの中に、見出しや本文、子のセクションなどを作っていきます。
h1要素の大見出しとリード文と本文のp要素を入力します。リード文が入る段落のp要素には、「lead」というクラス名を付けておきましょう❶。
中見出しと小見出しもダミーで入れておきたいので、アウトライン階層を示すsection要素と、h2要素、h3要素の見出しを書きます❷。

```
36    <article>
37      <h1>h1講座案内</h1>
38      <p class="lead">リード文が入ります。リード文が入ります。リード文が入ります。</p>
39      <p>テキストが入ります。テキストが入ります。テキストが入ります。テキストが入ります。
テキストが入ります。テキストが入ります。テキストが入ります。テキストが入ります。</p>
40      <section>
41        <h2>h2見出しが入ります。</h2>
42        <section>
43          <h3>h3見出しが入ります。</h3>
44        </section>
45      </section>
46    </article>
47  </div>
48  <!--/メイン-->
```

❶ p要素を入力
❷ section要素を入力

メインコンテンツ

Lesson 20 ［aside要素とfooter要素］
サイドバーとフッターを作りましょう

このレッスンのポイント

最後にサイドバーとフッターを作成しましょう。サイドバーには関連情報や各種バナー、フッターには補足的なナビゲーションやコピーライトが入ります。それぞれaside要素とfooter要素を使用し、その中に内容を書いていきます。ここまで来ればあと少しでbase.htmlは完成です。

➔ サイドバーとフッター

サイドバーは関連リンクを掲載する「バナーエリア」と「お問い合わせボタン」の2つのセクションで構成されています。サイドバーは本文の内容に関わらず常に同じ内容が表示されるため、問い合わせボタンなど「いつもわかりやすい場所に設置しておきたい」コンテンツや、バナーなどの広告が配置されることが多いです。

共通部分の最後はフッターです。今回のサンプルでは、フッターに補足的なナビゲーションとコピーライト（著作権表示）を掲載します。補足的なナビゲーションとは、よくWebサイトの最下部に配置してあるプライバシーポリシーやサイトマップへのリンクが並んだリストです。ul、li要素でリストを作成します。なお、一般的にこういった補足的なナビゲーションにはnav要素を使いません。nav要素はあくまで主要なナビゲーションのための要素なので、今回はdiv要素で囲んでID名を付けておきましょう。

▶ サイドバーのワイヤーフレーム

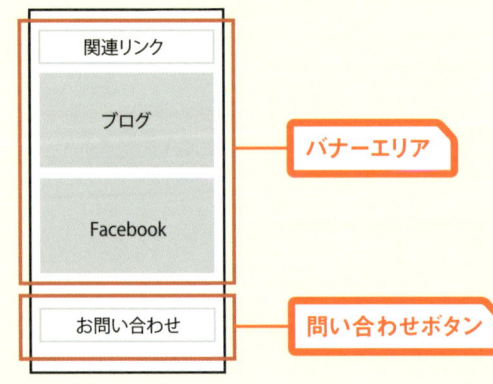

▶ フッターのワイヤーフレーム

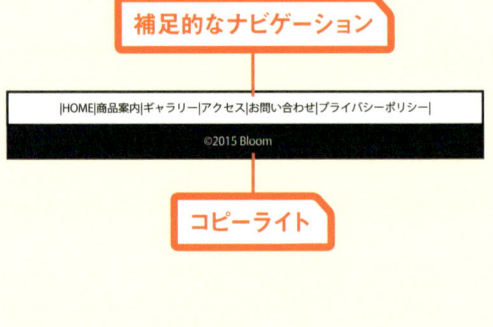

● サイドバーを作成する

1 サイドバーの骨組みを作る `base.html`

サイドバーはwrapperエリアに内包されているので、wrapperエリア内に「sidebar」というID名を付けた要素を配置します❶。このときサイドバーにはdiv要素ではなくaside要素を使用します。

そしてその中に、2つのセクションをsection要素で配置し、それぞれに「side_banner」「side_contact」というID名を指定します❷。

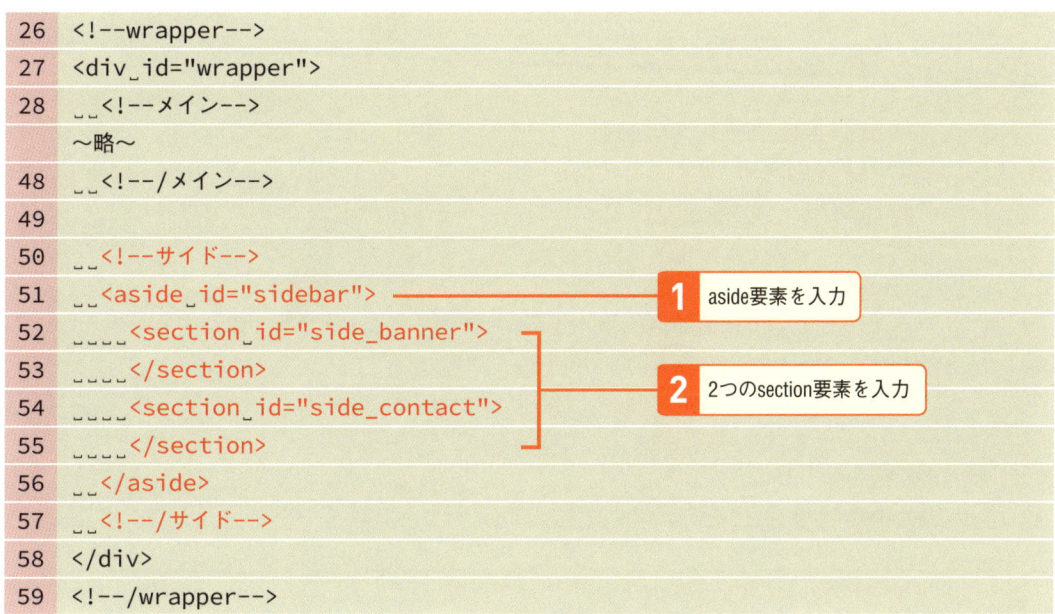

```
26  <!--wrapper-->
27  <div id="wrapper">
28    <!--メイン-->
～略～
48    <!--/メイン-->
49
50    <!--サイド-->
51    <aside id="sidebar">              ← 1 aside要素を入力
52      <section id="side_banner">
53      </section>                       ← 2 2つのsection要素を入力
54      <section id="side_contact">
55      </section>
56    </aside>
57    <!--/サイド-->
58  </div>
59  <!--/wrapper-->
```

Point　aside要素はサイドバー専用ではない

aside要素は、その部分がページ内において補足情報であることを示す要素です。バナーやお問い合わせボタンは、本文と関連してはいるものの話の本筋からは外れている要素であるため、aside要素を使用するというわけです。asideという名前ですが、サイドバー専用というわけではなく、補足情報をarticle要素内に記載したい場合など、サイドバー以外に設置することも可能です。

2 関連リンクを配置する

1つ目のセクション「side_banner」には「関連リンク」という見出しを配置し❶、その下にバナー画像のリストを配置します。それぞれの画像にはリンクを張ります❷。ブログのバナーのリンク先には「#」を指定しました。これは本来ページの一番上に移動するための記述ですが、今回は制作中にリンク先のURLが決まっていないときなどに「仮のリンク先としてとりあえず記載しておく」ために使っています。

```
50    <!--サイド-->
51    <aside id="sidebar">
52      <section id="side_banner">
53        <h2>関連リンク</h2>         ← ❶ h2要素を入力
54        <ul>
55          <li><a href="#" target="_blank"><img src="images/banner01.jpg" alt="ブルームブログ"></a></li>
56          <li><a href="https://www.facebook.com/" target="_blank"><img src="images/banner02.jpg" alt="イイネ！押してね！facebookページ"></a></li>
57        </ul>
58      </section>                    ← ❷ バナー画像のリストを入力
59      <section id="side_contact">
60      </section>
61    </aside>
62    <!--/サイド-->
63  </div>
64  <!--/wrapper-->
```

Point　リンク先を別タブで開く

`<a href="#" target="_blank">`

リンク先は別のWebサイトとなるため、ブラウザの別ウィンドウで開きましょう。そういったときはa要素にtarget属性を追加し、「_blank」という値を指定します。これによりリンク先は別ウィンドウで開きます。target属性には他にも「_self」「_parent」「_top」などの値もありますが、まずは「_blank」だけを覚えておけば十分でしょう。

3 ご予約・お問い合わせを配置する

サイドバーの2つ目のセクション「side_contact」には「ご予約・お問い合わせ」という見出しを配置❶、その下にaddress要素とp要素を配置します❷。
そして「お問い合わせフォーム」というテキストをお問い合わせページへリンクさせるためa要素でマークアップし、「contact_button」というクラス名を指定しておきます❸。
以上でサイドバーは完成です。

```
50    <!--サイド-->
51    <aside id="sidebar">
52      <section id="side_banner">
53        <h2>関連リンク</h2>
54        <ul>
55          <li><a href="#" target="_blank"><img src="images/banner01.jpg" alt="ブルームブログ"></a></li>
56          <li><a href="https://www.facebook.com/" target="_blank"><img src="images/banner02.jpg" alt="イイネ！押してね！facebookページ"></a></li>
57        </ul>
58      </section>
59      <section id="side_contact">
60        <h2>ご予約・お問い合わせ</h2>
61        <address><img src="images/mark_tel.png" alt="TEL">052-232-8229</address>
62        <p>受付時間 9:00～18:00</p>
63        <p><a href="contact.html" class="contact_button">お問い合わせフォーム</a></p>
64      </section>
65    </aside>
66    <!--/サイド-->
```

❶ h2要素を入力
❷ address要素とp要素を入力
❸ クラス名を追加

Point　address要素

address要素は直近のarticle要素かbody要素の連絡先情報を表します。後者の場合は、その連絡先情報はドキュメント全体に適用されます。著作者の連絡先情報を掲載するときに使用し、それ以外の目的で使ってはいけません。

NEXT PAGE →

フッターを作成する

1 フッターを記述する `base.html`

共通部分の最後はフッターです。レッスン17で骨組みとして書いておいたfooter要素の中に、補足的なナビゲーションと、コピーライト（著作権表示）を掲載します。補足的なナビゲーションはul、li要素でリストを作成します。全体をdiv要素で囲み「footer_nav」というID名を指定しておきましょう❶。

最後にコピーライトを書きますが、著作権やライセンス要件などの短い注釈にはp要素ではなくsmall要素を使用します❷。

```
70  <!--フッター-->
71  <footer>
72    <div id="footer_nav">              ❶ ナビゲーションのリストを入力
73      <ul>
74        <li><a href="index.html">HOME</a></li>
75        <li><a href="course.html">講座案内</a></li>
76        <li><a href="gallery.html">ギャラリー</a></li>
77        <li><a href="access.html">アクセス</a></li>
78        <li><a href="contact.html">お問い合わせ</a></li>
79        <li><a href="policy.html">プライバシーポリシー</a></li>
80      </ul>
81    </div>
82    <small>&copy; 2015 Bloom.</small>   ❷ small要素を入力
83  </footer>
84  <!--/フッター-->
```

Point small要素

small要素はHTML 4.01ではテキストを小さくするための要素でしたが、HTML5では注釈や細目を表す要素となり、これまでとは定義が変更されています。「意味合いを弱める」という役割なので、昔覚えた仕様で使わないように注意しましょう。

▶ small要素の記述例

```
<p>観覧チケット A席 4,000円<small>（税込み）</small></p>
```

2 ブラウザで確認する

以上で共通部分の作成がすべて完了しました。ブラウザで確認してみましょう。画像のように表示されていれば無事に完成です。

次の章ではbase.htmlをもとにしてトップページやギャラリーページ、お問い合わせページなどを作っていきます。

▶ base.htmlの完成状態

コピーライトについてはいろいろな書き方があり、以前は「Copyright © 2007-2015 ○○inc. All Rights Reserved.」といったような書き方が主流でしたが、最近ではごくシンプルに「© 2007 ○○inc.」のようなスタイルが提唱されています。

👍 ワンポイント 特殊記号を入力する

コピーライトの先頭に記述されている「©」は特殊文字と呼ばれるものでHTMLで記号などの特殊な文字を使いたいときに使用します。「©」は、ブラウザでは丸の中にcが入ったコピーライトを表す記号「©」が表示されます。これらの特殊文字が使われる代表的な例としては、「htmlのコードと干渉しないようにする」という目的があります。例えば、タグに使われる「<」は「<」、「>」は「>」と記述します。同じ理由から「&」「"」などもそれぞれ「&」「"」と入力します。

また、面白いものとしては「空白文字」があります。空白文字とはいわゆるスペースのことですが、半角より狭い幅にしたいときは「 」など、空白の幅によって入力する特殊文字が異なります。

他にも変わり種として「☆ = ☆」「♥ = ♥」「☎ = ☎」「☜ = ♨」などの記号も数多く存在します。ここでは紹介しきれないぐらいたくさんの種類があるので、興味のある人は調べてみると面白いですよ。「HTML 特殊文字」で検索してみましょう。

▶ 空白文字

特殊文字	空白の幅
	通常の半角スペースと同じサイズの空白。
	通常の半角スペースよりやや広い空白。「n」の字の幅。
	通常の半角スペースよりさらに広い空白。「m」の字の幅で、全角スペースと同じぐらいの幅になる。
	よりも狭い空白。

👍 ワンポイント テキストに意味を持たせる要素

small要素の説明で、テキストを囲って特別な意味を持たせる要素について紹介しました。同様にテキストの一部に対して、強調や重要性、削除などの意味を持たせる要素があります。その代表的なものを右の表にまとめました。

要素	役割
em要素	強調したい箇所を表す。
strong要素	em要素よりも強い重要性を表す。
b要素	キーワードや製品名・サービス名など、他と区別したいテキストを表す。重要性や強調を表す役割はない。
i要素	声や心の中で思ったことなどを表す際に使用する。重要性や強調を表す役割はない。
mark要素	HTML5から新しく導入された要素で、テキストをハイライトして目立たせる際に使用する。重要性や強調を表す役割はない。
del要素	削除された部分を表す際に使用する。テキストに打ち消し線が引かれる。

Chapter 4

共通部分から個別のページを作成しよう

この章では、いよいよ個別のページを作成していきます。各ページにはそれぞれ異なる要素が登場するので、各要素の役割を確認しながら焦らずじっくり進めていきましょう。

Lesson 21 ［トップページの作成］
共通ページをもとにして トップページを作成しましょう

このレッスンの
ポイント

この章では、第3章で作成した共通ページをもとにそれぞれの個別ページを作成していきます。まずはサイトの顔となるトップページです。トップページには、メインビジュアルなど他のページにはない要素が含まれているため、そのあたりに注意して作成していきます。

➜ base.htmlを複製して個別ページを作成する

個別ページは、==第3章で作成したbase.htmlを複製して、そこにコンテンツを加えながら作成していきます。==このように全ページ共通の部分をあらかじめ作っておくことで、枠組みができあがった状態から作業を始められるので、ページごとにヘッダーやフッターを作るといった無駄を省けます。

このレッスンで作成するトップページは他のページと違って大見出しとパンくずリストがなく、代わりに大きく目立つメインビジュアルが入ります。メインコンテンツとしては、教室の様子を表す「こだわり」セクション、新着ニュースを伝える「お知らせ」セクションなどを配置します。

▶ トップページで追加する部分

base.html

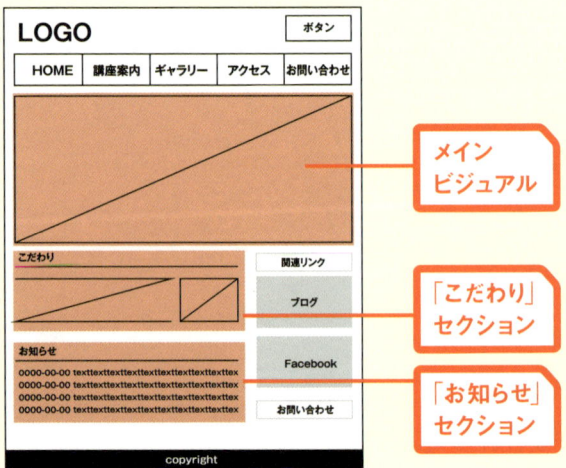
トップページ（index.html）

ページのタイトルとナビゲーションを変更する

base.htmlを複製したら、まずページごとに必ず変更する箇所があります。それが「ページタイトル」と「グローバルナビゲーション／パンくずリストの現在地」です。第10章で詳しく解説しますが（レッスン60参照）、ページタイトルはSEOにも影響するので、必ずページの内容に合わせたタイトルにしましょう。また、グローバルナビゲーションにはユーザーに現在地を知らせる役割を持たせているため、目印となるクラス名を書きます。トップページではパンくずリストは必要ないので削除します。

▶ 同じように変更する部分

```html
<head>
<meta charset="UTF-8">
<title>講座案内｜フラワーアレンジメント教室 Bloom</title>
```
→ ページのタイトルを変更

```html
<nav id="global_navi">
  <ul>
    <li><a href="index.html">HOME</a></li>
    <li class="current"><a href="course.html">講座案内</a></li>
    <li><a href="gallery.html">ギャラリー</a></li>
    <li><a href="access.html">アクセス</a></li>
    <li><a href="contact.html">お問い合わせ</a></li>
  </ul>
</nav>
```
→ グローバルナビゲーションの現在地を変更

```html
<div id="breadcrumb">
  <ol>
    <li><a href="index.html">HOME</a></li>
    <li>講座案内</li>
    </ol>
</div>
```
→ パンくずリストの現在地を変更

トップページは最初に表示されるものなので、一般的にパンくずリストは付けません。

figure要素を使って図にタイトルやキャプションを付ける

トップページで一番目立つ部分はメインビジュアルですが、特に新しい要素は使いません。トップページで新たに登場する要素の1つめは「こだわり」セクションで使用するfigure要素です。
figure要素は、画像や表などの要素をさらに囲む要素です。前後の文章と切り離せない挿絵や画像ではなく、参照や補足的なものを掲載する際に使用します。少し難しいのですが、figure要素で囲んだ部分を他の場所に移動しても、本文の文脈に問題がない場合に使用します。
図に付けるキャプション（見出しや説明）には、figcaption要素を使用します。

▶ figure要素の使用例

```
<figure>
  <img src="画像ファイル" alt="">
  <figcaption>図版タイトル</figcaption>
</figure>
```

dl、dt、dd要素を使って定義リストを作る

「お知らせ」セクションではdl、dt、dd要素を使い、定義リストを作成します。定義リストとは、ある語句と、それに対する説明を一対にしたリストのことで、用語集などによく使われます。ここでは「日付」と「お知らせ内容」をセットにしてリスト化するため、定義リストを使用します。
この要素はdl、dt、ddの3つの要素をセットで使用します。リスト全体を表すdl要素の中に、dt要素とdd要素を入れ子にして書きます。dt要素には定義する用語を書き、dd要素にその用語の説明を書きます。

▶ dl、dt、dd要素の使用例

```
<dl>
  <dt>ゾウ</dt>
  <dd>長い鼻、大きな耳が特徴。陸上で最大の哺乳類。</dd>
  <dt>キリン</dt>
  <dd>長い首が特徴。もっとも背が高い動物である。</dd>
</dl>
```

ゾウ　　長い鼻、大きな耳が特徴。陸上で最大の哺乳類。
キリン　長い首が特徴。もっとも背が高い動物である。

●メインビジュアルを挿入する

1 メインビジュアルのimg要素を追加する `index.html`

本来はbase.htmlを複製して作業していくのですが、P.95で説明したタイトルなどの修正を済ませたものを用意しています。サンプルファイルの「4章開始」フォルダからindex.htmlを、前に作成した「bloom」フォルダにコピーし、それをBracketsで開いてください。

トップページの最も大きな要素である「メインビジュアル」を作成しましょう。トップページのみに掲載されるコンテンツなので、wrapperとと名付けたdiv要素の前に記述し、それと並列の関係とします。

「main_visual」というID名を付けたdiv要素を作成し、その中にp要素で段落を作り、img要素でメインビジュアル画像を配置します。alt属性には画像内に記載してあるテキストの文言を記述します❶。

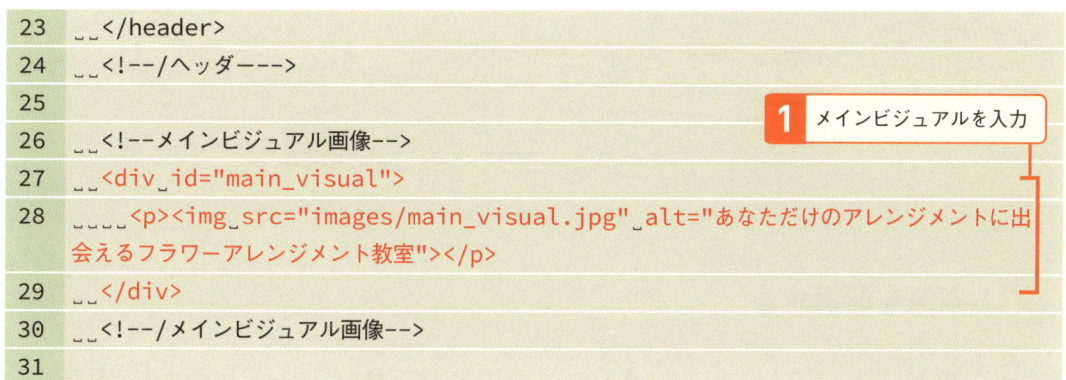

❶ メインビジュアルを入力

メインビジュアル

○「こだわり」セクションを作る

1 枠組みを作る `index.html`

続いて「こだわり」のセクションを作成します。ここからは、wrapper内のメインエリアの中に記述していきます。まずは全体を大きなセクションで囲み、「point」というID名を指定します❶。中見出しを配置❷、その下に小見出しを持ったセクションを配置して❸、入れ子になった枠組みを作成します。

```
34  <!--メイン-->
35  <div id="main">
36    <section id="point">
37      <h2>ブルームのこだわり</h2>
38      <section>
39        <h3>一人ひとりの個性に向き合う、のびのびとしたアレンジメント</h3>
40      </section>
41    </section>
42  </div>
43  <!--/メイン-->
```

- ❶ section要素を入力
- ❷ h2要素を入力
- ❸ section要素とh3要素を入力

2 画像を配置する

枠組みができたら画像と本文を作成します。まずは画像の追加からです。ここで掲載する画像はfigure要素で囲み❶、キャプションとグループ化します。その中にimg要素❷とキャプションのfigcaption要素を書きます❸。

```
34  <!--メイン-->
35  <div id="main">
36    <section id="point">
37      <h2>ブルームのこだわり</h2>
38      <section>
39      <h3>一人ひとりの個性に向き合う、のびのびとしたアレンジメント</h3>
40        <figure>
41          <img src="images/photo01.jpg" alt="こだわり1">
42          <figcaption>作品を作る生徒さんの様子</figcaption>
43        </figure>
44      </section>
```

- ❶ figure要素を入力
- ❷ img要素を入力
- ❸ figcaption要素を入力

※紙面のコードは読みやすくするために一部のインデントを省略しています。

3 本文を配置する

そしてfigure要素の後に本文を配置します。本文にはp要素を使用します❶。ある程度の長さのある文章には、適度に改行を入れることで読みやすくなるので、読点の後で改行しましょう。改行にはbr要素を使用します❷。

```
40      <figure>
41          <img src="images/photo01.jpg" alt="こだわり1">
42          <figcaption>作品を作る生徒さんの様子</figcaption>
43      </figure>
44      <p>生徒さんの数だけ、アレンジメントがあります。<br>
45      一人ひとりに向き合った、その人らしいアレンジメントを考えながら楽しく学べます。<br>
46      全くの初心者の方も安心してご参加ください。</p>
47    </section>
```

❶ p要素を入力
❷ br要素を入力

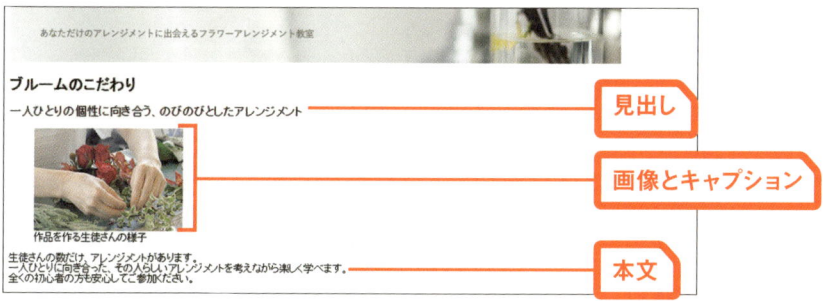

- 見出し
- 画像とキャプション
- 本文

Point 段落内で改行するbr要素

```
<p>生徒さんの数だけ、アレンジメントがあります。<br>
一人ひとりに向き合った、その人らしいアレンジメントを考えながら楽しく学べます。<br>
全くの初心者の方も安心してご参加ください。</p>
```

br要素は「break」の略で改行を意味します。詩や住所など、改行がコンテンツの一部である場合に使用し、意味的に段落としての区切りを表す場合にはp要素を使用します。また、余白を作るためにbr要素を連続して使用するのは誤った使い方になるので、レイアウト調整のためだけに使用するのは避けましょう。

chapter 4 共通部分から個別のページを作成しよう

●「お知らせ」セクションを作る

1　セクションを追加する　`index.html`

続いて「お知らせ」のセクションを作成します。「news」というidセレクタを指定したsection要素を作成し❶、お知らせの各項目にはdl要素（定義リスト）を使用します❷。

```
34  <!--メイン-->
35  <div id="main">
36  　<section id="point">
～略～
48  　</section>
49
50  　<section id="news">      ← ❶ section要素を入力
51  　　<h2>お知らせ</h2>
52  　　<dl>                    ← ❷ dl要素を入力
53  　　</dl>
54  　</section>
55  </div>
56  <!--/メイン-->
```

2　定義リストの中身を書く

dl要素の中にdt要素とdd要素を書いていきます。今回は日付をdt要素、内容をdd要素でマークアップし、内容には各ページへのリンクを張ります❶。

```
50  　<section id="news">
51  　　<h2>お知らせ</h2>
52  　　<dl>
53  　　　<dt>2016/03/21</dt>                                              ← ❶ dt、dd要素を入力
54  　　　<dd><a href="course.html">講座案内を更新しました</a></dd>
55  　　　<dt>2016/02/11</dt>
56  　　　<dd><a href="gallery.html">ギャラリーに写真を追加しました</a></dd>
57  　　　<dt>2016/03/21</dt>
58  　　　<dd><a href="course.html">講座案内を更新しました</a></dd>
59  　　</dl>
60  　</section>
```

3 ブラウザで確認する

以上でトップページが完成です。ブラウザでプレビューしてみましょう。下の画像はサンプルの完成状態です。「こだわり」セクションのコンテンツが2つあることに気付かれるかもしれません。入力方法はP.98〜99で説明したものとまったく同じなので、手順は省略しました。

▶ index.htmlのコンテンツ部分

Lesson 22 ［表の作成］
講座案内ページの表組みを作成しましょう

このレッスンの
ポイント

このレッスンからは詳細ページの作成を進めていきます。まずは講座案内ページです。ここでは、表を作成する際に使用するtable要素が登場します。table要素は非常によく使う要素なので、しっかり覚えておきましょう。

⊙ 講座案内ページの構成を把握しよう

まずはじめにワイヤーフレームをもとにHTMLの組み方を考えます。講座案内ページでは「大見出しとリード文」「各講座のご案内」セクションの2つに分かれており、「各講座のご案内」には3つの講座案内を掲載します。各講座情報には表を使用します。
ここで新たに学ぶのは表の作り方なので、それ以外の大見出しなどを追加済みのファイルを用意しています。それをコピーして作業を進めてください。

▶ 講座案内ページのワイヤーフレーム

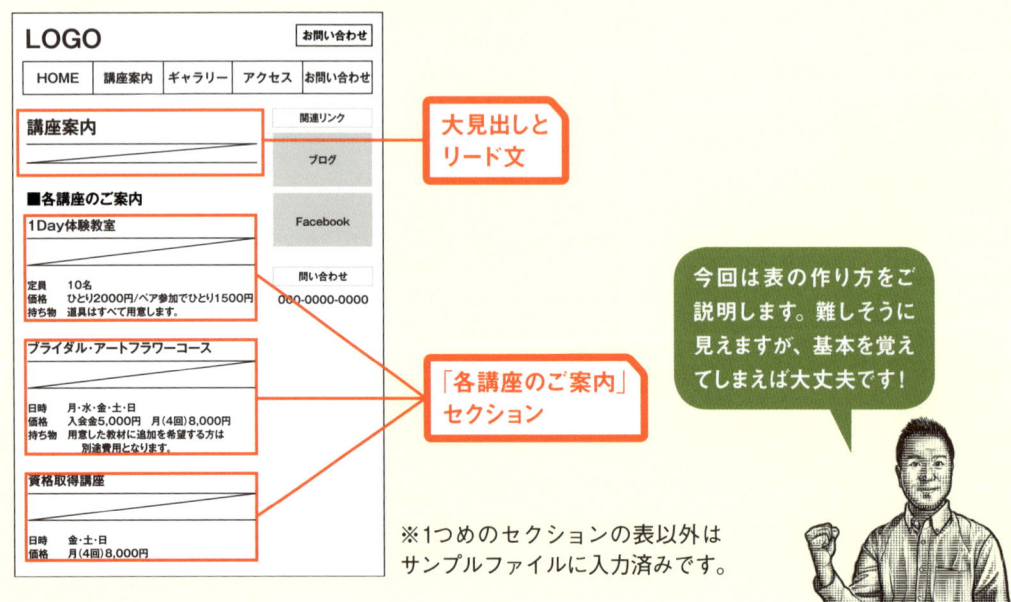

※1つめのセクションの表以外はサンプルファイルに入力済みです。

表の作成にはtable、tr、th、td要素を使う

今回はじめて登場する「表」には table要素 を使用します。table要素の基本的な構造は、<table>～</table>の中に tr要素で横一行 を定義し、さらにその中に th要素で見出しセル を、td要素でデータセル をそれぞれ定義するというものです。

つまり、table要素の中にtr要素、さらにその中にth/td要素という順で入れ子にして書きます。tr要素の中にはth要素かtd要素のいずれかを1つ以上必ず入れる必要があります。

▶ table要素の使用例

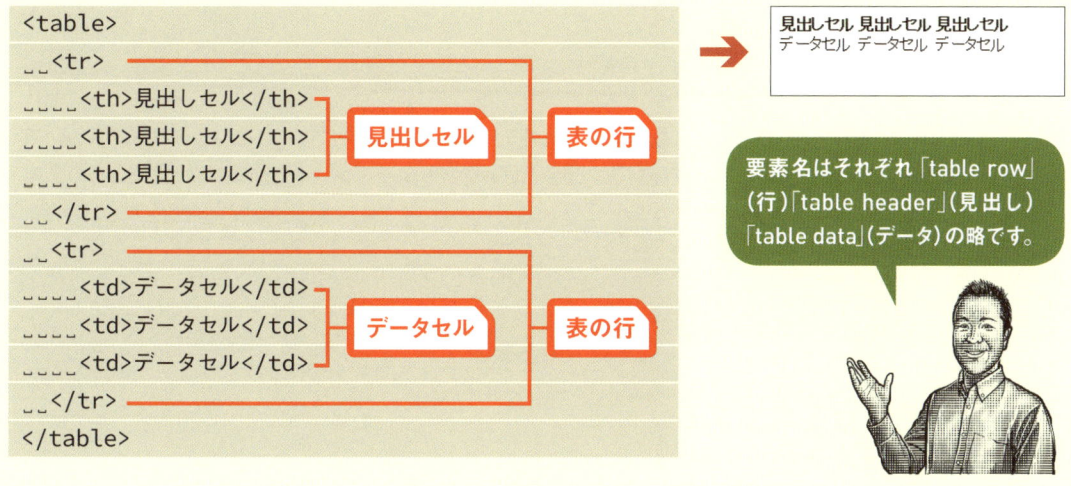

要素名はそれぞれ「table row」(行)「table header」(見出し)「table data」(データ)の略です。

表の列見出しと行見出し

表には列見出しを持つものと行見出しを持つもの、両方を持つものなどのバリエーションがあります。といっても、どのタイプも縦横にセルが並ぶ構造は変わりません。見出しのセルにしたいところにth要素を使えばいいだけです。今回のサンプルサイトでは列見出し型の表を作成します。

▶ 列見出し型の表と行見出し型の表

列見出し型

tr	th	td	td
tr	th	td	td
tr	th	td	td

行見出し型

tr	th	th	th
tr	td	td	td
tr	td	td	td

●「各講座のご案内」セクションに表を追加する

1 table要素を追加する　`course.html`

サンプルファイルの「4章開始」フォルダからcourse.htmlを「bloom」フォルダにコピーして開いてください。追加済みの「各講座のご案内」セクションの中に表を入力していきましょう。見出しや本文は追加済みのところからスタートします。まずp要素の下にtable要素を追加します❶。

```
40  <section>
41    <h2>各講座のご案内</h2>
42    <section>
43      <h3>1Day体験教室</h3>
44      <p>参加を検討している方、教室の雰囲気を知りたい方、お試しでアレンジメントをしてみたい方にオススメの1日体験教室です。季節の花を使いお好みのアレンジメントをお楽しみいただけます。</p>
45      <table>
46      </table>
47    </section>
48    <section>
```

❶ table要素を入力

2 1つめの行を追加する

table要素の中にまず1行目のコードを記述します。行を表すtr要素の中に、th要素（見出し）とtd要素（セル）をそれぞれ追加します❶。

```
45      <table>
46        <tr>
47          <th>定員</th>
48          <td>10名</td>
49        </tr>
50      </table>
```

❶ tr、th、td要素を入力

> 昔はtable要素でレイアウトしているWebサイトも見られましたが、table要素はあくまで表を作るための要素なので、レイアウト目的で使用してはいけません。

3 残りの行を追加してブラウザで確認する

1行目と同じように2～3行目のコードを記述します❶。入力し終えたらブラウザで確認します。デフォルトの状態では罫線が表示されないため、一見すると表だとわかりにくいですが、見出しが太字でセンタリング表示され、テキストの配置も表組みになっていることがわかります。

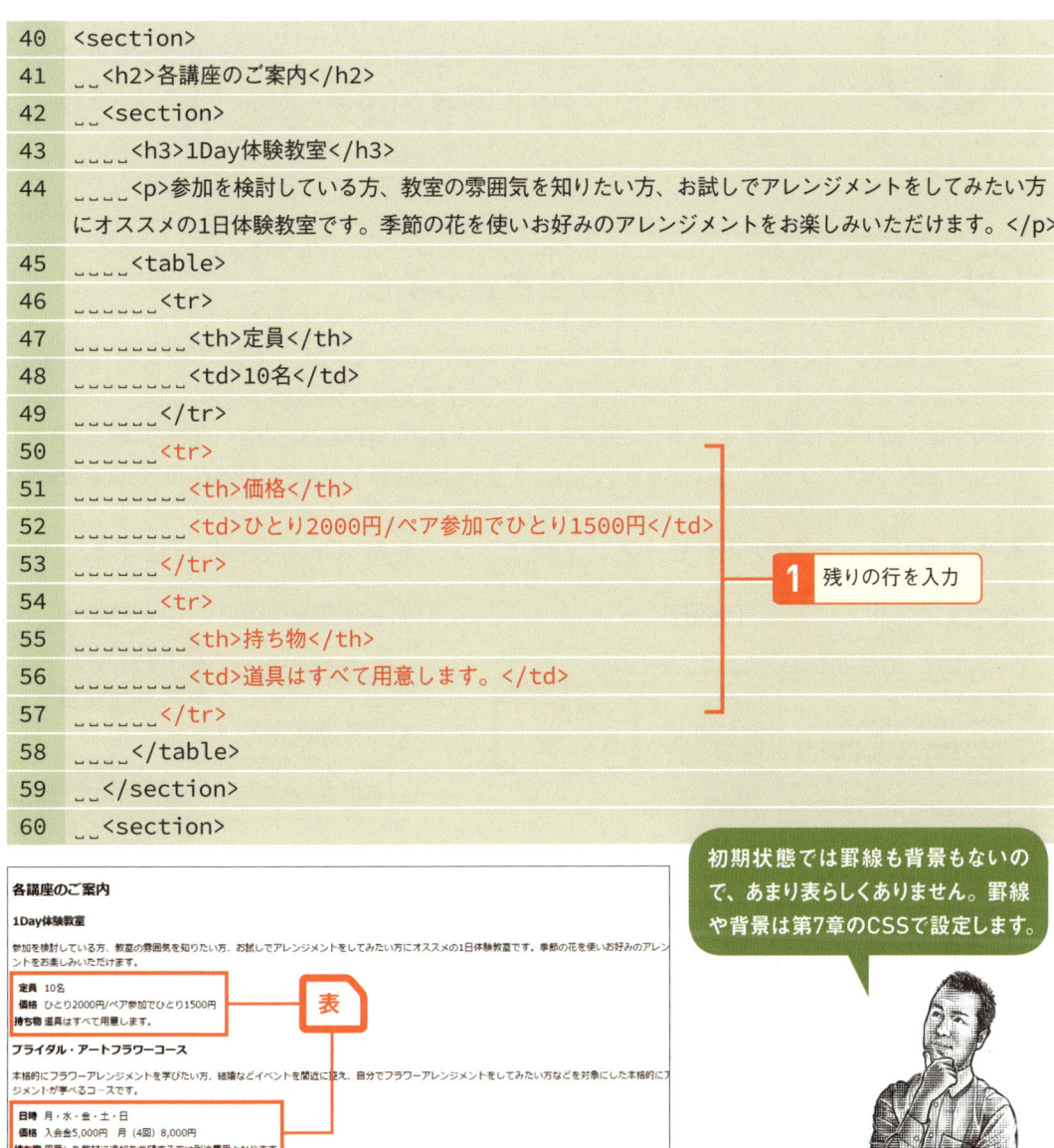

```
40  <section>
41    <h2>各講座のご案内</h2>
42    <section>
43      <h3>1Day体験教室</h3>
44      <p>参加を検討している方、教室の雰囲気を知りたい方、お試しでアレンジメントをしてみたい方にオススメの1日体験教室です。季節の花を使いお好みのアレンジメントをお楽しみいただけます。</p>
45      <table>
46        <tr>
47          <th>定員</th>
48          <td>10名</td>
49        </tr>
50        <tr>
51          <th>価格</th>
52          <td>ひとり2000円/ペア参加でひとり1500円</td>
53        </tr>
54        <tr>
55          <th>持ち物</th>
56          <td>道具はすべて用意します。</td>
57        </tr>
58      </table>
59    </section>
60    <section>
```

1 残りの行を入力

> 初期状態では罫線も背景もないので、あまり表らしくありません。罫線や背景は第7章のCSSで設定します。

Lesson 23 [画像リストの作成]
ギャラリーページの画像リストを作成しましょう

このレッスンのポイント

このレッスンではギャラリーページを作成します。一口にギャラリーといってもいろいろな作成方法がありますが、今回のサンプルサイトでは、画像とキャプションで構成されるシンプルなギャラリーを作成します。

→ ギャラリーページの構成を把握しよう

これまでと同じように、ワイヤーフレームをもとにHTMLの組み方を考えましょう。ギャラリーの本体となる「生徒さん作品」セクションには3行×3列で9つの作品を掲載します。ワイヤーフレームを見ると外見は表に似ていますが、一般的にHTMLでは画像の入ったリストとして作ります。この方法だとレイアウトが固定される表組みと違って、CSSによって2行×4列や4行×2列などレイアウトを自由に変更できます。

▶ ギャラリーページのワイヤーフレーム

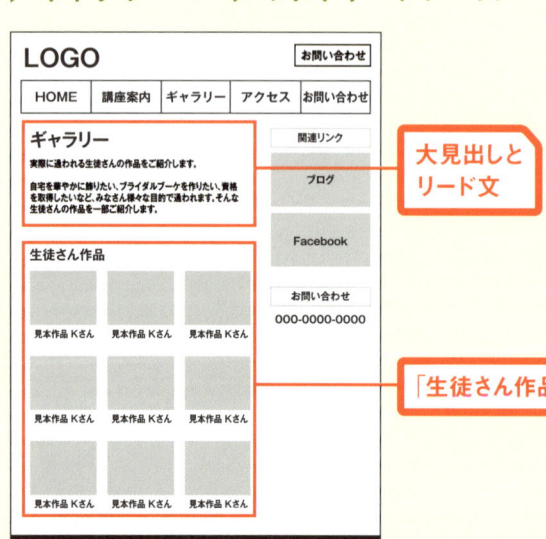

▶ リストをもとに作成する

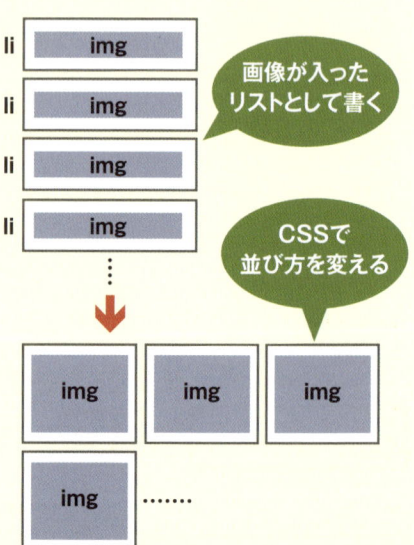

ギャラリーページの画像リストを入力する

1 画像リストを入力する `gallery.html`

サンプルファイルの「4章開始」フォルダからgallery.htmlを「bloom」フォルダにコピーして開いてください。画像とキャプションをli要素で囲み、それを9つ並べていきます❶。画像とテキストの間にはbr要素で改行を入れます❷。1つ入力したらコピー＆ペーストで増やして、ファイル名を変えると楽です。

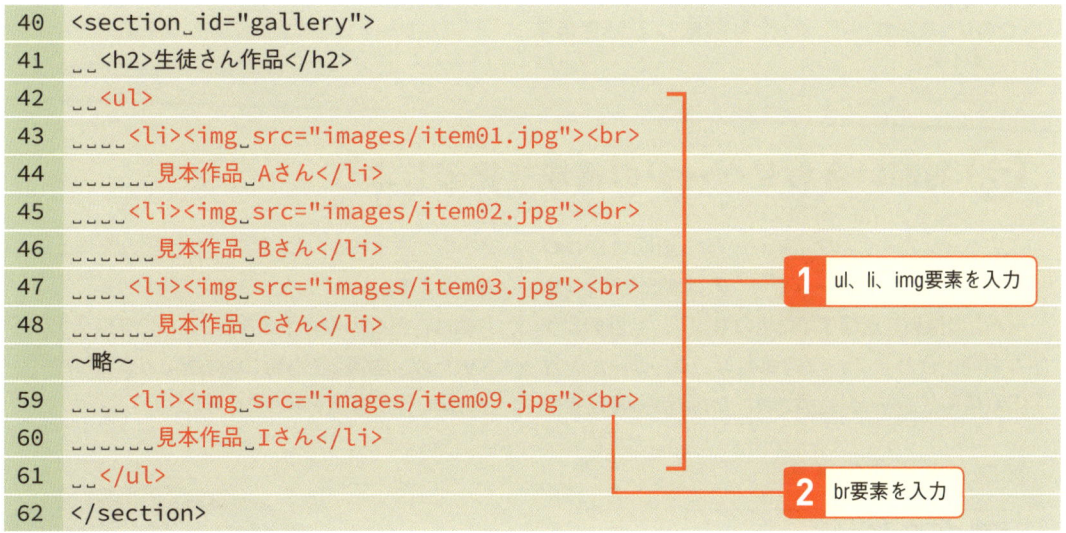

```
40  <section id="gallery">
41    <h2>生徒さん作品</h2>
42    <ul>
43      <li><img src="images/item01.jpg"><br>
44        見本作品 Aさん</li>
45      <li><img src="images/item02.jpg"><br>
46        見本作品 Bさん</li>
47      <li><img src="images/item03.jpg"><br>
48        見本作品 Cさん</li>
     〜略〜
59      <li><img src="images/item09.jpg"><br>
60        見本作品 Iさん</li>
61    </ul>
62  </section>
```

❶ ul、li、img要素を入力
❷ br要素を入力

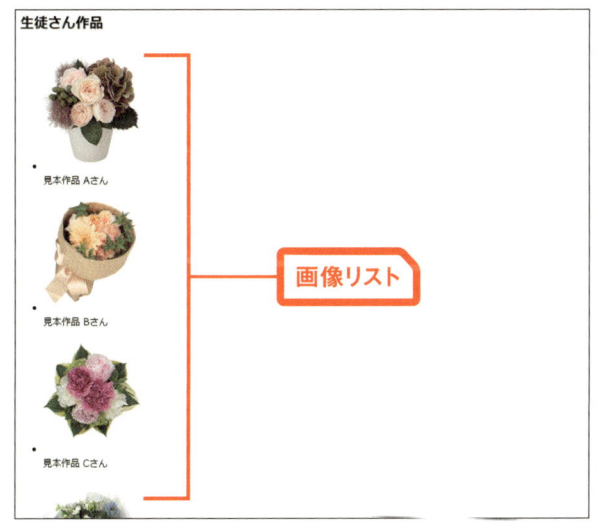

画像リスト

ワイヤーフレームと全然似ていないと感じるかもしれませんが、第7章でCSSを書いて、一気にギャラリーにします。お楽しみに！

Lesson 24 [フォーム]
お問い合わせページのフォームを作成しましょう

このレッスンのポイント

サンプルサイトのHTML作成もいよいよ最後のレッスンになりました。最後はお問い合わせページです。ここでは簡単な入力フォームの作成を学びましょう。入力フォームの作成は少し複雑なので、1つずつじっくり解説していきます。

お問い合わせページの構成を把握しよう

このページのメインのコンテンツは「お問い合わせフォーム」です。フォームというのは<mark>Webサイト（サーバ）に情報を送信するためのもの</mark>で、今回のようなお問い合わせフォームであれば、ユーザーが入力した情報がサーバに送信され、サーバから管理者へメールが送られる、というような仕組みを作ることができます。

今回は、情報の受け手となるサーバにプログラムがないため、送信しても特に何も起こりませんが、フォームの作成方法を学んでいきましょう。

▶ フォームの働き

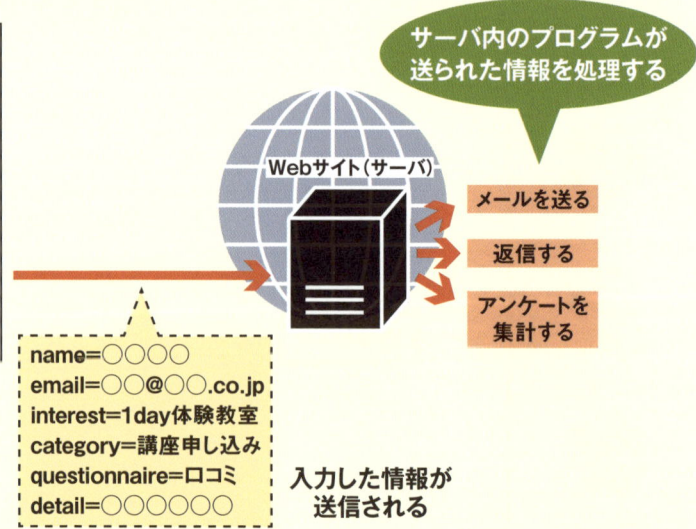

フォームはform要素の中に書く

入力フォームの項目（部品）は、すべてform要素の中に書きます。HTML5ではform要素の外に書くことも許可されていますが、特別な理由がなければ<form>〜</form>の中に配置したほうがわかりやすいでしょう。

form要素は属性を使用して、データの送信先や送信方法を指定します。送信先の指定にはaction属性を使用し、受け手となるプログラムなどへのパスを記載します。また、method属性にはデータの通信方式としてpostまたはgetを指定します。これらは送信先のプログラムに合わせて指定するものなので、今回は大まかな役割だけ覚えておけばOKです。

▶ form要素

```
<form action="program.cgi" method="post">
```
　　　　　送信先のプログラムの指定　　　　通信方式の指定

input要素でフォームの部品を作る

フォームの各部品には主にinput要素を使用します。input要素はtype属性に指定する値によって、さまざまな部品を作成することができます。HTML5ではこの値が大幅に追加され、input要素が拡張されています。type属性以外にも、部品の名前を指定するname属性、部品の幅を指定するsize属性など、いろいろな属性を指定することができ、ユーザーに入力してほしい項目に合わせて使い分けます。

▶ input要素

```
<input type="email" name="email">
```
　　　　　部品の種類　　　フォーム部品の名前

▶ 主なtype属性の値

type属性の値	部品の形式	type属性の値	部品の形式
type="button"	汎用ボタン	type="radio"	ラジオボタン
type="checkbox"	チェックボックス	type="reset"	リセットボタン
type="file"	ファイル参照	type="submit"	送信ボタン
type="hidden"	隠し項目	type="text"	テキスト入力欄（初期値）
type="image"	画像によるボタン	type="date"	日付入力欄
type="password"	パスワード入力欄	type="email"	メールアドレス入力欄

項目を選ばせるラジオボタンとチェックボックス

input要素で設置する部品のうち、ラジオボタンとチェックボックスは複数項目から選択するものなので、複数の部品をグループにする設定が必要です。どちらも選択するための部品ですが、==複数選択ができるかできないか==という点が違います。性別など、選択肢の中から1つだけを選択する項目の場合はラジオボタンを使用します。反対に、例えば好きな食べ物など、複数の選択肢の中からいくつでも選択できるような項目の場合はチェックボックスを使用します。どちらも各input要素に==name属性で同じ値を指定し、グループであることを示します。==また、==value属性==には、その項目が選択されたときにサーバに送信される値を指定します。

▶ ラジオボタンの例

```
<form>
  <input type="radio" name="gender" value="male">男性
  <input type="radio" name="gender" value="femail">女性
  <input type="radio" name="gender" value="secret">非公開
</form>
```

→ nameを同じにする

性別
◉男性 ◯女性 ◯非公開

サーバには「name属性の値=value属性の値」という形式のデータが送られます。

▶ チェックボックスの例

```
<form>
  <input type="checkbox" name="food" value="ラーメン">ラーメン
  <input type="checkbox" name="food" value="寿司">寿司
  <input type="checkbox" name="food" value="カレーライス">カレーライス
  <input type="checkbox" name="food" value="パスタ">パスタ
  <input type="checkbox" name="food" value="ハンバーガー">ハンバーガー
</form>
```

好きな食べ物
☑ラーメン ☐寿司 ☑カレーライス ☑パスタ ☐ハンバーガー

→ 送信されるデータ

選択肢が多いときはセレクトボックスを使う

都道府県や年齢のように選択肢の多い項目の場合、ラジオボタンでは非常にたくさんの項目が並んでしまい、使い勝手が悪くなります。こういったときは**select要素を使用し、プルダウン型のセレクトボックスを使用する**といいでしょう。

select要素はoption要素とセットで使用し、<select>～</select>の中に選択肢を<option>～</option>で指定します。

なお、select要素はsize属性の値を「2」以上に指定することで右下に示すような固定型のリストボックス形式にすることもできます。

▶ セレクトボックスの例

```
<form>
  <select>
    <option value="typeA">A型</option>
    <option value="typeB">B型</option>
    <option value="typeO">O型</option>
    <option value="typeAB">AB型</option>
  </select>
</form>
```

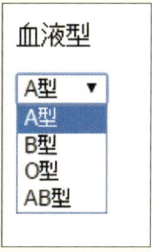
プルダウン型

固定型

長い文章を入力できるテキストエリア

複数行を入力できるテキストエリアを設置するときには**textarea要素**を使用します。textarea要素はrows属性とcols属性によって入力フィールドの高さと横幅を指定できます。HTML 4.01まではこの2つの属性が必須でしたが、HTML5では必須ではなくなりました。本書ではこの属性を使用せず、CSSを使用してテキストエリアの大きさを指定しています。

▶ セレクトボックスの例

```
<form>
  <textarea rows="4" cols="40"></textarea>
</form>
```

お問い合わせ内容

テキストエリアには複数行の文章を入力できます。
途中で改行してもOKです。

NEXT PAGE

●「お問い合わせフォーム」の枠組みを作る

1 定義リストで枠組みを作る　contact.html

「4章開始」フォルダからcontact.htmlをコピーして開きます。form要素で囲み、「entry」というID名を指定しておきます❶。input要素はインライン要素なので、そのままだと横に並んでしまいます。レイアウトを整えやすくするために定義リストの中にinput要素を書くことにします。dt要素に各項目の見出しを入れていきましょう❷。必須項目にはspan要素を使用し「※」（米印）を付けていきます❸。

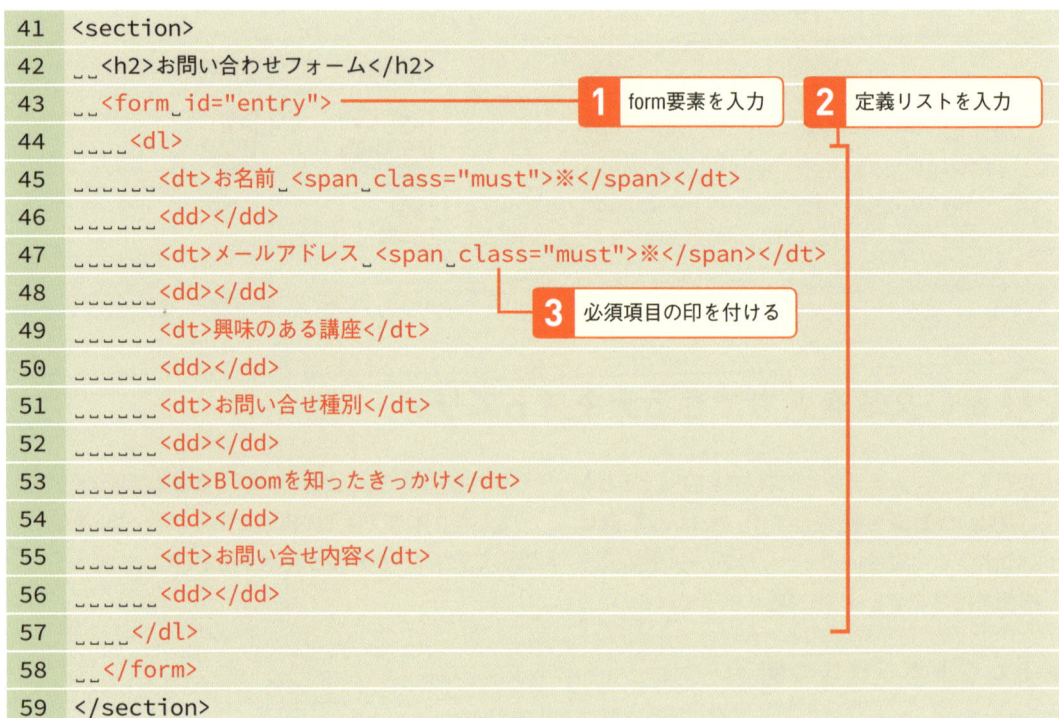

Point　span要素でテキストの一部と区別する

span要素は何かの理由でテキストの一部を区別したいときに使う要素です。それ自身は特に何の意味も持たないため、クラス名などを付けて意味を与えます。今回の例の「入力必須項目」のように、適切な要素がない場合などに利用します。

● フォーム項目を設置する

1 入力欄を作成する `contact.html`

続いてフォーム項目を設置していきます。まずは名前とメールアドレスの入力欄です。

名前のようにシンプルな1行の入力項目の場合、type属性に「text」を指定します。これは必須項目を表します❶。name属性とid属性の値は「name」とし、入力必須項目を意味するrequired属性を付けます。

メールアドレスも同じように記述しますが、type属性はメールアドレス用の「email」を指定します❷。name属性とid属性の値も「email」とし、required属性を付けます。

```html
43    <form id="entry">
44      <dl>
45        <dt>お名前 <span class="must">※</span></dt>
46        <dd><input type="text" name="name" id="name" required></dd>
47        <dt>メールアドレス <span class="must">※</span></dt>
48        <dd><input type="email" name="email" id="email" required></dd>
```

1 1行入力ボックスを設置

2 メール入力ボックスを設置

Point 汎用入力ボックスとメールアドレス用ボックス

このページでは1行のデータを入力するためのテキストボックスを設置しています。type属性には"text"と"email"をそれぞれ入力します。"text"は汎用的な1行入力ボックスを設置するための値です。"email"はメールアドレス専用の値で、使い方は"text"と変わりませんが、「@マークがない」「全角になっている」など、メールアドレスに相応しくない値が入力された際にエラーとなります。

name属性にはそれぞれわかりやすい名前を付け、CSSで装飾するために同じ値のid属性も指定しておきます。

そして最後にrequired属性を追加します。required属性を指定すると、その項目が必須項目であることをブラウザに知らせることができます。未入力のまま送信ボタンを押すと警告が表示されます。

2 セレクトボックスを作成する

次は「興味のある講座」のフォーム項目です。このようなドロップダウンして選択する項目をセレクトボックスと呼び、作成にはselect要素を使用します。
まずselect要素でセレクトボックス全体を定義し❶、その中にoption要素を入れ子にして配置し、選択肢リストを作成します❷。select要素にはname属性とid属性で「interrest」という値を指定しておきます。
そして、それぞれのoption要素には、value属性で各選択肢と同じ文言のテキストを指定します。

```
49  <dt>興味のある講座</dt>
50  <dd>
51    <select name="interest" id="interest">          ← 1 select要素を入力
52      <option value="1day体験教室">1day体験教室</option>
53      <option value="ブライダル・アートフラワー教室">ブライダル・アートフラワー教室</option>
54      <option value="資格取得講座">資格取得講座</option>
55    </select>                                       ← 2 option要素を入力
56  </dd>
```

セレクトボックス

ワンポイント Googleフォームで手軽にフォームを設置する

ここまで見てきたように、フォームの作成はやや複雑で手間がかかります。また、サーバ側にプログラムを設置するなど、中級者向けの技術も必要です。
そこで、簡単なフォームであれば外部のフォーム作成サービスを利用するのもいいでしょう。例えば、「Googleフォーム」を活用するという手もあります。「Googleフォーム」はGoogleドライブに含まれるドキュメント作成サービスです。すべての通信が暗号化されるセキュリティにも配慮された仕様となっています。受け取ったフォームの情報は、初期設定では管理者しか取り扱うことができないので情報が漏れる心配もありません。
また、設定次第でフォームの回答を誰でも見られる状態にしたり、特定の環境に限定公開したりすることも可能なため、さまざまなニーズに合わせて柔軟に対応できます。
https://www.google.com/intl/ja_jp/forms/about/

3 チェックボックスを作成する

続いて「お問い合わせ種別」のフォーム項目を作成します。ここでは複数選択が可能なチェックボタンを作成します。
今回は選択肢が3つなのでinput要素を3つ並べて配置し、それぞれのname属性に「category」と指定、id属性には「category1」から「category3」までの値を指定しておきます。そして、value属性に各選択肢の文言を入力します❶。
その後に各選択肢のテキストの内容を記載します。そしてそのテキストとinput要素を含めてlabel要素で囲みます。

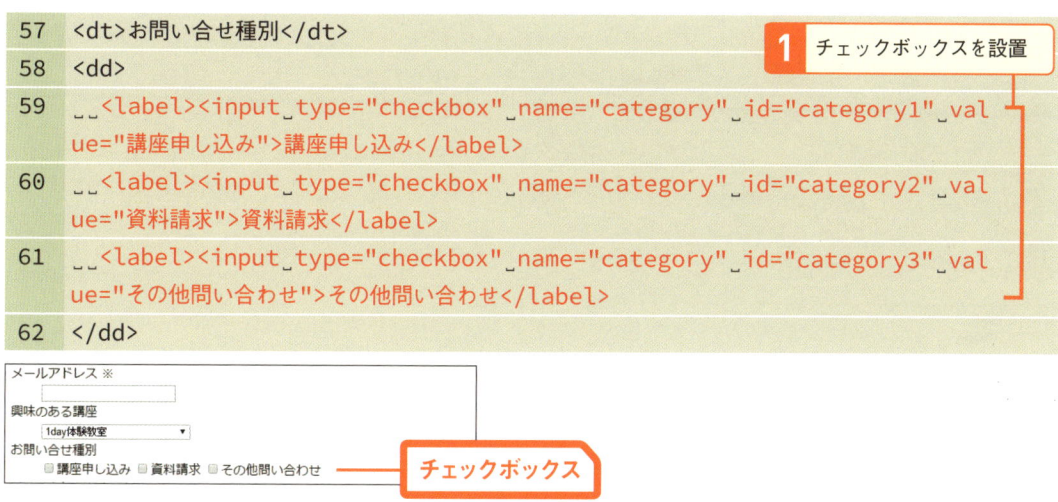

❶ チェックボックスを設置

```
57  <dt>お問い合せ種別</dt>
58  <dd>
59    <label><input type="checkbox" name="category" id="category1" value="講座申し込み">講座申し込み</label>
60    <label><input type="checkbox" name="category" id="category2" value="資料請求">資料請求</label>
61    <label><input type="checkbox" name="category" id="category3" value="その他問い合わせ">その他問い合わせ</label>
62  </dd>
```

Point label要素でチェックボックスを使いやすくする

```
<label><input type="radio" name="example" value="選択肢">選択肢</label>
```

単純にinput要素を配置しただけでは、フォームパーツが項目名と関連付けられず、項目名をクリックしても選択できません。上記のようにlabel要素を使用すると、項目名のクリックで選択できるようになり、操作性が向上します。

ただしこの記述方法は、アクセシビリティ（P.158参照）面での問題も指摘されています。そこを重視するならlabel要素で項目名部分のみを囲み、for属性を付けてinput要素と明示的に関連付けるといいでしょう。

NEXT PAGE ➡

4 ラジオボタンを作成する

次は「Bloomを知ったきっかけ」の項目です。この項目は複数選択ができない、1つだけを選ぶタイプのボタンで、こういった項目をラジオボタンと呼びます。作成方法はチェックボックスと同じですが、type属性に「radio」を指定します。

ここでは、name属性に「questionnaire」を、id属性には「questionnaire1」から「questionnaire3」までの値を指定します❶。

```
63  <dt>Bloomを知ったきっかけ</dt>
64  <dd>
65    <label><input type="radio" name="questionnaire" id="questionnaire1"
       value="口コミ">口コミ</label>
66    <label><input type="radio" name="questionnaire" id="questionnaire2"
       value="検索エンジンから">検索エンジンから</label>
67    <label><input type="radio" name="questionnaire" id="questionnaire3"
       value="その他">その他</label>
68  </dd>
```

❶ ラジオボタンを設置

ラジオボタン

5 テキストエリアを作成する

最後の項目はテキストエリアです。テキストエリアの作成にはtextarea要素を使用します。textarea要素は、属性を指定することで入力欄の大きさを決めることができますが、今回はCSSで大きさを指定するのでname属性とid属性だけを指定しておきます。値は「detail」とします❶。

```
69  <dt>お問い合せ内容</dt>
70  <dd>
71    <textarea name="detail" id="detail"></textarea>
72  </dd>
```

❶ textarea要素を入力

テキストエリア

chapter 4 共通部分から個別のページを作成しよう

6 送信ボタンを作成する

すべての項目の記述が完了したら、送信ボタンを作成します。input要素のtype属性に「submit」という値を指定します。id属性には「submit_button」というID名を指定し、value属性に「送信する」という値を入力します❶。そしてinput要素をp要素で囲み、「submit_button_cover」というID名を指定しておきます❷。なお、送信ボタンは必ずform要素の内側に設置するようにしてください。

```
43  <form id="entry">
44    <dl>
      ～略～
73    </dl>
74    <p id="submit_button_cover">
75      <input type="submit" id="submit_button" value="送信する">
76    </p>
77  </form>
```

❷ p要素を入力
❶ 送信ボタンを設置

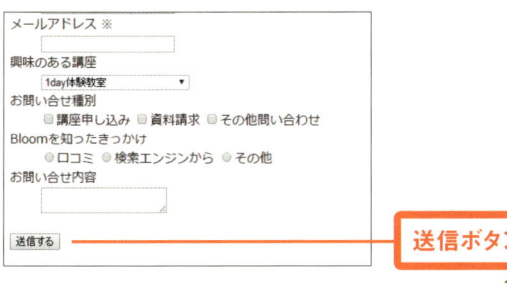
送信ボタン

Point 送信ボタンはフォームに1つが原則

type属性に"submit"を指定すると、フォームを送信するためのボタンが作成できます。条件分岐（押されたボタンによって処理を振り分けるなど）をさせないのであれば、送信ボタンは1つのフォームに1つの設置としましょう。また、クリックするとリロードが発生するので、他の目的では使わないほうがいいでしょう。

input要素のID名やクラス名に「submit」を使うと、JavaScriptで送信できなくなる不具合が出ることがあるので、送信ボタンの名前には「submit」という名前は使わないようにしましょう。

👍 ワンポイント 「Pixlr Editor」で画像をブラウザ上で編集する

Webサイトを作成する上で必ず必要なものに、画像があります。今回のサンプルサイトでもロゴやバナーなど画像を使用している箇所は少なくありません。ただし、Webページ上に配置する画像はデジカメで撮った写真をただ貼り付ければいいというわけではなく、大きさを調整したり、コンテンツに合わせて切り抜いたり、ときには文字を入れたり、といった加工が必要になります。こういったときに使用する画像編集ソフトは数多くあり、Adobe社のPhotoshopなどが最も有名でしょうか。ただ、そのようなソフトはいずれも高価で、誰でも簡単に手に入るものではありません。それでも画像は編集したい、そういったときにおすすめなのが「Pixlr Editor」(ピクセラエディター) です。

オートデスク社が提供するPixlr Editorは、ブラウザ上で動作する画像編集ソフトで、会員登録は不要。無料ですぐに使用できます。このソフトが非常に良くできており、無料とはいえ十分な高機能を備えているので、簡単なWeb用の画像であれば、これ1つでほとんどの作業ができてしまいます。

ソフトの操作方法など詳しい解説はここでは省略しますが、嬉しい日本語対応なので「画像編集ソフトを持っていない」という人はぜひ一度アクセスしてみてください。その機能性と使いやすさにきっと驚かれるはずです。

▶ Pixlr EditorのWebサイト

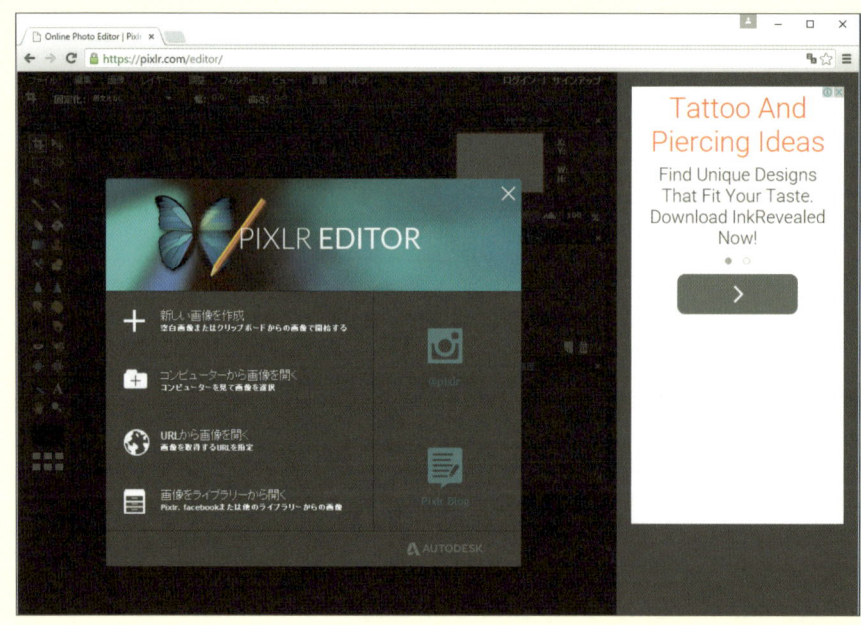

https://pixlr.com/editor/

Chapter 5

CSSの基本を学ぼう

> 第5章ではCSSの基本的なルールや、レイアウト調整に必要な基礎知識をまとめて説明します。 説明を読むだけでは100%は理解できないかもしれませんが、次の第6章、第7章でも実際にWebサイトを作りながら実践的に説明します。ですから、ここでは大まかに理解できれば先に進んで大丈夫です。

Lesson 25 [CSSとは]
CSSとは何かを知りましょう

このレッスンの
ポイント

ここからはCSSを学んで、HTMLだけのシンプルなWebページに対して、背景や囲みなどの装飾を設定し、レイアウトを整えて見やすく魅力的なWebサイトに仕上げていきます。最新のCSS3では表現力が大幅にアップし、画像を使わずに凝った表現ができるようになりました。

→ CSSを使うことのメリットを知ろう

第3章まで説明してきたHTMLは、テキストに「文書構造」を与えるものです。文章を正しい意味づけのタグでマークアップすることにより、見出しや箇条書きなど、そのテキストがどんな意味を持っているのかを機械に伝えることができるようになります。そして、それはいわばレポート形式の文章のように、見出しは大きくなり、箇条書きは行頭のアイコンが付くなど最低限の装飾がなされます。

CSSは、その構造化された文書に対し、装飾やレイアウトを施すための言語です。HTMLによる最低限の装飾の場合でも、情報を読み取るには何の問題もありませんが、人が見るWebページとしては、デザイン的な意味でまだまだ手を入れるべき状態です。CSSを利用することにより、HTMLの文書構造を崩すことなく、配色やレイアウトなどを自由に見栄えよく表示させることができます。

▶ 装飾はCSSで行う

表現力が格段に向上したCSS3

HTMLの最新バージョンがHTML5であるように、CSSの最新バージョンも慣用的にCSS3と呼ばれています。HTML5に対応したブラウザであれば、ほぼCSS3も問題なく利用できます。

下の画面のような角丸やグラデーションなど、旧来は画像でしか表現ができなかったものが、CSS3では数行のコードで同じ表現ができるようになりました。そのため、微調整や編集も容易です。

▶ CSSだけで飾り枠やボタンを作れる

```css
.border-radius {
  background: #ffa476;
  border-radius: 40px;
}
.gradient {
  font-weight: bold;
  color: #ffffff;
  width: 100px;
  background: linear-gradient(to bottom, rgba(84, 116, 178, 0.21) 0%,#5474b2 100%);
}
```

角丸

border-radiusを指定すると画像を使わずに角丸で表現することができます。

グラデーション

くわしく見る

画像のボタンの場合、Photoshopなどの元データからやり直す必要があり、少しの修正も手間でした。

👆 ワンポイント　CSS3は1つの仕様ではない

慣用的に「CSS3」と呼ばれることが多いのですが、HTML5とは違い、実際にはCSS3という1つの仕様はありません。CSS3以降はプロパティ（書式指定）ごとに個別に仕様が定義され、アップデートされています。つまり、HTML5のように足並みが揃ったアップデートではないのです。
プロパティごとにブラウザの対応状況や仕様の現状も異なるため、これらを1つ1つ追うのはとても大変です。
本書で説明しているプロパティはどれも、主要なブラウザはサポートしていますが、新しいプロパティの対応状況をチェックするには「caniuse.com」（http://caniuse.com/）というWebサイトが便利です。サイト上のフォームにプロパティに関するキーワードを入力すると、それに応じたブラウザの対応状況を確認できます。

Lesson 26 [基本的な書き方] CSSの基本構造を知りましょう

このレッスンのポイント

ここではCSSの基本となる「型」を覚えましょう。基本的には「どこの」「何を」「どうする」を続けて書いていくシンプルな構造です。他のプログラム言語などと比べれば構造が単純なので、比較的習得が容易な言語といえます。

➔ CSSの基本形

CSSは「セレクタ」「プロパティ」「値」の3つで構成されます。セレクタは「どこ」にあたり、スタイルを設定する要素を示します。プロパティは「何を」にあたり、値は「どうする」にあたります。プロパティと値は一対で扱うため、例えば「文字色を赤にする」であれば、「color: #ff0000;」のように記述します。プロパティと値は「：」(コロン) で区切り、プロパティの最後には「；」(セミコロン) を付けます。このプロパティと値のセットを、セレクタの後の「{ }」(中括弧) の間に書いていきます。

▶ CSSはプロパティと値が一対のセットとなる

```
p {
  color: #ff0000;
  font-size: 20px;
}
```

セレクタ：p
プロパティ：color、font-size
値：#ff0000、20px

```
p 要素の {
  color を: #ff0000 にする ;
  font-size を: 20px にする ;
}
```

この例は「p要素の文字色を赤にして、文字サイズを20pxにする」という指定です。意味がわかればそんなに難しくないでしょう。

CSSを記述する場所

CSSを記述する場所は3つあります。1つはHTMLのタグに直接記述する「インライン」です。インラインは指定のタグにピンポイントに記述できる便利な記法です。2つめの「エンベッド」は、style要素をhead要素内に書き、さらにその中にCSSを書いていきます。手軽な手法ですが、ページ数が多くなるとCSSの管理が煩雑になるという欠点もあります。

そしてもう1つの手法が「リンク」です。リンクは、CSSを外部ファイルとして扱い、それをHTMLファイルから参照して利用する手法です。Web制作の現場においては、多くの場合リンクによる手法が使われています。

▶ CSSをHTMLに適用するには3種類の方法がある

HTMLの中に書く

インライン
`<p style="font-size:20px;">`

エンベッド
```
<style>
 p { font-size: 20px; }
</style>
```

別のCSSファイルの中に書く

リンク

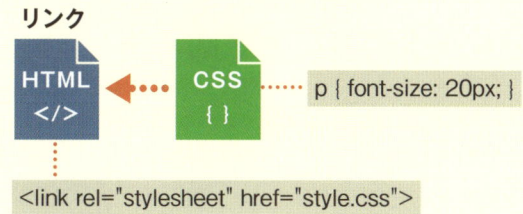

`<link rel="stylesheet" href="style.css">`

プロがリンク方式を使う理由

リンク方式でCSSを適用する場合、CSSファイルはHTMLとは切り離された「外部ファイル」として扱います。このため、1つのCSSを複数のHTMLにわたって適用させることができます。Webサイトの装飾やレイアウトに対する修正はCSSだけで行うことも多く、切り離して考えることにより全体のメンテナンス性の向上につながります。

長すぎるCSSは分割して管理することもできます。しかし、ファイルを細分化しすぎるとサーバに対するアクセス要求が増えるため、ページの読み込み速度が低下する恐れもあります。メンテナンスしやすさとのバランスを考えた管理が必要です。

▶ リンク方式のメリット

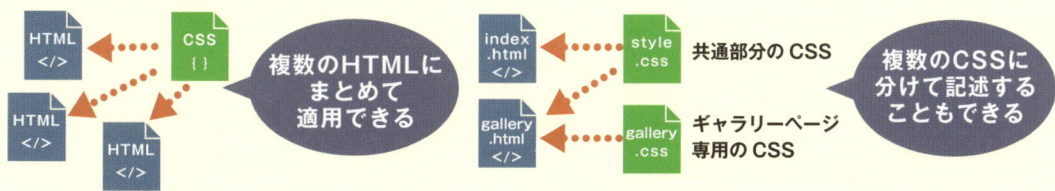

chapter 5 CSSの基本を学ぼう

123

Lesson 27 ［セレクタの種類］
セレクタについて理解しましょう

このレッスンの
ポイント

CSSはHTMLの要素単位でスタイルを設定していきます。そのため、CSSを意図どおりにコントロールするには、どの要素に設定するかを決める「セレクタ」の特性をしっかりと理解しなければいけません。ここではセレクタの種類や挙動を理解しましょう。

→ セレクタの考え方を知ろう

セレクタとは、その名のとおり「選択するもの」です。CSSはただやみくもに書いただけでは「どの箇所にどのように適用したいか」が定まりません。例えば、箇条書きの部分の色を変更したければ、その部分をピンポイントに選択する必要があります。
そこでセレクタでHTMLの要素を指定し、その部分をピンポイントにとらえます。
セレクタには非常にたくさんの種類があり、その使い分けによって制作効率やメンテナンスのしやすさが大きく変わります。どれを採用するかはコードを書く人や会社の方針によってさまざまです。

▶ セレクタはHTMLの一部をピンポイントに選択する

セレクタの使い方は人によってさまざまですが、「どれが好ましいか」というある程度の基準はあります。その見極めが大切です。

同じ種類のすべての要素に適用する

Webサイトを作成する際に、すべてのセレクタを使用する必要はありません。一般的に利用頻度が高い5つのセレクタを紹介しましょう。

最もわかりやすいタイプ（要素）セレクタは、HTMLのタグ名をそのまま指定して、「h2 {font-size: 50px;}」のように書きます。文書内の同じ要素すべてが対象となります。下の例なら、ページ内のh2要素すべてに対して、指定の装飾が適用されることになります。

▶ タイプ（要素）セレクタ

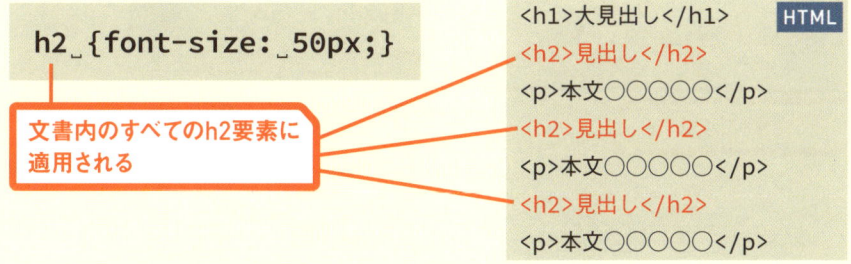

特定のID名やクラス名を持つ要素に適用する

第3章では要素にID名やクラス名を付けることを説明しました。両方とも複数の要素から一部を区別するための目印です（P.73参照）。それらをセレクタに使用することができます。

IDセレクタは、「#（シャープ）＋ID名」で構成するセレクタです。例えば、「#wrapper {width: 980px;}」のように利用し、主にサイト全体の骨格を形成するような指定に利用します。

クラスセレクタは、「.（ピリオド）＋クラス名」で構成するセレクタです。基本的なルールはIDセレクタと同じで、「.attention { color: #ff0000; }」のように書きます。

▶ IDセレクタ

`#wrapper {width: 980px; }`

このID名の要素に適用する

▶ クラスセレクタ

`.attention { color: #ff0000; }`

このクラス名の要素に適用する

要素の中にある要素を選択するセレクタ

子孫セレクタは要素の親子関係を利用するセレクタです。タイプセレクタやIDセレクタなどを組み合わせて書きます。セレクタの間は半角スペースで区切ります。例えば、「header h1 { margin: 0; }」のように書くと、header要素の中にあるh1要素に対して適用する、という解釈になります。

「子孫」と呼ばれるだけに、親要素の直下の子要素だけでなく、子の子（つまり孫やひ孫など）の要素にも適用されます。下図の例ではそれぞれ子要素と孫要素のh1要素に適用されています。

▶ 子孫セレクタ

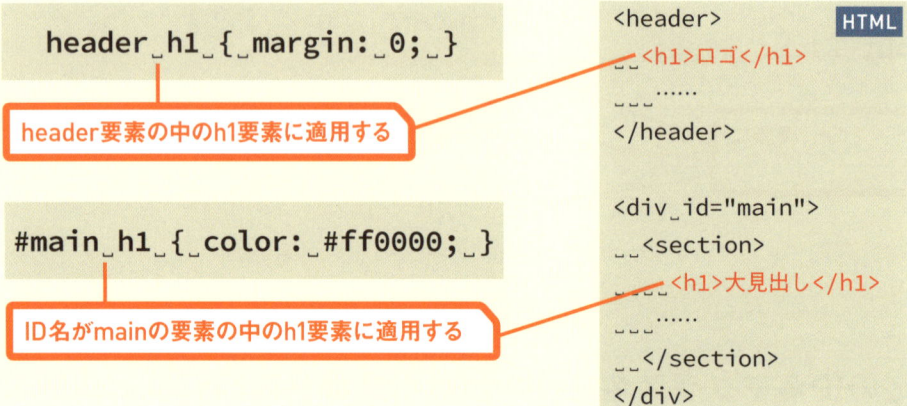

複数のセレクタに同じスタイルを適用する

複数セレクタはセレクタを2つ以上まとめて書く方法です。これはタイプセレクタやIDセレクタなど、どんな組み合わせでも構いません。セレクタとセレクタの間は半角のカンマで区切ります。「th, td { vertical-align: top; }」など、異なる要素に対して同じ装飾を適用したい場合に利用します。

説明だけを見ると子孫セレクタと似ているように感じるかもしれませんが、並べるセレクタには親子などの関係はなく、単に複数のセレクタをまとめているだけです。

▶ 複数セレクタ

```
th, td { vertical-align: top; }
```

th要素とtd要素に適用する

サンプルサイトで主に使うのもこの5種類なので、まずはこれらを覚えましょう。

たくさんのセレクタをどう使い分ければいい？

セレクタの使い分けに迷ったら、1つの方針として全体から細部へと絞り込むように書いていくことをおすすめします。

まずタイプセレクタで大まかな共通のスタイルを設定します。例えばサイト全体を通して適用する背景色や文字色などのスタイルなどです。

IDセレクタやクラスセレクタは固有のブロックの固まりなど、特定部分のスタイル設定に使用します。サンプルサイトでいえばメイン部分を囲む#wrapperなどが該当します。

子孫セレクタは、1つ上の階層を基準としてその中にあるものを選ぶときに使います。例えばヘッダーとメイン部分でp要素の装飾を変えたい場合、#header pのように範囲＋ピンポイントな要素で選択します。複数セレクタは対象範囲の広さとは関係なく、同じスタイルを効率よくまとめて指定したいときに使います。th、tdなど関連があるスタイルに使用するのが一般的です。h1やformなど、==関連性の薄い要素に対してマイルール的に設定すると、メンテナンス性の低下につながる==ので注意しましょう。

▶ 全体から細部へと絞り込むように指定する

タイプセレクタ → IDセレクタ／クラスセレクタ → 子孫セレクタ → 複数セレクタ

- 大まかな共通のスタイル設定
- 特定部分のスタイル設定
- 特定の要素の内部に設定
- 関連する要素にまとめて設定

👍 ワンポイント 他にもいろいろなセレクタがある

ここで紹介したもの以外にもいろいろなセレクタがあります。その一部を紹介します。

・全称セレクタ

全称セレクタはすべての要素を対象とするセレクタで、「*」のようにアスタリスクを記述します。以前は、* { margin:0; padding: 0; }のように全要素の隙間をすべてゼロにするような使い方もされていましたが、ブラウザが本来持っているスタイルを生かせなくなるため、今ではあまり使われません。「#nav *」のように特定の要素内で使うことが多いでしょう。

・疑似クラス

疑似クラスは特定の条件によって選択するセレクタです。li:last-child {} のように、要素の後ろに「:」（コロン）とセレクタ名を組み合わせて記述します。例えば:last-childは、ある要素内で最後に現れる子要素を対象とします。リストの最後の項目だけにスタイルを適用したいときなどに使います（P.191参照）。

・疑似要素

疑似要素は要素にテキストや画像を追加することができます。よく使用されるのは「::before」や「::after」疑似要素です。プロパティに「content」を使用することにより、CSSだけでテキストなどをHTMLに追加表示させることができます（P.192参照）。

Lesson 28 ［スタイルの優先順位］
CSSが競合するスタイルを解決する仕組みを知りましょう

このレッスンの
ポイント

CSSでは1つの要素に複数の指定を重ねて書くことが普通にありますが、書いた場所やセレクタの種類によってどれが適用されるかが変わってきます。このルールを把握しておかないと意図どおりにCSSが適用されないことがあります。

➡ スタイル指定が競合する場合とは？

CSSの特性として、1つの要素に対してさまざまなセレクタで重ねて指定することができます。例えば、タイプセレクタで全li要素に基本の文字サイズを設定し、クラスセレクタで特定のli要素にだけ文字色も設定するといった具合です。

ただし、セレクタには優先順位があるので、それをうまくコントロールできていないと、意図どおりのスタイルが適用されないことがあります。

▶ 複数のスタイル指定が競合している状態

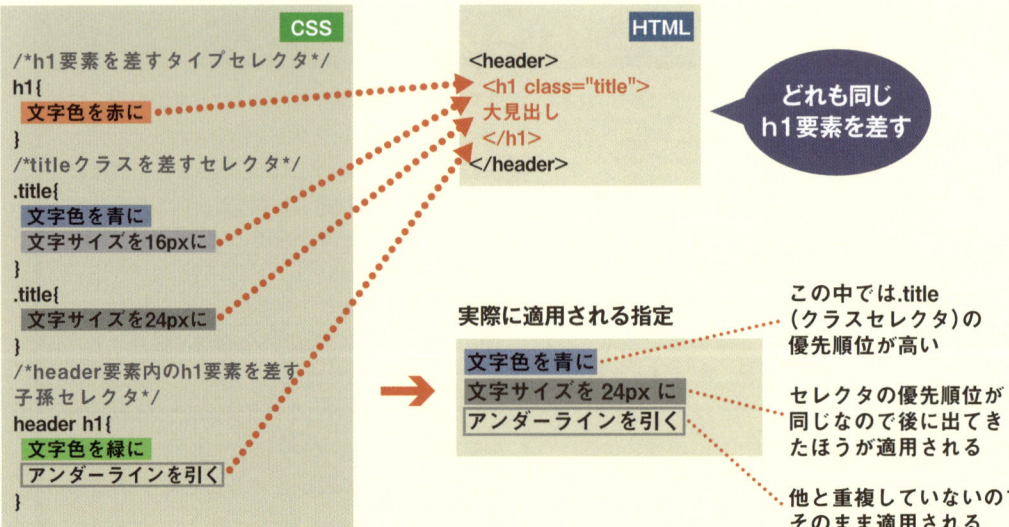

→ CSSを書く順番やどこに書くかで決まってくる

セレクタで指定するプロパティが重複していない場合、スタイルはそのまま全部適用されます。もし、同じプロパティが存在した場合は、書かれている場所を見て「link要素→style要素→インライン指定」の優先順で適用されます。つまりHTMLに直接スタイル指定を書くと、外部CSSファイルの指定が無視されることがあるのです。

書いた場所が同じなら、セレクタの種類を見て「タイプ→class・疑似要素など→ID」の順に優先されます。優先順位が同じ場合は、後に書いたほうが優先されます。

CSSの特性上、何度も同じ要素を指定することがほとんどです。競合しないように避けるのではなく、特性を理解した上で上手に重ねて書きましょう。

▶ 書く場所による優先順位

▶ セレクタの種類による優先順位

→ 種類ごとの優先順位を知ろう

子孫セレクタのように複数のセレクタを組み合わせる場合、「個別性」というチェック式に点数を付けられる計算によって優先順が決まります。セレクタに含まれるID名やクラス名、要素名などを下の図に示す合計方法でカウントし、点数が大きいものほど優先順位が高くなります。

ただし図を見るとわかるように、種類ごとに桁が分かれています。ですから要素名をいくつ集めてもID名より優先順位が上がることはありません。上で説明した種類ごとの優先順位とは矛盾しないのです。

▶ 個別性による優先順位の計算方法

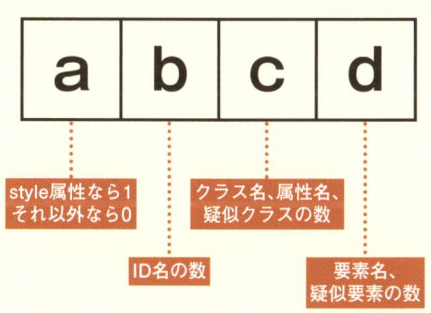

▶ 優先順位の計算例

セレクタ例		a	b	c	d	点数
*	全称	0	0	0	0	0
h1	要素1	0	0	0	1	1
header h1	要素2	0	0	0	2	2
.note	class1	0	0	1	0	10
a[target="_blank"]	要素1+属性1	0	0	1	1	11
a:hover	要素1+疑似クラス1	0	0	1	1	11
#container	ID1	0	1	0	0	100
#container li	ID1+要素1	0	1	0	1	101

Lesson 29 ［スタイルの継承］
スタイルの継承について知りましょう

このレッスンのポイント

これでCSSの基本ルールは最後です。CSSの一部のスタイルは、親要素から子要素へと継承していく特性を持っています。この特性をうまく生かせば、少ない記述で効率よくデザインやレイアウトを整えることができます。

⇒ プロパティは親から子へ継承される

CSSには、HTMLの親子関係に沿ってスタイルを継承していく仕組みがあります。例えばbody要素に対して文字色を青にする指定を書くと、その中にあるh1要素やp要素の文字も、同じように青色になります。

すべての要素に対して文字色を青くする指定を書く必要はありません。
この特性を理解しておくと、少ないコードで効率よくCSSを書いていくことができます。

▶ 親要素から子要素への継承

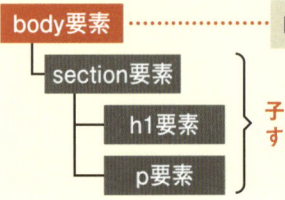

body ｛文字色を青に｝

子要素の文字もすべて青くなる

body ｛文字色を青に｝
~~section ｛文字色を青に｝~~
~~h1 ｛文字色を青に｝~~
~~p ｛文字色を青に｝~~

これらの記述を省略できる

▶ body要素への指定だけで子孫要素の色が変わる

→ 継承されないプロパティもある

標準では **継承されないプロパティもあります**。枠線を設定するborderプロパティなどがその1つです。例えば、body要素にborderを指定しても、その子孫要素であるh1要素やp要素には、そのスタイルは継承されません。border以外でも継承されないプロパティはむしろ多数派で、**文字関連の一部プロパティ** **以外は継承されない** と考えたほうがいいでしょう。考えてみると、文字サイズや文字色は継承されれば便利ですが、枠線が継承されたらページ内は線だらけになってしまいます。そのような問題が起きないように、実用に合わせて継承されるものとされないものが決められているのです。

▶ 継承されるものと継承されないもの

```
body {
  color: #00f;
  border: solid 4px #f00;
}
```

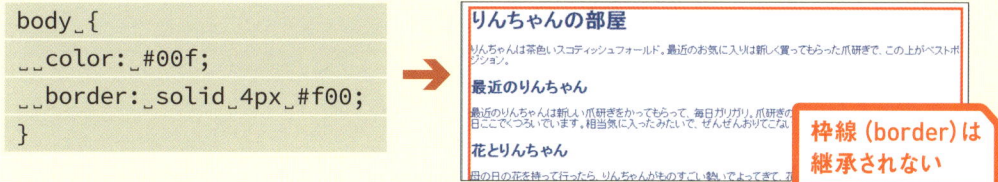

枠線（border）は継承されない

継承されるプロパティ	color、font、line-height、list-style、text-indent、text-shadow、white-space、word-spacingなど。
継承されないプロパティ	animation、border、background、margin、padding、box-shadow、border-radius、display、height、overflow、position、text-decoration、transform、transition、width、z-indexなど。

👍 ワンポイント 継承や優先順を強制的に変える

継承されないスタイルを強制的に継承させたい場合は、そのプロパティの値として「inherit」を指定します。使いどころによっては、ムダにコードを増やさずにデザインを適用することができます。スタイルの優先順位を強制的に上げるには「!important」を使用します。プロパティの値の後ろに記述すると、そのプロパティはセレクタの優先順位に関係なく、強制的に適用させることができます。

▶「inherit」で強制的に継承する

```
body {border-top: 10px solid #ff6e6e; }
h1, p, strong, img { border-top: inherit; }
```

▶「!important」で強制的に優先順位を上げる

```
h1 {color: red !important; } /*優先順位が低いこちらが優先される*/
.title { color: blue; }
```

Lesson 30 ［文字関連のプロパティ］
文字の書式を設定するプロパティを知りましょう

このレッスンのポイント

ここからはCSSの代表的なプロパティを紹介していきます。実際にサンプルを作りながらも説明しますが、ここで大まかな種類を頭に入れておきましょう。最初に説明するのは、文字サイズや行間、文字揃え、フォントの種類といった文字の書式を設定するプロパティです。

文字サイズを設定するfont-sizeプロパティ

font-sizeプロパティは、文字の大きさを設定します。名前どおりの働きを持つシンプルなプロパティですが、右ページで解説している相対単位や継承を組み合わせれば、文字サイズを読みやすいように変更できるサイトなども作ることができます。

ちなみに、文字サイズに限らず、ブラウザではあらかじめHTMLの要素ごとにスタイルが設定されています。これを デフォルトまたはブラウザスタイル といいます。第4章までのHTMLの表示はデフォルトスタイルによるものです。これをデザイン設計に合わせて変更したり、問題なければデフォルトをそのまま活かしたりして、Webサイトのデザインを整えていきます。

▶ font-sizeプロパティ

```
font-size: 40px;
```
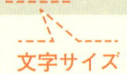
文字サイズ

プレゼンテーションの重要性

プレゼンテーションは、ビジネスシーンで利用するだけのものではなく、人との会話・社内のコミュニケーション・電話・飲食店でのお付き合いや振る舞い方など、あらゆるシーンで使われるものです。

デフォルトスタイルは文字サイズだけではなく、要素同士の間隔やフォームのパーツやボタンなどにも適用されています。特にフォームは、そもそも立体的に処理されていたりとそのままでも問題なく利用することができます。生かせるスタイルも多いのです。

サイズ指定に使われる単位

文字サイズの指定に使われる単位は、大きく分けて2つあります。1つは「相対単位」です。代表的な相対単位は%やemなどで、相対となる基準は親要素です。相対単位では、親要素のサイズに応じて、実サイズが決まります。親要素にフォントサイズの指定がない場合は、Webブラウザの初期設定のサイズが基準になります。

2つ目は「絶対単位」です。絶対単位は親要素の文字サイズには影響されず、指定した値はどんな環境でも均一に見えるのが特徴です。印刷向けのmmやcmなどが絶対単位です。

▶ 相対単位

単位	説明
px (ピクセル)	画面のピクセル。
% (パーセント)	親要素のサイズに対する%で指定。
em (エム)	欧文における大文字のMを基準とした単位。単純に1文字分の倍数と考えてもいい。
ex (エックスハイト)	欧文における小文字のxの高さを基準とした単位。
rem (レム)	emのサイズを基準としつつ、root (html要素) に対して相対的にフォントサイズが決定。

▶ 絶対単位

単位	説明
pt	ポイント。
pc	パイカ (1pc = 12pt)。
mm	ミリメートル。
cm	センチメートル。
in	インチ (1in = 約25mm)。

▶ emを使った相対サイズ指定

```
section {font-size: 20px;}
article {font-size: 16px;}
h1 {font-size: 1.5em;}
p {font-size: 0.8em;}
```

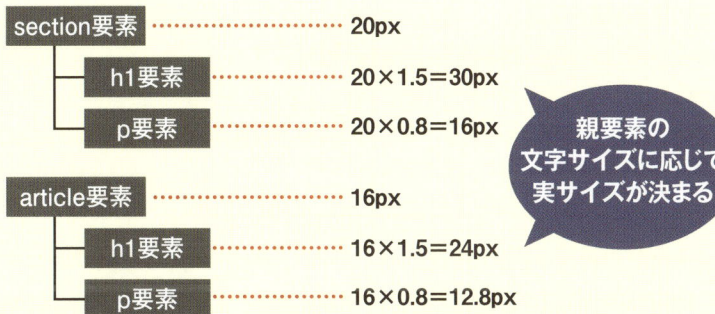

親要素の文字サイズに応じて実サイズが決まる

プレゼンテーションの重要性

プレゼンテーションは、ビジネスシーンで利用するだけのものではなく、人との会話・社内のコミュニケーション・電話・飲食店でのお付き合いや振る舞い方など、あらゆるシーンで使われるものです。

➔ フォントの種類や太さ、装飾

フォントの太さを変更するにはfont-weightプロパティを使用します。値は400を基準として±100の指定で行うほか、boldなどのキーワードで指定します。letter-spacingプロパティは、文字の間隔を指定する際に使用します。数値を指定して文字間を広げたり、マイナスの値で文字間を狭めたりできます。

text-decorationプロパティは、テキストに下線・上線・打ち消し線を付けるほかに、点滅させる際に使用します。ただし、点滅はFirefoxやOperaなど一部のブラウザのみ対応しています。

▶ font-weightプロパティ

```
font-weight: 400;
```
太さの値

▶ letter-spacingプロパティ

```
letter-spacing: 10px;
```
字間の調整量

▶ text-decrationプロパティ

```
text-decoration: underline
```
undeline、overlineなどを指定

➔ 段落単位で設定するプロパティ

text-alignプロパティは、テキストを単語単位ではなく、p要素などのブロック単位で文字の位置揃えをする際に使用します。値にleft・center・rightを指定します。また、値にjustify（両端揃え）を使用すると、長文で全体のブロックがきれいに見えます。

text-indentプロパティは、文章の段落など一行目のインデント幅を指定する際に使用します。日本の文章でよく見られる段落ごとの1文字下げもこのプロパティで表現できます。また、値にはマイナス値を指定することもできます。

▶ text-alignプロパティ

```
text-align: center;
```
揃え方を表す値

▶ text-indentプロパティ

```
text-indent: 5em hanging;
```
字下げ幅　　hangingを指定するとぶら下がりに、省略すると字下げになる

行間を設定するline-heightプロパティ

line-heightプロパティは行間を指定する際に使用します。正確には行の高さ（line-height）なので、そこから文字の大きさ（font-size）を引いた差分が行間になります。値には単位を付けないことが一般的です。単位がない場合、数値が「倍数」として扱われ、行内の一部にサイズの大きな文字がある場合は、その文字サイズを基準として拡張されます。

pxなどの単位を付けた場合、行間が固定されるため、行間の値を超える文字がある場合、文字同士が重なってしまうこともあります。

▶ line-heightプロパティ

```
line-height: 1.75;
```
行の高さ

▶ 単位なしと単位ありの違い

季節の**美**しい花
初めての方でも美

単位なし指定なら自動的に拡張される

季節の**美**しい花
初めての方でも美

単位付き指定だと文字がはみ出す

見やすい文字サイズとは？

WebページのCSSで文字を整えていく際、まず決定するのが基準となる文字サイズです。Internet ExplorerやChromeなど、一般的なブラウザでは16pxが標準サイズになっています。近年、小さめなサイズのコンピュータが普及し、それらの画面が高解像度になっています。タブレットやスマートフォンも、小さな画面ながら高い解像度で表示されます。また、インターネットの普及に伴い、高齢のユーザーも増えています。こういった背景や環境を踏まえると、文字サイズはなるべく大きめに設定するに越したことはありません。最低でもブラウザ標準の16px以上を基準とするといいでしょう。

適切な文字サイズは、作成するWebサイトのジャンルや方針によって異なるので、小さなフォントで作るケースもあります。そのWebサイトにとって適した条件で決定します。

Lesson 31 [色の指定]
色の指定方法を知りましょう

このレッスンの
ポイント

文字色や背景色など、CSSでは色を指定する機会は数多くあります。色の指定方法には一般的な16進数指定の他に、RGBやHSLを使ったものや、透明度を指定できるものなど、さまざまなものがあります。ここでまとめて紹介しましょう。

→ colorプロパティと16進数指定

色を指定するには、**colorプロパティ**を使用します。colorプロパティは、文字に対して色を付ける際に使用します。文字以外に色を付けるプロパティには、背景（background）、ボーダー（border）、影（text-shadow、box-shadow）などがありますが、プロパティが違うだけで、値の指定方法はどれも同じです。

現在、最も多く使われている値の指定方法は16進数です。**16進数**は光の三原色で色を指定する手法の1つで、6桁の数値を1つのセットで扱います。最初の2桁が赤、次の2桁が緑、最後の2桁が青を指しています。CSSで使用する際は、先頭に#を付けて記述します。

▶ colorプロパティ

```
color: #FF00FF
```
色を指定する値

▶ 16進数による色指定

```
#F80042
```
赤 緑 青

日本版と海外版、SIMフリーiPhoneの違い
日本国内で、Appleで直販されているSIMフリーiPhoneと、海外版SIMフリーiPhoneの違いは、ずばり「シャッター音」が鳴るか鳴らないかです。

16進数では0～Fを数字として使います。Aが10進数の10、Fが10進数の15に相当します。

→ rgb関数やhsl関数を使った指定方法

色指定の多くは16進数で指定しますが、最近ではRGBやHSLで指定することも増えてきました。
<u>RGB</u>で色指定を行う場合、赤（Red）、緑（Green）、青（Blue）それぞれを0～255の数値、あるいは0%～100%のパーセンテージで、半角カンマで区切って指定します。透明指定を加えたRGBAでは、さらに0～1の値で不透明度（アルファ値）を指定します。

<u>HSL</u>は、色相（Hue）、彩度（Saturation）、輝度（Lightness）の3つの値で指定する方法です。RGBに比べ、==同じ色を保って明るさや鮮やかさだけを変化させるのが容易です。==色相は0～360度の角度で指定します。続いて彩度、明度をそれぞれ半角カンマで区切って0%～100%のパーセンテージで指定します。透明指定の方法はRGBAと同じルールです。

▶ RGB指定

```
background-color: rgb(0, 86, 172);
```
赤の値　緑の値　青の値

イタリアの風景

▶ RGBA指定

```
background-color: rgba(0, 86, 172, 0.5);
```
不透明度の値

イタリアの風景

▶ HSL指定とHSLA指定

```
color: hsl(128, 40%, 70%);
```
色相　彩度　明度

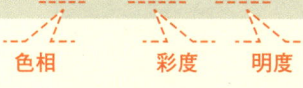

```
color: hsla(128, 40%, 70%, 0.7);
```
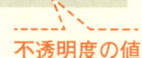
不透明度の値

▶ 色相環

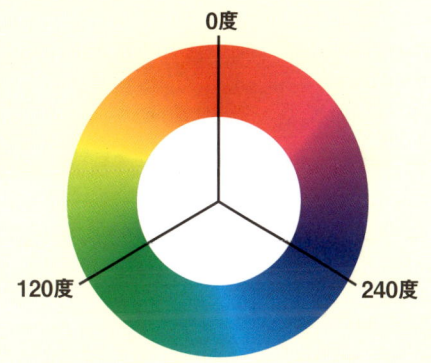

色相……色味を0～360度の角度で表す。0度は赤、120度は緑、240は青緑、360度で赤に戻る。

彩度……色相で指定した色の鮮やかさ。0%に近づくほど灰色になる。

輝度……明るさ。0%で黒、100%で白、50%で純色。

色の指定を助けるツールを活用する

色の指定をするときは、どのような基準で決定すればいいのか悩みどころです。プロは、感覚やセンスだけに頼った配色は行いません。色の指定にもちゃんとした理論や技術があり、それに基づいて決定していきます。HLS指定を活用するのもその1つです。まずは基本となる色相を決定し、彩度や明度を調整していくとまとまりのある配色計画ができます。

色指定をする際、Web上にはさまざまな役立つツールがあります。Adobe社が無償で提供している「Adobe Color CC」を利用すると、指定した色のコードを確認したり、その色から派生する配色を行ったりすることができます。

▶ Adobe Color CC

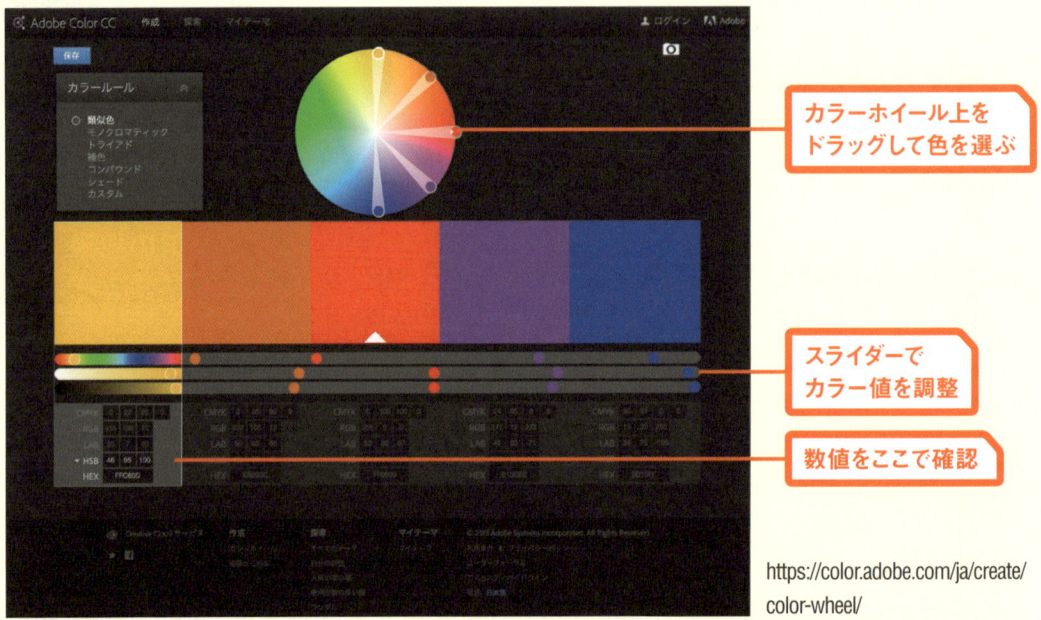

カラーホイール上をドラッグして色を選ぶ

スライダーでカラー値を調整

数値をここで確認

https://color.adobe.com/ja/create/color-wheel/

👍 ワンポイント カラー名による指定

色の指定は、16進数やRGBなどのコードで指定するもののほかに、「red」「blue」「green」のようなカラー名で指定する方法もあります。手軽に直感的に指定ができますが、この色名は147色しか存在しません。色の微妙な調整もできないため、あまり使い勝手のいいものではありません。

色指定には、16進数を基本としつつ、状況に応じてRGBやHSLによる指定を取り入れてみるのがいいでしょう。

色のコントラストにも気を使おう

見やすいサイトにするためには、配色時のコントラストに気を遣いましょう。特に、<mark>文字とその背景のコントラストが近い場合、文字の読みやすさが低下してしまいます。</mark>

コントラストは正しく調整されているか、色相だけに頼ったデザインはしていないか、などはWebサイトを作っている本人は不思議と気づかないこともあるものです。

簡単なチェック方法としては、ページをモノクロでプリントする方法があります。モノクロでは明暗だけの状態になるので、見づらい箇所を把握できるようになります。画面だけではなく、印刷して紙でチェックしたり、ほかの人にもチェックしてもらったりするなど、第三者の目を借りることも有効です。

▶ コントラストが近くメリハリがない場合、文字が非常に読みにくい

コントラスト高	コントラスト低
最近のりんちゃん 最近のりんちゃんは新しい爪研ぎを買ってもらって、毎日は乗れるようになっているので、毎日ここでくつろいでいみたいで、ぜんぜんおりてこない。	最近のりんちゃん 最近のりんちゃんは新しい爪研ぎを買ってもらって、毎日は乗れるようになっているので、毎日ここでくつろいでいみたいで、ぜんぜんおりてこない。

リンク色にも気を遣おう

「ホームページのリンク色と装飾」といえば何、と聞いて何を思い浮かべるでしょうか？　多くの人は、青色+下線と答えるでしょう。リンクのデフォルト色は青色で、多くのWebサイトはこの色をそのまま使用しています。代表的な有名サイトでは、Yahoo! JAPANといったデザインよりも情報発信がメインのサイトは、よく青色を採用しています。

このように、普段目にする慣例的な情報から、<mark>「インターネットにおけるリンク＝青色で下線が付いたもの」</mark>という意識が根づいています。

もちろん、個々のWebサイトのデザインに応じてリンク色を変更することは必要です。しかし、リンクが本来持つイメージの「青+下線」を軸に考えると、よりユーザーが迷わない表現になります。

▶ 一般的なポータルサイトでは、青色リンクを使うことが多い

記事などのリンクに青文字が使われている

Lesson 32 ［ボックスモデル］
要素のサイズと間隔の指定方法を理解しましょう

このレッスンの
ポイント

CSSでレイアウトを自在にコントロールするためには、「ボックスモデル」の知識が必要不可欠です。ボックスモデルとはHTML内のすべての要素が持つ領域のことで、CSSでは、この箱のサイズを変えたり、位置を調整したりしてレイアウトしていきます。

→ サイズと間隔はどういうときに指定する？

「レイアウトを整える」という作業を具体的にいえば、==「サイズ」「間隔」「配置」の3要素を調整していくことです。==まずはその中のサイズと間隔を指定する方法から説明していきましょう。

CSSではブロックレベル（P.46参照）の性質を持つ要素に対して、サイズと間隔を設定できます。サイズはわかりやすいと思いますが、間隔の指定はイメージしにくいかもしません。より具体的にいえば、要素を縦や横に並べるときの間隔や、要素の枠線と中のテキストの間隔を指定することです。また、見出しと本文の間隔や、リストの行頭下げなども要素の間隔の設定です。

▶ 間隔の指定例

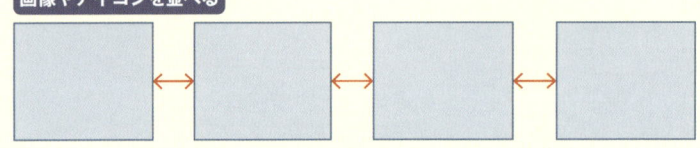

chapter 5 CSSの基本を学ぼう

140

ボックスモデルは要素の構造を表す

ボックスモデルは4種類の概念で構成されています。要素の「内容」(content)、内容とボーダーの余白である「パディング」(padding)、枠線の「ボーダー」(border)、ボーダーの外側にある余白である「マージン」(margin)です。各領域の境界線を「辺」と呼びます。これらの領域は上下左右 (top、bottom、left、right) の4辺に分けられ、CSSで個別にスタイルを適用することができます。

▶ ボックスモデルのイメージ

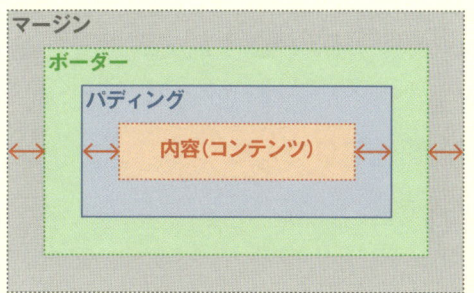

マージンで要素間を調整する

マージンは、隣り合う要素との距離を調整するために使います。つまり、「要素の外側の間隔」です。ボックスの上下左右それぞれの距離を指定します。margin: 10px; と指定した場合、上下左右に10pxの余白が付きます。

特定の辺にだけ間隔を空ける指定をする際には、margin-top: 10px;のように、marginの後に「-top」、「-right」、「-bottom」、「-left」を付けたプロパティで構成します。
marginプロパティで複数を設定することもできます。

▶ marginプロパティ

```
margin: 10px;          すべての辺に、外側の余白を指定
margin-top: 10px;       上辺に、外側の余白を指定
margin-right: 10px;     右辺に、外側の余白を指定
margin-bottom: 10px;    下辺に、外側の余白を指定
margin-left: 10px;      左辺に、外側の余白を指定
```

▶ marginプロパティによる複数指定

`margin: 10px 20px;`

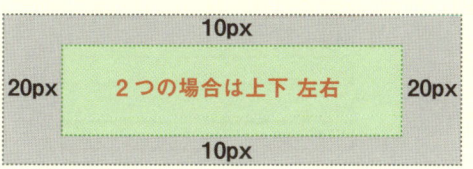

`margin: 10px 40px 10px 30px;`

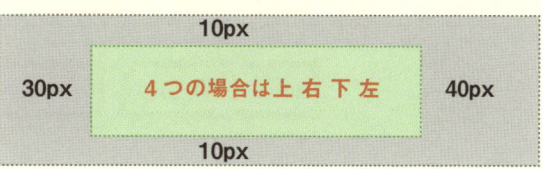

パディングで要素の内側を調整する

パディングは要素の内側の間隔を指定するものです。パディングを指定することにより、次に説明する境界線と内容との余白を調整することができます。適度な余白は、文字の読みやすさやきれいなレイアウトには欠かせない指定です。
padding: 10pxのように指定し、基本的な使い方はmarginと同じです。

marginと同じように2～4つの値をまとめて複数指定できます。

▶ paddingプロパティ

```
padding: 10px;           すべての辺に、内側の余白を指定
padding-top: 10px;       上辺に、内側の余白を指定
padding-right: 10px;     右辺に、内側の余白を指定
padding-bottom: 10px;    下辺に、内側の余白を指定
padding-left: 10px;      左辺に、内側の余白を指定
```

ボーダー（枠線）の設定

ボーダーは、要素の四辺に枠線を付けるものです。borderプロパティはすべての辺に対して有効です。マージンやパディング同様、border-topのように辺を個別に指定することもできます。

値の指定は「線種」、「太さ」、「色」の3つを半角スペースで区切って記述します。これらの順番は変わっても構いません。

▶ borderプロパティ

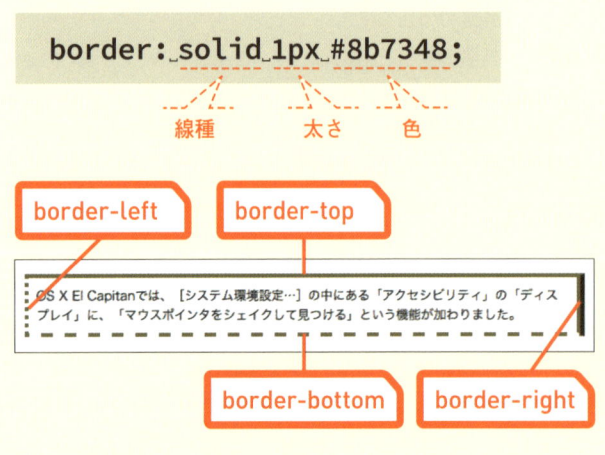

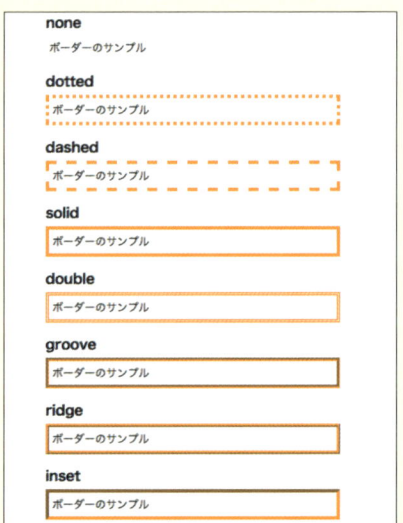

要素のサイズを指定する

要素には、余白のほかにサイズそのものを指定することができます。widthプロパティは、要素の横幅を指定するものです。固定で表示する場合はpxを使用します。親要素や文字サイズにあわせて変動させたい場合は、%やemなどを利用します。
高さはheightプロパティで指定しますが、幅だけ指定して高さは指定しないこともよくあります。指定しない場合、内容のテキストや子要素の高さにあわせて自動調整されるので、そのほうが都合がいいことが多いのです。下手に高さを固定してしまうと、内容が途中までしか表示されなくなったり、レイアウトが崩れてしまったりすることがあります。

▶ widthとheightプロパティ

```
width: 300px;

height: 512px;
```

ボックスサイズの計算方法

ボックス全体の幅は「左右のマージン＋左右のボーダー＋左右のパディング＋内容の幅」で決定します。高さの場合は「左右」が「上下」になりますが、考え方は同じです。例えば、左右のマージンが各20px、左右のボーダーが各10px、左右のパディングが各20px、横幅が300pxだった場合、ボックス自体の幅は400pxとなります。

この場合、「400pxの幅で作りたいから、widthに400pxと入れよう」としてしまうと、400pxにほかのボックスモデルの要素が足されることになり、結果的に実際の表示幅は400pxを超えてしまいます。このような場合は、widthの数値を300pxとすべきです。横幅（width）を指定する際は、ほかのボックスの数値も考慮して計算方法に注意しましょう。

▶ ボックスの幅の計算例

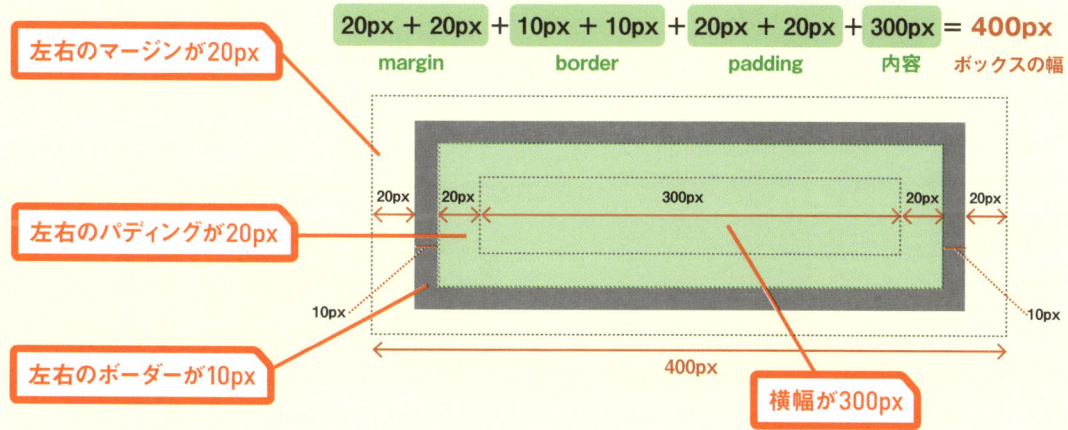

Lesson 33 ［レイアウト指定の概要］
Webページの主なレイアウトパターンを知りましょう

このレッスンのポイント

Webページによってレイアウトはさまざまですが、ある程度「型」として決まったレイアウトパターンがあり、Webサイトのターゲットや環境を考慮して選択します。段組みであるカラムや、スマートフォンに対しての考え方を見ていきましょう。

→ さまざまなカラムレイアウト

Webページのレイアウトには、いくつかの「型」があります。主な違いは、==各パーツを複数列に配置する段組みの作り方で、この列のことを「カラム」と呼びます。==

1カラムは、シンプルな1列のレイアウトです。画面を広く活用でき、スマートフォンにも対応しやすいなどのメリットがあります。

2カラムは、主に==サイドバー==を左右どちらかに設置する際に使用します。パソコン向けのWebサイトの多くは、この形式を採用しています。

3カラムは、左右にサイドバーを設置するレイアウトです。情報量が多いポータルサイトなどでよく見られます。

それ以上の多段レイアウトも存在します。Webサイトのコンセプトやインパクトのある演出を求める際に利用されます。

▶ カラムレイアウトのパターン

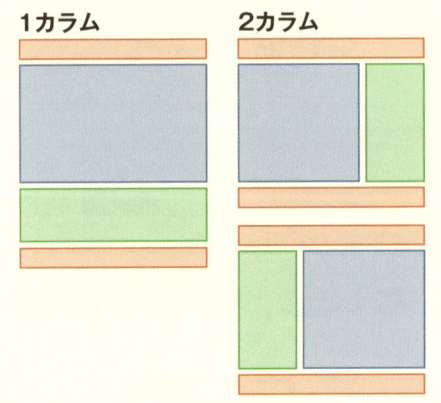
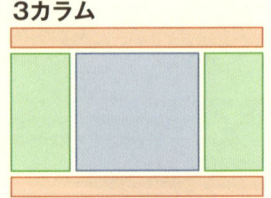
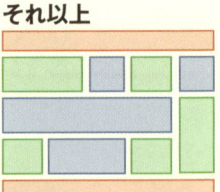

情報量の多いニュースサイトなどは、カラム数を増やす傾向があります。

幅の指定方法には固定と可変の2つの方針がある

Webサイトは「固定幅」と「可変幅」のいずれかで作成します。固定幅は、どの環境でも同じデザインを見せることができ、従来のWebサイトはこの形式を多く採用しています。幅の単位をpxで固定し、主にパソコン向けのページをターゲットとして作られてきました。

可変幅は、ブラウザの表示幅にあわせて変動するものです。同じデータであっても、閲覧環境により表示が多少異なります。幅の単位は%で可変にします。

▶ 固定幅と可変幅

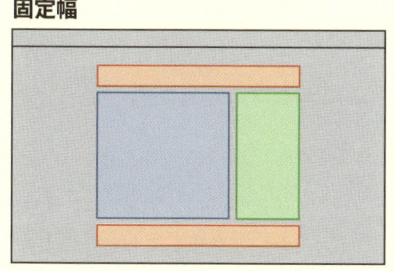
固定幅

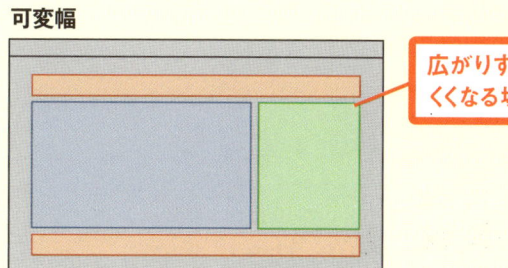
可変幅

広がりすぎて読みにくくなる場合もある

スマートフォンに対応したレイアウト

可変幅の表現の1つにレスポンシブWebデザインと呼ばれるものがあります。幅の変更に加えて必要ならカラム数を変更し、さまざまな閲覧デバイスで最適な表示を行う手法です。

第8章でも改めて説明しますが、パソコン向けではpxや特定幅の%などで固定し、スマートフォンで表示した際はCSSを切り替え、文字サイズを大きめにして可変幅で表示します。スマートフォンは機種ごとにディスプレイサイズが異なるため、幅は%指定にして汎用性を持たせるのが一般的です。

▶ レスポンシブWebデザイン

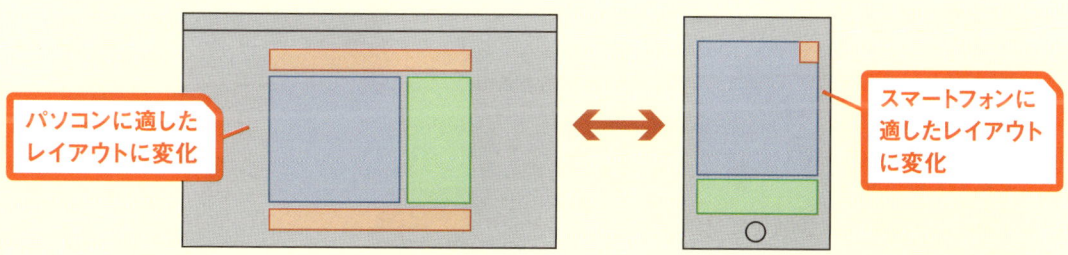

パソコンに適したレイアウトに変化

スマートフォンに適したレイアウトに変化

Lesson 34 [floatプロパティ]
フロートを利用したレイアウト方法を理解しましょう

このレッスンの
ポイント

カラムレイアウトを実現する方法はいくつかありますが、現在一般的に使われているのがfloatプロパティです。要素を浮動させて左右にスライドさせ、段組みを実現します。また、画像などの横にテキストを回り込ませる目的でも使われます。

→ floatプロパティとは？

divやpなどのブロックレベルの性質を持つ要素は、内容が少ないものでも横並びにはならず、縦方向に並んで表示されます。また、デフォルトで横幅の情報を持っており、ブラウザいっぱいまで広がっているため、次の要素はその下に積まれます。この特性を変える方法の1つがfloatプロパティです。

floatプロパティにはleft、right、noneの3つの値を指定でき、デフォルトはnoneです。float: left; を指定すると、その要素は浮いた状態になり、そのまま左へスライドします。浮いているので後続の要素は重なるように入り込んできます。

ただし、入り込んできた要素内のテキストは浮いた要素を避けるため、結果として回り込みのような表示となります。

▶ floatプロパティは要素を「浮かせる」

`float: left;`

left、right、none

初期状態
div要素

p要素ああああ
ああああああ
ああああああ
ああああああ
あああ

要素が「浮く」→

floatを指定
div要素 p要素ああ
        ああああああ
        ああああああ
ああああああああ
ああああああああ
ああああああああ

後続の要素が入り込む

floatは通常なら縦に並ぶものを横並びにしたいときによく使われます。サンプルサイトでもいろいろな場所で使っているので、実践で感覚をつかみましょう。

➡ フロートを利用したカラムレイアウト

フロートを利用してカラムレイアウトをする場合、一般的に横並びにしたい要素を包括する親要素を用意します。まずはフロートの左右幅を確定するために、その親要素に横幅を指定します。
横並びにしたい最初の要素にwidthとfloat: left;を指定します。これでその要素が浮いた状態になり、左にスライドします。次の要素には同じようにwidthとfloat: right;を指定します。この要素は浮動し、右にスライドします。
これがカラムレイアウトの仕組みです。

▶ カラムレイアウトの仕組み

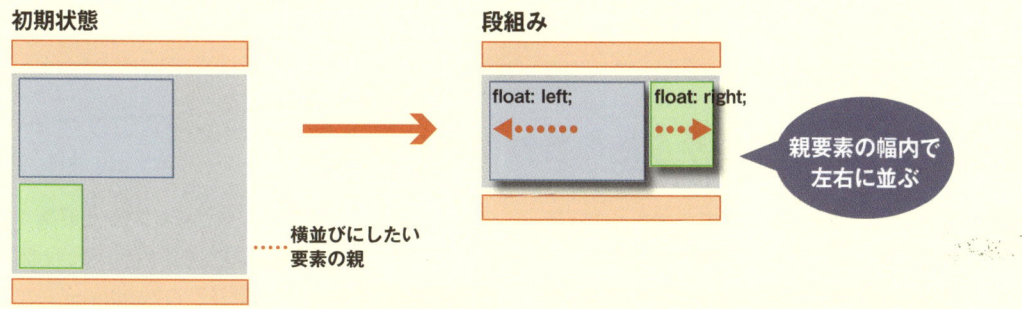

➡ 親要素の高さがなくなる？

この手法の問題として、下に配置しておきたい要素（フッターなど）が重なってしまうというものがあります。floatは要素を浮動させるので、子要素がすべて浮動していると、親要素は中身がないものと認識し、高さがなくなってしまうのです。
この問題を解決するには、親要素にoverflowプロパティを指定します。overflowプロパティは親要素から子要素がはみ出したときの挙動などを指定するものですが、浮動した要素の内容物の高さを認識して、全体の高さを算出するという働きも持つのです。
別の方法として、フロートをクリアする働きを持つclearプロパティを使うやり方もあります。

▶ overflowを使って問題を解決する

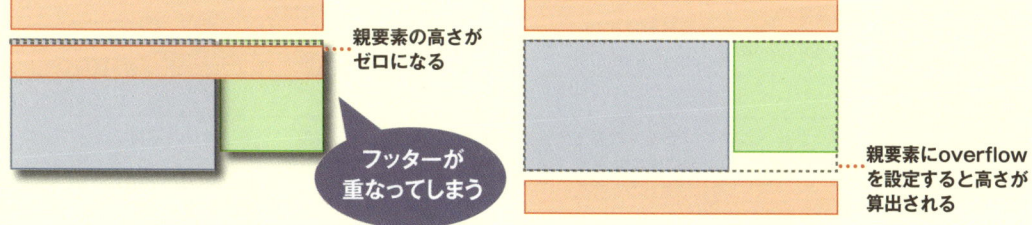

Lesson 35 [displayプロパティ]
ディスプレイを利用したレイアウト方法を理解しましょう

このレッスンのポイント

displayプロパティはブロックレベルやインラインなどの特性を切り替えることができます。これも横並びなどのレイアウトに使えるのですが、floatプロパティとはまた別のクセがあります。手軽なので、パンくずリストなどの小さいものに使われます。

→ ブロックレベルから他の特性に切り替える

h1要素やp要素、li要素など、文書構造を示す要素の多くはブロックレベルの性質を持っています (P.46参照)。displayプロパティを使用すると、この表示の性質をコントロールすることができます。
例えば、li要素にdisplay: inline;を指定した場合、リスト項目は横並びになります。本来li要素は親要素の幅いっぱいに広がる性質を持ちますが、a要素やstrong要素などのインラインの性質を持つ要素と同じような表示になるのです。そして、widthなど一部のプロパティが無効となります。
逆に、インラインの性質を持つ要素を、ブロックレベルの性質に切り替えることもできます。

▶ displayプロパティ

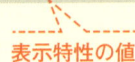

表示特性の値

・インラインにすると、widthとheightは指定できない
・上下のマージンが指定できない
・上下のパディングが無効になる (指定自体はできる)

▶ displayプロパティの代表的な値

値	働き
none	要素を非表示にする（レイアウトに影響しなくなる）。
inline	インラインにする。
block	ブロックレベルにする。
inline-block	ブロックレベルとインラインの両方の性質を持つインラインブロックにする。幅が内容物によって変動し、インラインのように横に並ぶが、幅や高さ、マージンを設定できる。
table-cell	td要素の挙動になる。

→ floatプロパティとどう使い分ける？

displayプロパティでインラインやインラインブロックにしても、横並びのレイアウトにすることは可能です。ただし、先に説明したfloatプロパティとはまた別の問題が出てきます。

floatプロパティは、要素を浮かせて左右にスライドさせますが、特性はブロックレベルのままです。ですから通常のブロックレベルの要素と同じように、マージン、ボーダー、幅などを設定できます。

一方、インラインブロックはfloatプロパティとは違い、回り込みや浮動の概念がないため、一見容易にレイアウトできると感じるかもしれません。しかし、インラインブロック（インライン）の要素は、HTML上で前後に改行がある場合、それを半角スペースとして認識します。つまり、レイアウトする前後のコードに改行がある場合、意図して指定した幅＋余計なスペースが発生してしまい、意図しないレイアウト崩れが起きてしまう場合があります。

ソースコード上の改行を除去すれば問題ありませんが、レイアウトの都合でHTMLを変えるのは本末転倒ですし、編集もしにくくなります。

大きなレイアウトをするときは、基本floatプロパティを使うべきです。

▶ インラインブロックを利用してHTMLを横並びにした場合

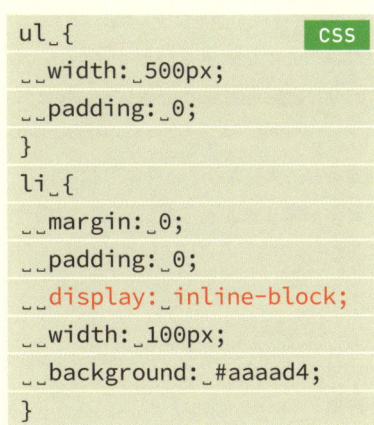
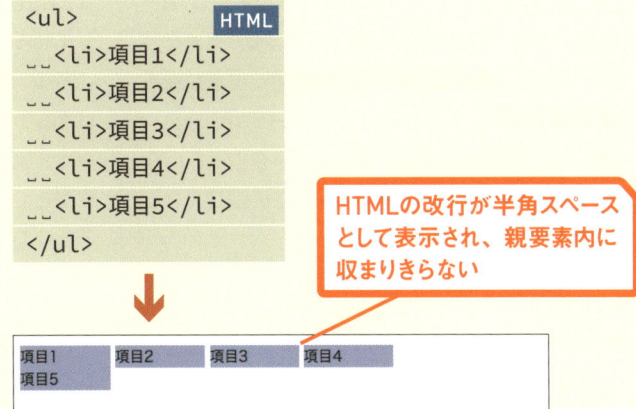

▶ li要素の改行をすべて除去した場合

Lesson 36 [positionプロパティ]
ポジションを利用したレイアウト方法を理解しましょう

このレッスンの
ポイント

CSSのレイアウトの基本はフロートですが、もう1つ代表的なレイアウト手法に「ポジション」があります。要素の位置をピクセル数などで指定して、自由に配置することができます。ただし、カラムレイアウトに使われることはまれです。

ポジションとは？

ポジションを使ったレイアウトの基本は、座標を数値で指定する方法です。CSSのレイアウトでは、左・中央・右といった揃える位置で指定することがほとんどですが、==ポジションの場合は数値で表示位置を指定します。==後述するpositionプロパティと、top、left、right、bottomプロパティを組み合わせ、pxなどの座標で要素を置きたい位置を直接指定できるのです。

これまで説明してきたフロートやインラインブロックなどに比べて、シンプルでわかりやすく感じるかもしれません。ただし、自分で数値で指定できるということは、==レイアウトを全部自分で把握していなければならない==ということです。例えばフロートなら、ブラウザ幅が狭まると、入りきらない分が自動的に下に送るなどの調整が働きますが、ポジションの場合、それは期待できません。

▶ ポジションによるレイアウト(絶対配置)の仕組み

初期状態 → ポジションを利用

top: 20px;
left: 20px;
right: 40px;
bottom: 40px;

……基準の要素

相対配置と絶対配置

positionプロパティでポジションでの配置方法を指定します。よく使われるのは、relative（相対配置）とabsolute（絶対配置）です。

relativeを指定した要素は、それが初期状態で表示されていた位置を基準にtopプロパティなどで位置をずらします。もともとその要素が入っていたスペースはそのまま保持されます。

absoluteを指定した要素は、左ページの図で示したように、基準となる要素からの位置を指定します。そのボックスがもともと表示されていたスペースは保持されずに、次の要素が入り込みます。なお、基準にしたい要素にはpositon: relative;を指定します。

positionプロパティの初期値はstatic（静的配置）なので、初期状態に戻したいときはこれを指定します。

▶ positionプロパティ

▶ 相対配置

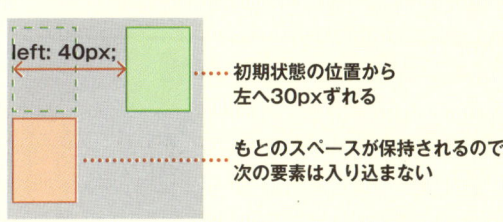

position: fixed

positionプロパティの値にfixed（固定位置）を指定すると、その要素は表示位置が固定されます。absoluteと同じく絶対配置の指定ですが、違いはスクロールしても表示位置が固定されることです。ブラウザの表示幅やリサイズにも影響されることなく、常に指定した位置に表示されるようになります。

また、absoluteと同様に、指定した要素はそのボックスがもともと表示されていたスペースは保持されずに、次の要素が入り込んで表示されます。

▶ position: fixedの利用例

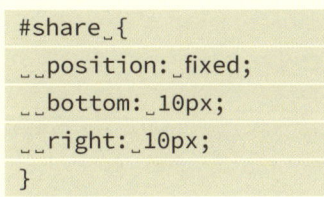

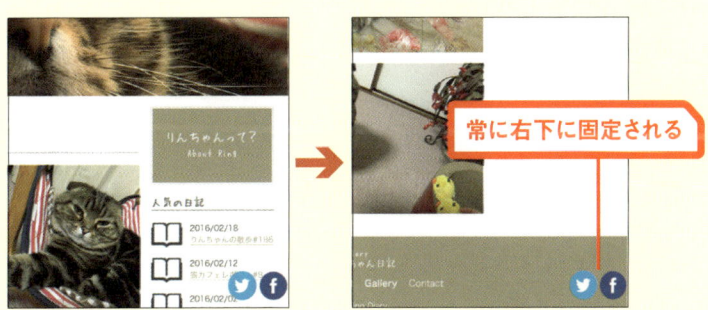

常に右下に固定される

Lesson 37 [CSSの実習]
CSSを書いてみましょう

このレッスンのポイント

次章から実際のWebサイトの作り込みをしていきますが、その前にここで簡単なCSSを記述し、基本的な書き方の流れを体験しておきましょう。CSSを記述する際の前準備や、結果の確認方法、コメントの書き方などについても解説していきます。

→ CSSを書く前の準備

CSSを書く練習として、下記のHTMLに対して、文字サイズや文字色などの書式を設定するCSSを書いてみましょう。HTMLをBracketsで入力してもいいのですが、サンプルデータとしても収録されているので、それをコピーしても構いません。HTMLが用意できたら、第2章と同様にドキュメントフォルダ内に「homepage」などの名前のフォルダを作成して、その中に保存します。

▶ 今回使用するHTML

```
01  <!DOCTYPE html>
02  <html>
03  <head>
04  <meta charset="UTF-8">
05  <title>サンプル</title>
06  </head>
07  <body>
08    <h1>りんちゃんの部屋</h1>
09    <p>りんちゃんは茶色い……（略）……この上がベストポジション</p>
10    <h2 class="right">最近のりんちゃん</h2>
11    <p>最近のりんちゃんは新しい爪研ぎを買ってもらって……（略）……ぜんぜんおりてこない。</p>
12    <h2>花とりんちゃん</h2>
13    <p>母の日の花を持って行ったら……（略）……ビニールならなんでもいいみたい。</p>
14  </body>
15  </html>
```

index.html

1つめのh2要素のclass属性に「right」を指定

◯ Webサイトの文字を大きくする

1 CSSのファイルを作成する　新規ファイル

まずは、Bracketsの［ファイル］メニューから［新規］を選び、新たな書類を作成します。CSSファイルの1行目には文字コード宣言を書くというルールがあります。今回はUTF-8を使用しているので、「@charset "utf-8";」を1行目に書きます❶。

```
01  @charset_"utf-8";
```

❶ 文字コード宣言を入力

2 CSSを保存する　style.css

HTMLと同じ階層に「css」という名前のフォルダを作成し、その中に作成したCSSファイルを「style.css」というファイル名で保存しましょう❶。ファイル名は何でも構わないのですが、「style.css」は規模の小さいWebサイトでよく使われる名前です。

また、フォルダ名も「css」以外でも構わないのですが、これもCSSを入れる場所だということがわかりやすいのでよく使われます。

❶ cssフォルダ内に「style.css」という名前で保存する

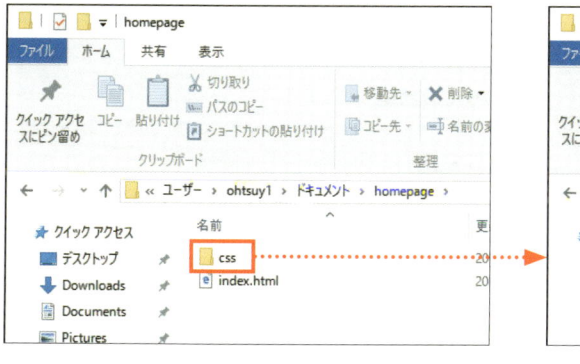
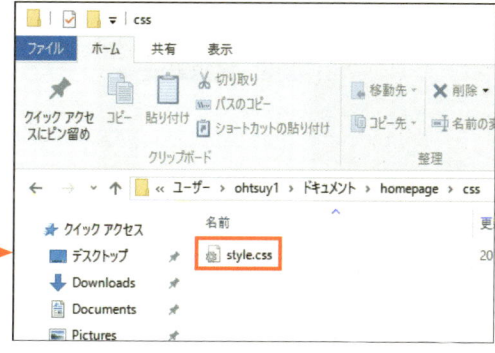

3 HTMLとCSSをリンクする `index.html`

CSSをHTMLに適用させるにはいくつかの方法がありますが、ここではリンクを使った手法で説明していきます。HTMLファイルからCSSファイルを参照します。HTMLのhead要素内に「<link rel="stylesheet" href="css/style.css">」と書き❶、CSSファイルを参照します。href属性に書くのは相対パスです。この例では、HTMLファイルと同じ階層に「css」というフォルダがあり、その中に格納した「style.css」を参照しているので、"css/style.css"になります。

```
01  <!DOCTYPE html>
02  <html>
03  <head>
04  <meta charset="UTF-8">
05  <link rel="stylesheet" href="css/style.css">   ← 1 link要素を記述
06  <title>サンプル</title>
07  </head>
```

4 ブラウザでプレビューする

ブラウザで確認してみましょう。HTMLファイルに切り替えて❶、［ライブプレビュー］ボタンをクリックします❷。Chromeが起動してWebページが表示されます。
Webページを表示する機能なのでHTMLファイルに切り替えないとプレビューを開始できない点に注意してください。CSSファイルを表示した状態だと「ライブプレビューのエラーが発生しました」というメッセージが表示されます。

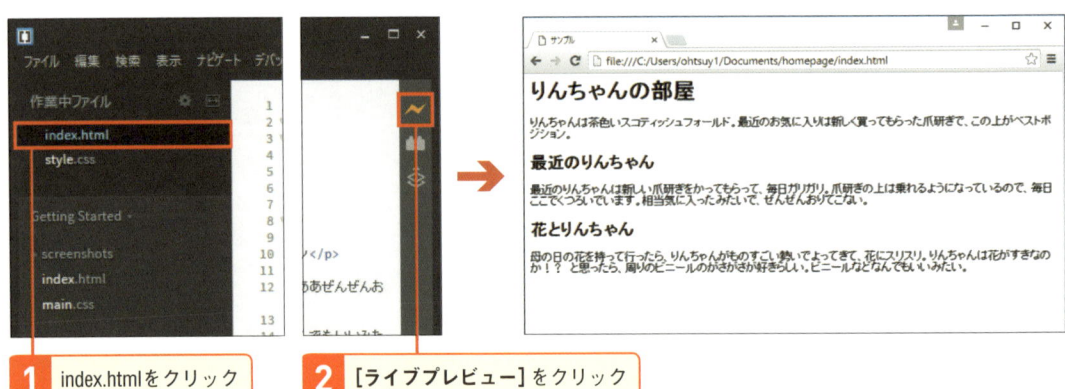

1 index.htmlをクリック　　2 ［ライブプレビュー］をクリック

CSSで文字の書式を変更する

1 全体の文字を大きくする `style.css`

CSSを書いてWebページの書式を変えていきましょう。まずは文字サイズの変更からです。文字サイズを変更するにはfont-sizeプロパティを使用します。
body要素をセレクタに使って、「font-size: 24px;」と書いた場合、body要素の子孫要素に文字サイズが継承されるため、ページ全体の文字サイズが変化します❶。プレビューを見ると、body要素の子孫のh1要素やh2要素、p要素も文字サイズが大きくなっていることがわかります❷。すべて同じ24pxになっていないのは、h1要素やh2要素のデフォルトスタイルで文字サイズがemで指定されており、親要素の文字より相対的に大きくなるためです。

```
01  @charset "utf-8";
02  body { font-size: 24px; }
```

1 文字サイズの指定を入力

2 プレビューを確認

body要素は、Webページに表示されているすべての要素の親なので、そこに書式を設定すると全体に影響します。

👍 ワンポイント BracketsがCSSの入力を助けてくれる

Bracketsには、Webページに関連するコードを作成するための便利な機能が数多く備わっています。例えば、CSSでプロパティ名を書き始めると関連する一覧が自動表示されるので、それを選択するだけで間違えずに入力できます。また、ライブプレビューでHTMLを表示しているときに、BracketsでCSSを編集すると、ブラウザ上でそのCSSが適用される部分が青枠付きで表示されます。つまり今自分がどこのスタイルを変えようとしているのかがわかりやすくなります。

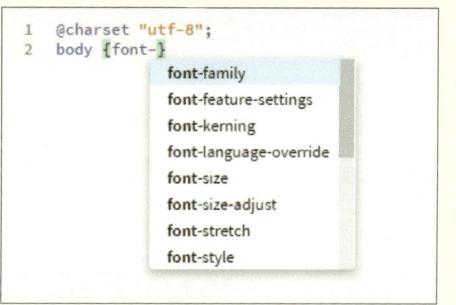

プロパティの入力支援

2 文字色を変えてみる

文字色を変更するにはcolorプロパティを使用します。色の指定方法はいろいろありますが、ここではh2要素をセレクタに使って、「color: #ff000」と書いてみましょう❶。h2要素、つまり中見出しの文字色が赤になります❷。

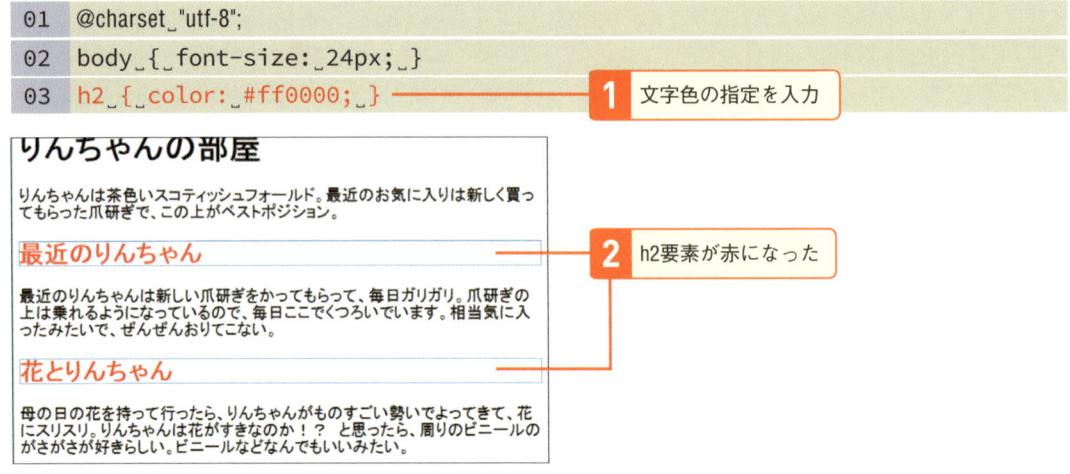

3 クラスセレクタを使う

最後にクラスセレクタを使ってみましょう。セレクタを「.right」とすると、class属性に「right」を指定している要素だけが対象となります。ここではtext-alignプロパティを使って右寄せを設定します❶❷。

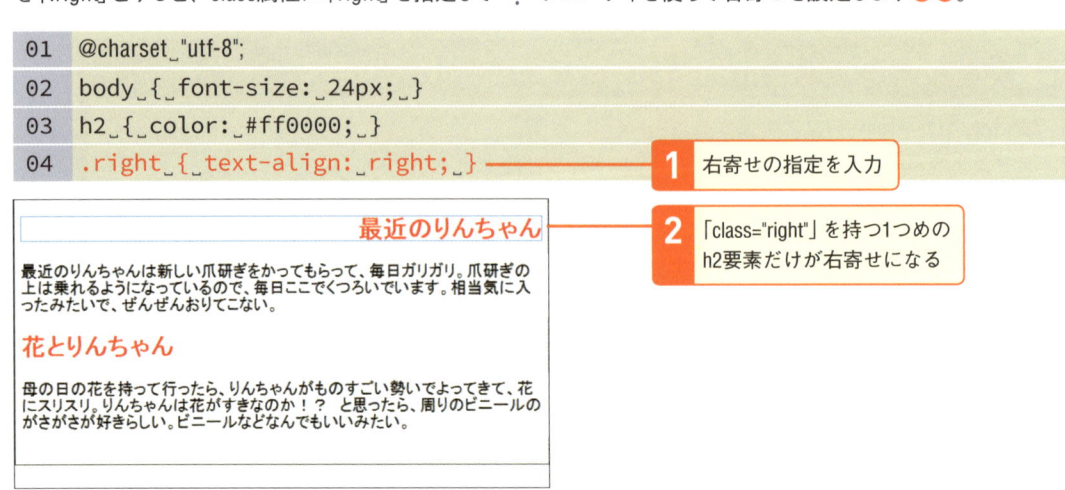

● コメントで注意を入れる

CSSでは、HTMLと同じように自由にコメントを入れておくことができます。CSSの効果に影響はありませんし、ブラウザ画面に表示されることもありません。CSSでコメントを書き入れるには、はじまりに「/*」を記述し、終わりは「*/」を記述します。この始まりから終わりまでの間に書かれた文字がコメントとして扱われます。途中に改行を入れることもできます。コメントにすることをコメントアウトと呼びます。コメントアウトは入れ子にして利用することはできません。「/*」と「*/」は一対で書きます。複数のコメントを残したい場合にはコメントアウトの一連を繰り返して書きます。

▶ コメントの書き方

```
/* ここに記載された文字はブラウザには表示されない、CSSに影響もしない */
```

```
/*
改行を入れてもコメントアウトが有効。また、記号などで見栄えを整えることも。
*/
```

```
/*--------------------------------
header
--------------------------------*/
```

コメントでは日本語も使えるので、制作者のメモや、CSSのルールやパーツ名を記載することがよくあります。しかし、ソースコードを表示すれば誰でも見られるので、関係ない言葉や制作者のプライベートに関するメモ書きなどは入れないほうが無難です。

👍 ワンポイント CSSの半角スペース

半角スペースをCSS内で使用した際、意味を持つのは子孫セレクタのときです。2つ以上のセレクタを区切る際に入力します。それ以外は無視されるので、制作者が見やすいように入れれば問題ありません。ただし、プロパティ名や値の途中には入れることができません。

本書ではプロパティが1つのときは、はじまり中括弧の前後・セミコロンを含む値の前後に挿入しています。プロパティが2つ以上のときは、はじまり中括弧の前・値の前に挿入、さらにプロパティの先頭にはスペースもしくはタブで字下げしています。

👍 ワンポイント アクセシビリティに配慮したWebサイトを目指そう

アクセシビリティには、「近づきやすさ」「接近容易性」といった意味があります。情報やサービスなどが、高齢者や障がい者などのハンディを持つ人にとって、きちんと利用しやすいかどうかを問うときに、よく使われる言葉です。Webサイトは、環境や利用者を選ばず、誰にでも問題なく情報の取得をできるようにしなければいけません。例えば、目の不自由な人は、音声読み上げ機能を利用し、そこにどんな種類の画像が挿入されているのかを知ります。もし、画像にalt属性を指定しなかった場合はその画像がどのような役割でどのような意味を持っているのかを知ることができません。あらゆる配慮を行って、アクセシビリティが充実していきます。

W3Cでは、「Web Content Accessibility Guidelines (WCAG) 2.0」というWebページのアクセシビリティに関するガイドラインを定めており、Webコンテンツをよりアクセシブルにするための広範囲におよぶ推奨事項を網羅しています。

このガイドラインに従うことで、全盲またはロービジョン、ろうまたは難聴、学習障がい、認知障がい、運動制限、発話困難、光過敏性発作およびこれらの組み合わせなどを含んだ、さまざまな障がいのある人に対して、コンテンツをアクセシブルにすることができます。また、このガイドラインに従うと、多くの場合ほとんどの利用者にとってWebコンテンツがより使いやすくなるとされています。

▶ WCAG2.0

http://waic.jp/docs/WCAG20/Overview.html

Chapter 6

CSSで共通部分をデザインしよう

サンプルサイトの共通部分をまとめたbase.htmlに対して、CSSで装飾してきましょう。ここで書いたCSSはすべてのHTMLファイルに反映されるので、この章が終わるころには、Webサイトの大部分の装飾が完成します。

Lesson 38 ［タイプセレクタ］
タイプセレクタを使って ページ全体の書式を整えましょう

このレッスンの
ポイント

それではサンプルサイトのデザインを整えていきましょう。最初にタイプセレクタを使い、見出しや本文、リンクなどの基本的な要素のスタイルを大まかに整えていきます。「そのWebサイトに適した初期設定」に整えていくことで、後々の作業が楽になります。

→ 最初に要素ごとのスタイル調整を行う

Webページごとにそれぞれ内容は異なりますが、「見出し」や「段落」などの装飾は、Webサイト全体を通して共通で利用されることがほとんどです。そのため、あらかじめ全体で共通となる装飾をあらかじめCSSで定義しておけば、効率よくCSSを書き進めていくことができます。Webサイト共通の要素としてまず手をかけるのが、body、a、h1〜6、p要素です。

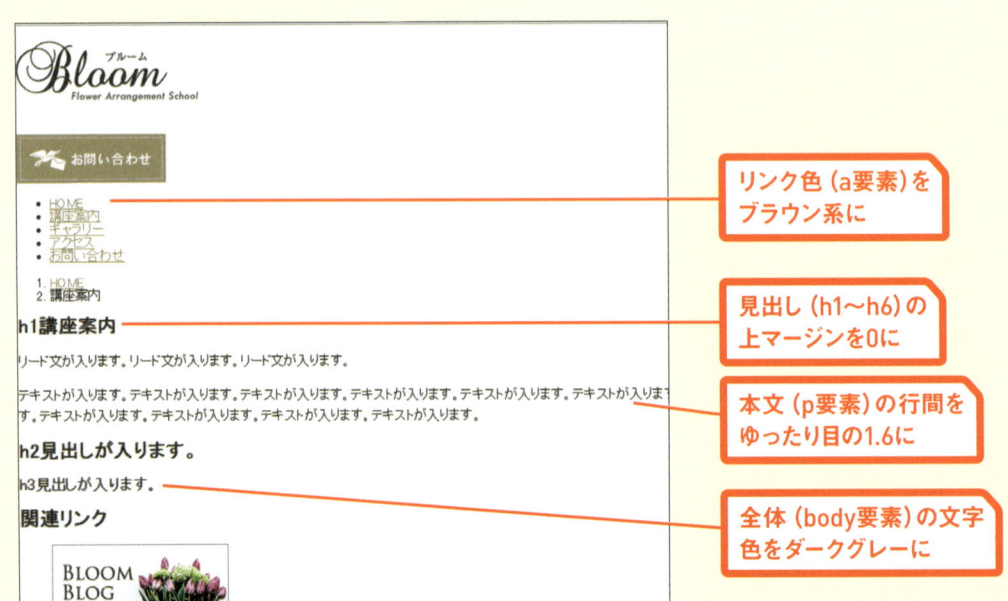

リンク色（a要素）を
ブラウン系に

見出し（h1〜h6）の
上マージンを0に

本文（p要素）の行間を
ゆったり目の1.6に

全体（body要素）の文字
色をダークグレーに

→ リンクやマウスオーバー時の書式は疑似クラスで設定する

リンクをマークアップする際にはa要素を使用します。ひと言でリンクといっても「通常のリンク」「訪問済みのリンク」「マウスポインタが乗っているときのリンク」など、その状態はさまざまです。しかし、これらの状態を区別するための要素は存在しません。そこで疑似クラスを利用し、リンクの状態を判別して装飾を行います。疑似クラスは、要素が特定の状態にある場合のスタイルを適用する働きを持ちます。例えば、:visitedならリンクが訪問済みの場合のスタイルを、:hoverならマウスポインタが乗っている状態のスタイルを設定できます。

▶ 疑似クラス

疑似クラス名	状況
:hover	マウスポインタが乗った。
:visited	リンクが訪問済み。
:first-child	最初の子要素。
:last-child	最後の子要素。

▶ リンクの指定例

```
a { color: #b7a077; }
a:visited { color: #a8a8a8; }
a:hover {
  color: #988564;
  font-weight: bold;
  text-decoration: none;
}
```

→ セレクタの記述順に注意する

リンクのマウスオーバー時の指定を行う際、セレクタを書く順番に気を付けましょう。第5章でも説明したように、CSSはセレクタの優先順位が同じなら、後から書いたものが上書きして適用される特性があります。もし:hoverを先に書いた場合、その後に書いた:visitedで上書きされてしまい、マウスポインタが乗ったときのスタイルが適用されません。:hoverは一番最後に書くようにしましょう。

▶ visitedを後に書くと

```
a:hover { …… }
a:visited { …… }
```

優先順位が同じなので、常に後の:visitedが適用されてしまう

マウスオーバー時のスタイルを指定しておけば、マウスポインタを合わせたときに装飾が変化するため、閲覧者はそこがクリック可能であることがわかりやすくなります。

● Webサイト共通の文字の色を設定する

1 sytle.cssを作成する 新規作成

第3章で作成したbase.htmlのあるフォルダ内に「css」フォルダを作成して、Bracketsで作成した新規ファイルを「style.css」として保存します❶。これ以降のCSSはすべてstyle.cssの中に書いていきます。

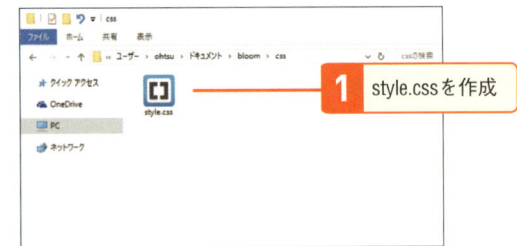

1 style.cssを作成

2 body要素でサイト全体の基本の文字色を設定する

style.css

body要素ではサイト全体で共通となる装飾を行います❶。marginプロパティとpaddingプロパティに0を指定し❷、スタート時点では隙間がない状態とします。

基本となる文字色は、サイト全体を通してダークグレーにするため、color: #333を指定します❸。

```
01  @charset "utf-8";
02
03  body {                    ← 1
04    margin: 0;              ← 2
05    padding: 0;
06    color: #333;            ← 3
07  }
```

```
<!DOCTYPE html>
<html lang="ja">
<head>
……略……
</head>
<body>
……略……
</body>
</html>
```

※ミニマップはCSSのセレクタが選んでいる要素を表します。

3 リンクの基本色を決める

次にa要素の装飾を行います。a要素は、メイン部分、ナビゲーション、サイドバーなど、部位によって装飾が異なりますが、まずはサイト全体を通して共通となる色を指定します❶。

標準のリンク色を指定する以外にも、リンクの状況によって変化する基本的な装飾を施します。:visited疑似クラスは、訪問済みリンクの指定です❷。

```
08  a { color: #b7a077; }            ← 1
09  a:visited { color: #a8a8a8; }    ← 2
```

```
<header>
  <h1><a href="△"><img></a></h1>
  <div id="header_contact"><a href="△"><img></a></div>
  <nav id="global_navi">
    <ul>
      <li class="current"><a href="△">□□□</a></li>
      <li><a href="△">□□□</a></li>
      <li><a href="△">□□□</a></li>
      <li><a href="△">□□□</a></li>
      <li><a href="△">□□□</a></li>
    </ul>
  </nav>
</header>
```

4 マウスポインタを乗せたときの色を決める

:hover疑似クラスを使って、要素にマウスポインタを乗せたときの装飾を指定できます。ここでは色を変えるだけでなく、font-weightプロパティを使って太字にし、text-decorationプロパティを使って下線を消しています❶。

また、ヘッダーのお問い合わせボタンのような画像リンクもあります（P.80参照）。これはimg要素をa要素の子にした構造なので、a imgというセレクタで選択できます。今回はマウスオーバー時に半透明にしたいので、a:hover imgというセレクタで設定します❷。

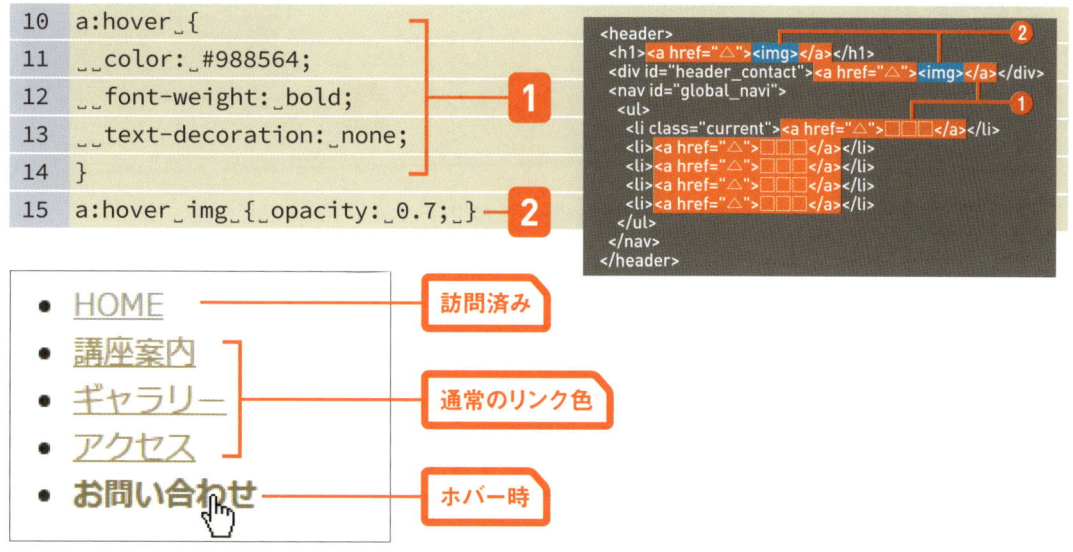

```
10  a:hover_{
11  __color:_#988564;
12  __font-weight:_bold;
13  __text-decoration:_none;
14  }
15  a:hover_img_{_opacity:_0.7;_}
```

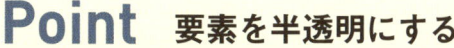

- HOME ── 訪問済み
- 講座案内
- ギャラリー ── 通常のリンク色
- アクセス
- **お問い合わせ** ── ホバー時

Point　要素を半透明にする

opacity:_0.7;

不透明度を0〜1の数字で指定

opacityプロパティを使うと、その要素を半透明にすることができます。半透明時には、その背景色や画像が透けて見えるようになります。数値は0〜1までの数字で指定し、0が完全な透明、1が不透明になります。

見出しや段落の初期マージンを調整する

1 見出しの上マージンを0にする `style.css`

見出しを表現するh1〜h6要素は、デフォルトでは上下にマージンが存在します。上のマージンをカットすることにより、縦に連なる要素同士の間隔がバランスよくなります。今回は複数セレクタを使用して、h1〜h6要素の上マージンをまとめて0にします❶。

```
16  h1, h2, h3, h4, h5, h6 { margin-top: 0; }
```

2 段落の初期マージンと行間を調整する

h要素とよくセットで使用するp要素の上マージンも、同様に0にします❶。そして、行間の指定を1.6とし、p要素内の行間にゆとりを持たせます❷。

```
17  p {
18    margin-top: 0;
19    line-height: 1.6;
20  }
```

▶ 段落（p要素）の行間を調整して読みやすくする

要素同士の間隔や行間は、Webページの読みやすさ、使いやすさを左右する大事な指定です。最適なバランスを見つけましょう。

3 画像の初期の縦位置を調整する

今回のサンプルサイトでは目立つ問題とはならないのですが、画像の下に意図しない余白ができてしまうことがあります。img要素に対して、vertical-alignプロパティの値をbottom（行の下端揃え）にすると、下の余白がなくなります❶。

```
21    img { vertical-align: bottom; }
```

```html
<header>
  <h1><a href="△"><img></a></h1>
  <div id="header_contact"><a href="△"><img></a></div>
```

Point 画像の下にできてしまう余白を調整する

 →

画像の下に意図していない余白が生じる原因は、要素がインラインとしての表示になるためです。「g」や「y」などの文字は、一部が下端のライン（ベースライン）より下に突き出るデザインになっています。画像も初期状態ではベースラインに揃えられるために下に隙間ができてしまうことがあります。これを調整するために、インライン要素の行内の縦位置を調整するvertical-alignプロパティを使い、行の下端に揃えるよう変更します。

👍 ワンポイント ブラウザのデフォルトスタイル

ここでは見出しと段落のマージンを調整しましたが、この作業が必要となるのは、目標とするデザインのスタイルと、ブラウザの「デフォルトスタイル」が合っていないからです。

デフォルトスタイル（ユーザーエージェントスタイルシートとも呼ぶ）とは、ブラウザの初期状態で設定されているスタイルです。HTMLだけを読み込んだ状態でも読みやすいように、見出しは大きく太く、リスト項目は行頭アイコンが付き、段落と段落の間は広めの余白が付けられています。何もないとすべて同じ文字サイズの文字が並んだだけになってしまうので、CSSを改めて書かずとも、構造が視覚的にわかるように配慮されているのです。

当然ながらデフォルトスタイルは新たに作るWebサイトのデザインと合わないこともあります。その場合、今回のように「打ち消すスタイル」を書いていきます。CSSを使ってサイトをデザインするというのは、標準で用意されているスタイルを上書きしていくことなのです。

Lesson 39 ［ボーダーと背景］ ボーダーと背景でメインコンテンツの見出しを装飾する

このレッスンのポイント　見出しをさらに整えます。今回はボーダーと背景を利用して、文書構造を損なわず、より見栄えがする見出しに変えましょう。「線」と「塗り」はデザインのとても大事な要素です。色の面積や濃淡を意識することが、よいデザインにつながります。

メインコンテンツの見出しの設定方針

見出しは、ユーザーがそのWebサイトをしっかり見てくれるか、読んでくれるかに影響するとても大事なものです。HTMLでは見出しのレベルがh1、h2、h3……と分かれているので、CSSでもそれぞれのレベルの役割に合わせて装飾を考えます。

h1は大見出しであり、必ずといっていいほどWebサイトの上部にほかの要素より目立つように配置されます。続くh2、h3はh1より装飾を抑え気味にし、「大見出し」「中見出し」「小見出し」の役割が直感的に伝わるように配慮します。

▶ 見出し回りのHTMLと設定結果

```html
<div id="main">
      ……略……
  <article>
    <section>
      <h1>h1講座案内</h1>
      ……略……
      <section>
        <h2>h2見出しが入ります。</h2>
      </section>
      <section>
        <h3>h3見出しが入ります。</h3>
      </section>
      ……略……
```

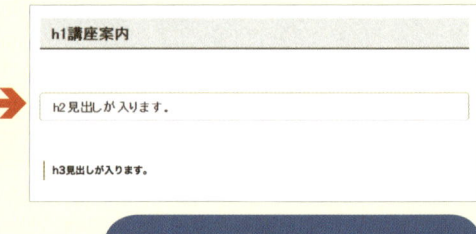

見出しのデザインは下位のレベルになるほど装飾を抑え気味にし、役割が直感的に伝わるようにします。

要素の背景に画像や色を使う

要素の背景に色や画像を設定すると、広い面積に色が乗ることになるため、デザイン的に他の要素と区切る表現や、注目を集めるポイントになります。**背景に色を敷くには、background-colorプロパティを使用**します。単純な塗り潰しでも、リンクをボタンのように見せることができ、ナビゲーションなどの重要なエリアの装飾にも効果的です。また、ブロック全体に淡い色を下地に敷いて、囲み罫ほどうるさくない形でエリアの区切りを表現することもできます。面積と濃淡の工夫でさまざまな使い方ができるのです。また、**background-imageプロパティを使用すると、画像を要素の背景に敷きつめることができます。**

▶ background-colorプロパティ

```
background-color: #F0F0F0;
```
色指定

▶ background-imageプロパティ

```
background-image: url(../images/header_bg.jpg);
```
画像ファイルへのパス

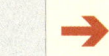 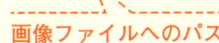
画像が繰り返し並べられる

▶ その他の背景に関連する主なプロパティ

プロパティ	働き
background	背景に関する指定をまとめて行う。
background-clip	背景の適用範囲を指定する（ボックスモデルに基づく範囲）。
background-origin	背景の基準位置を指定する（ボックスモデルに基づく範囲）。
background-position	背景画像の表示開始位置を指定する。
background-repeat	背景画像の繰り返し方法を指定する。
background-size	背景画像の表示サイズを指定する。

見出しを装飾する

1 メイン部分のh1要素を装飾する `style.css`

メインコンテンツ部分の大見出しを装飾してみましょう。今回は布地のような背景画像を敷きます。background-imageプロパティを使用し、画像ファイルを指定します❶。

続いてpaddingプロパティで、内側の余白を調整します❷。間隔を広めに指定することによって、見出しのデザインにゆとりを出します。このあたりは決まりはないので、作成するデザインによって、適宜調整しましょう。

font-sizeプロパティで文字サイズを整えます❸。最後にアクセントとして、border-bottomプロパティで1pxのボーダーを付けます❹。

```css
22  #main h1 {
23    background-image: url(../images/header_bg.jpg);   ❶
24    padding: 30px 30px 30px 20px;                      ❷
25    font-size: 26px;                                   ❸
26    border-bottom: solid 1px #8b7348;                  ❹
27  }
```

```html
<div id="main">
……略……
<article>
  <h1>□□□</h1>
……略……
  <section>
    <h2>□□□</h2>
    <section>
      <h3>□□□</h3>
    </section>
  </section>
……略……
</div>
```

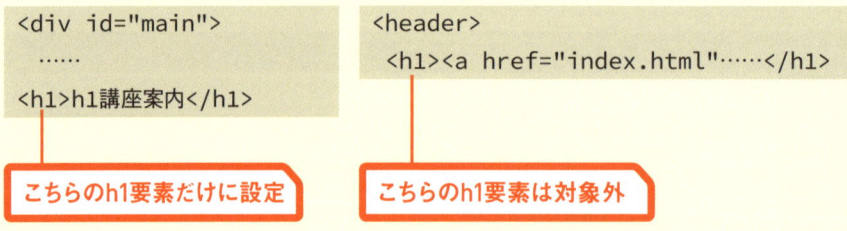

h1講座案内

Point 子孫セレクタでメインコンテンツだけに限定する

```html
<div id="main">
  ……
<h1>h1講座案内</h1>
```
こちらのh1要素だけに設定

```html
<header>
  <h1><a href="index.html">……</h1>
```
こちらのh1要素は対象外

ここのセレクタの指定では、単に「h1」と指定せず「#main h1」と子孫セレクタで指定しました。

h1、h2、h3はメインコンテンツ部分だけではなく、ヘッダーやサイドバーでも使用することがあります。多くの場合、パーツごとにデザインが異なるため、ほかのエリアへ装飾を効かせないためにも、子孫セレクタで限定的に指定します。

2 メイン部分のh2要素を装飾する

メインコンテンツ部分の中見出しは、font-sizeプロパティは、h1要素よりも少し小さくします❶。borderプロパティで1pxの細い実線を付けて囲み罫を表現します。文字と罫線の際が接すると窮屈なので、パディングを調整しましょう❷。アクセントとして、border-radiusプロパティで角丸を表現します❸。

```
28  #main_h2_{
29    font-size:_22px;                    ❶
30    border:_1px_solid_#b7a077;          ❷
31    padding:_11px_22px;
32    border-radius:_5px;                 ❸
33  }
```

```
<div id="main">
……略……
<article>
  <h1>□□□</h1>
……略……
  <section>
    <h2>□□□</h2>
    <section>
      <h3>□□□</h3>
    </section>
```

| h2見出しが入ります。 |

Point　ボーダーの角を丸める

border-radius:_5px

border-radiusは要素の角を丸めるためのものです。枠線のない要素や画像にも利用できます。特定の角だけを装飾する場合、プロパティをborder-top-left-radiusのように書きます。

3 メイン部分のh3要素を装飾する

font-sizeプロパティでh2要素よりも少し小さなフォントサイズを指定しましょう❶。border-leftプロパティを使用し、要素の左側に3pxの実線を付け、paddingで文字との余白を調整します❷。

| h3見出しが入ります。 |

```
34  #main_h3_{
35    font-size:_18px;                    ❶
36    border-left:_solid_3px_#b7a077;     ❷
37    padding:_4px_9px_4px_14px;
38  }
```

```
<div id="main">
……略……
<article>
  <h1>□□□</h1>
……略……
  <section>
    <h2>□□□</h2>
    <section>
      <h3>□□□</h3>
```

Lesson 40 ［フロートの利用］
幅を設定して
ヘッダーエリアを整えましょう

このレッスンのポイント

基本要素のスタイル調整ができたので、ここからはページの各部を整えて行きます。まず一番上のヘッダーエリアです。ヘッダーエリアにはロゴ、お問い合わせボタン、ナビゲーションが入ります。ここでは幅を設定し、ロゴとお問い合わせボタンの配置を整えます。

ヘッダーはWebサイトの第一印象を左右する

ヘッダーにはWebサイトや企業のロゴ、キャッチコピー、お問い合わせのリンクボタンや電話番号、その他Webサイト全体で共通で利用するパーツなどが密集しています。Webサイトを閲覧したときにまず目に入ってくるため、ヘッダーにどんな情報をどのように見せるかで、Webサイトの第一印象、使い勝手、クオリティが決まるとても重要なものです。CSSを駆使して限られたスペースに情報を効率よく配置しましょう。

▶ヘッダー、メイン部分、フッターの幅設定

サンプルサイトではヘッダーとメイン部分の幅を980pxにして、ブラウザの左右中央に揃えます。

ロゴとボタンを左右に配置する

ロゴやお問い合わせボタンの画像などは、どのWebサイトでも左右に配置されることが多いです。今回も横幅とフロートを利用して、ロゴは左に、お問い合わせボタンは右にレイアウトします。

左右に配置する仕組みは、第5章で解説したフロートによるカラムレイアウトと同じです。

ヘッダーにはグローバルナビゲーションも入りますが、そのスタイリングは少し長くなるので、次のレッスンで説明します。

▶ フロートを利用して左右に配置

▶ ヘッダー部分のHTML

```html
<header>
  <h1><a href="index.html"><img src="./images/logo.png" alt="フラワーアレンジメント教室ブルーム" ></a></h1>
  <div id="header_contact"><a href="contact.html"><img src="./images/btn_contact.jpg" alt="お問い合わせ"></a></div>
  <nav id="global_navi">
    <ul>
      <li class="current"><a href="index.html">HOME</a></li>
      <li><a href="course.html">講座案内</a></li>
      <li><a href="gallery.html">ギャラリー</a></li>
      <li><a href="access.html">アクセス</a></li>
      <li><a href="contact.html">お問い合わせ</a></li>
    </ul>
  </nav>
</header>
```

サイトロゴ / お問い合わせボタン / グローバルナビゲーション

ヘッダー全体とロゴ・お問い合わせボタンを整える

1 ヘッダーの幅を決める `style.css`

header要素に対しwidthプロパティで、幅を980pxと指定します❶。marginプロパティに対して、上下を0、左右をautoに指定することにより❷、ヘッダーはブラウザの横方向中央に配置されます。

```
39  header {
40      width: 980px;           ❶
41      margin: 0 auto;         ❷
42  }
```

```html
<header>
  <h1><a><img></a></h1>
  <div id="header_contact"><a><img></a></div>
  <nav id="global_navi">
  ……略……
  </nav>
</header>
```

Point　marginのauto指定で左右中央揃えにする

幅を指定した要素の左右にmargin:autoを指定すると左右中央揃えになります。要素をセンタリングさせるというより、左右に自動の余白ができるため、その要素自身は結果的に中央に位置することになります。

ヘッダーが幅980pxで左右中央揃えになった

フロートで要素を浮かせると、後続の要素が回り込むため（レッスン34参照）、一時的に表示が崩れてしまいます。後で直すので、気にせずに進めていきましょう。

2 サイトのロゴを左に配置する

Webサイトのロゴと、お問い合わせボタンを両端に配置してみましょう。ロゴはfloatプロパティの値にleftを指定し、左に浮動させます❶。さらにmarginプロパティを指定し、上に5px、下に10pxの調整のための隙間を作ります❷。

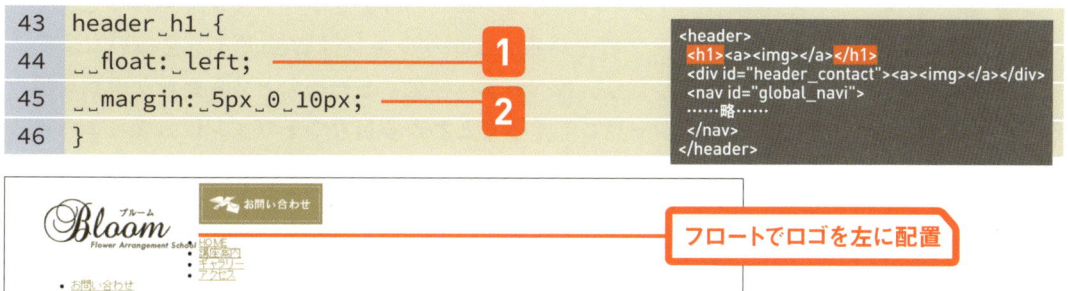

3 お問い合わせボタンを右端に配置する

ボタンのdiv要素には「header_contact」というID名が付いています。これに対して、floatプロパティの値にrightを使用し、ボタンを右端に浮動させます❶。これで要素が並列に並びます。フロートしたボタンの縦位置のバランスをとるために、上マージンに35pxを指定して、少し下にずらします❷。

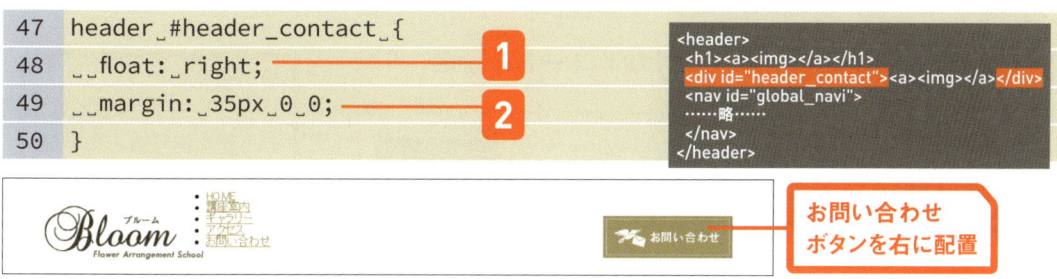

Point 子孫セレクタでエリアを限定する

ロゴのh1要素はメインコンテンツ部分のh1要素にも影響しないよう、「header h1」のように子孫セレクタで適用エリアを限定します。

お問い合わせボタンにはID名が付いているので、IDセレクタでもいいのですが、ロゴに合わせて「header #header_contact」としています。

Lesson 41 ［フロートの利用とリストの調整］
フロートを利用してグローバルナビゲーションを整えましょう

このレッスンのポイント

引き続きヘッダー内にあるグローバルナビゲーションを装飾して整えていきます。グローバルナビゲーションはWebサイト全体のコンテンツを集約したり、各ページへ移動するためのとても重要な役割を担っています。一見してそうだとわかる目立つデザインにしましょう。

→ グローバルナビゲーションの設定方針

グローバルナビゲーションは、Webサイト全体を通して設置されるサイト内の各コンテンツに移動するためのメニュー群です。すべてのページを網羅するわけではなく、大きなカテゴリーごとにグループ分けされたものや、特に重要な主要ページへのリンクを集めています。Webサイトの全体像を把握したり、現在の表示ページを把握したりする目的もあります。

ナビゲーションには、通常リストの要素を利用しますが、単なる列挙ではなく、見やすく使いやすいようにデザインやサイズを整える必要があります。
今回はクリア指定を利用してロゴの下にナビゲーションを配置し、li要素に新たなフロートを指定してメニューを横に並べます。その後グローバルナビゲーションらしい見た目に整えていきます。

▶回り込みを解除してから、別のフロートを設定

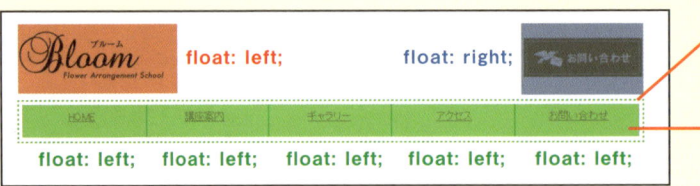

親のul要素にclear: both;を設定していったん回り込みを解除

子のli要素それぞれにfloat: left;を設定

▶a要素をブロックレベルに変更して、クリック領域を広げる

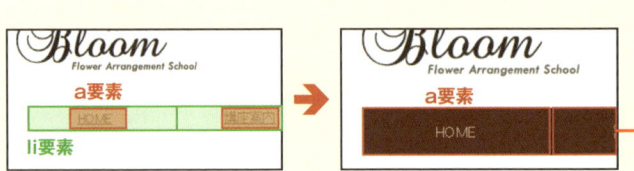

a要素をブロックレベルにすると、幅が親のli要素いっぱいに広がる

グローバルナビゲーションのCSSを書く

1 ナビゲーションの基本枠を作る `style.css`

ナビゲーション全体を包むnav要素に「global_navi」というID名を付けているので、IDセレクタを使って横幅を指定します❶。

ナビゲーションの直前にあるロゴとお問い合わせボタンにフロートがかかっている影響で、ナビゲーションも回り込んでしまうため、clearプロパティでフロートを解除し、下に配置されるようにしましょう❷。

さらにoverflow: hiddenを指定して、高さがなくなる現象（P.147参照）を防ぎます❸。最後に上下のマージンを設定してバランスを調整します❹。

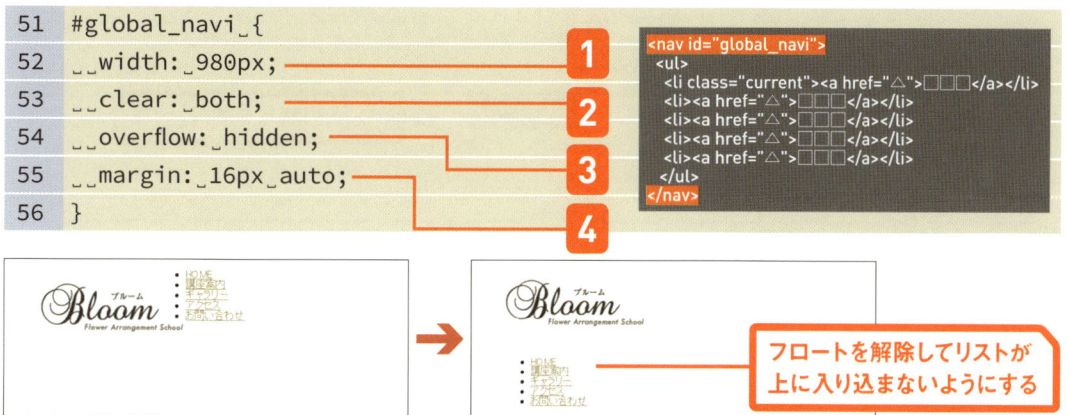

2 リストの行頭アイコンを外す

ul要素に対してlist-styleプロパティを使用し、値にnoneを指定します。これによりリストの行頭アイコンが非表示になります❶。さらにマージンとパディングを0にし、行頭アイコンがあったスペースを消します❷。

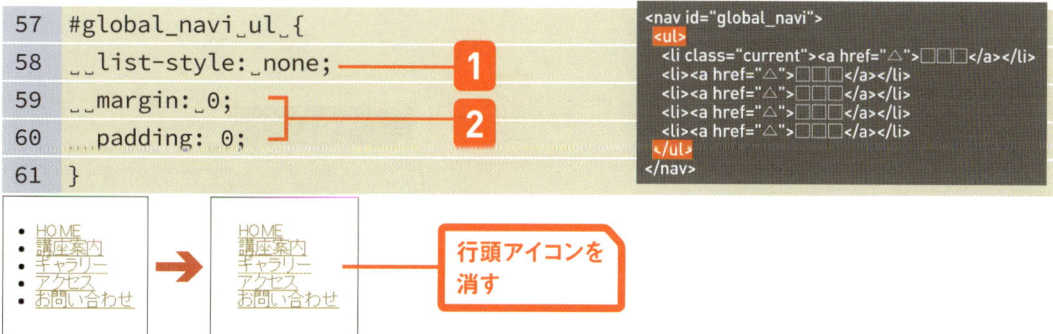

3 リストを横並びにする

li要素はデフォルトでは縦に連なります。今回は横並びにしたいので、width属性で横幅195pxを指定し、float: leftを設定します❶。項目の間を1px空けるために右マージンを設定し❷、最後にtext-alignプロパティで文字を中央揃えにします❸。

```
62  #global_navi_ul_li_{
63    width: 195px;
64    float: left;
65    margin-right: 1px;
66    text-align: center;
67  }
```

196pxの項目を5つ並べる

Point　ナビゲーションの幅の計算

今回のナビゲーション全体の横幅は980pxで、5項目で構成します。980÷5は196pxなので、1つの項目の幅を195px、右マージン1pxとします。

4 ナビゲーションのデザインを整える

li要素内のa要素を広げ、背景色などを設定します。テキストのリンクの場合、クリックできるのは文字の部分だけです。display: blockでブロックレベルに変更して親のli要素全体に領域を広げ、パディングを設定してクリックできる部分を広げます❶。background-colorプロパティとcolorプロパティで背景色・文字色を整えた後、リンクの下線をtext-decorationプロパティで消します❷。

```
68  #global_navi_ul_li_a_{
69    display: block;
70    padding: 16px;
71    background-color: #352b23;
72    color: #fff;
73    text-decoration: none;
74  }
```

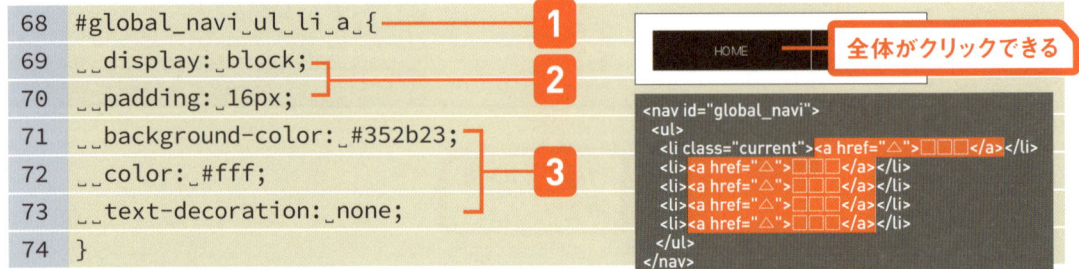

全体がクリックできる

5 現在地の部分の色を変える

グローバルナビゲーションは現在見ているページの場所を表す役割も果たします。現在地のli要素には「current」というクラス名を付けているので、その子のa要素に対してbackground-colorプロパティで背景色を設定します❶。

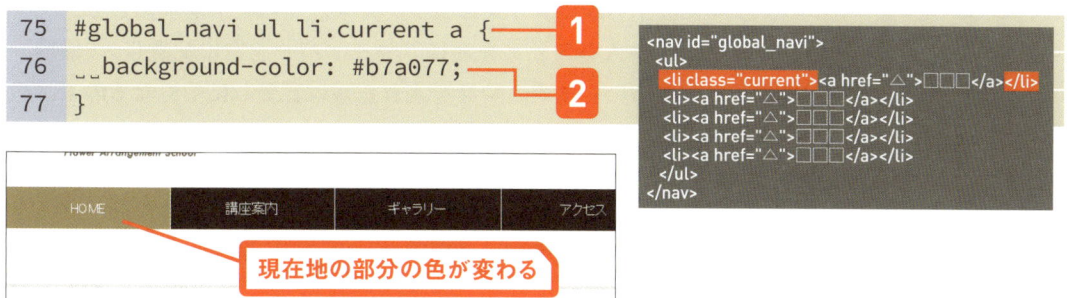

現在地の部分の色が変わる

6 マウスポインタを乗せたときに色が変わるようにする

通常のリンク同様、リンクにマウスポインタを乗せたときの処理を加えるために、セレクタに:hover疑似クラスを指定します❶。background-colorプロパティで背景色が変わるように指定します❷。背景色の塗り面積が多いため、色を変更するだけでも高い視覚効果が得られます。

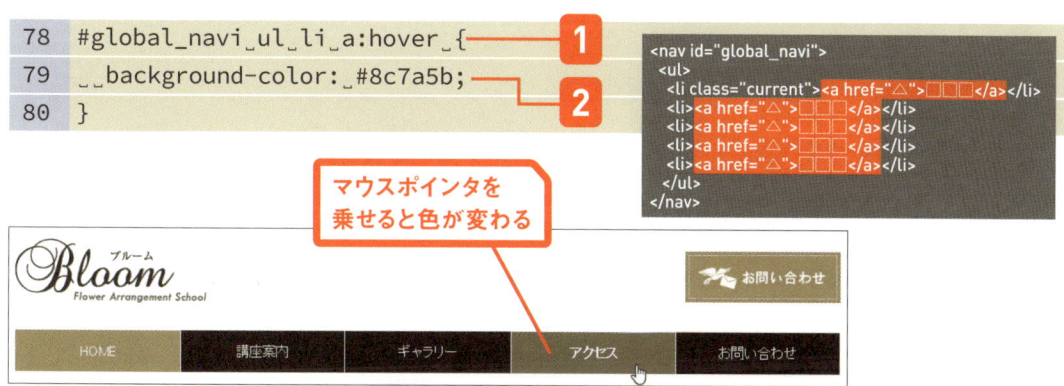

マウスポインタを乗せると色が変わる

ナビゲーションの作成中は、幅の感覚がわかりにくいかもしれません。慣れてくると頭の中で想像できるようになるのですが、どうしてもわかりにくい場合は一時的に背景色を付けてみましょう。

Lesson 42 [フロートの利用]
メイン部分を2段組みにしましょう

このレッスンの
ポイント

ヘッダーエリアの次はメインのエリアです。フロートを利用してメインコンテンツが入るエリアを左に、サイドバーを右に配置し、2段組みのレイアウトにします。中身を入れた後は変更しにくくなるので、各エリアの幅はよく考えて決めましょう。

▶ コンテンツ全体の幅

CSSで横幅を指定しない状態では、コンテンツはブラウザウィンドウいっぱいまで広がります。ヘッダー部分と同様に、メイン部分の幅も固定していきます。コンテンツ幅を指定する際に、ページ内のコンテンツすべてを大きなdiv要素で囲むこともありますが、今回は==コンテンツとサイドバーだけを囲み、ヘッダーやフッターと独立させています（P.76参照）==。これは第8章で登場する「レスポンシブWebデザイン」を実装しやすくするための構造です。

▶ メイン部分のHTMLと構造

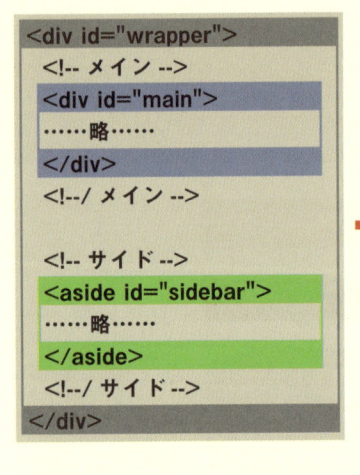

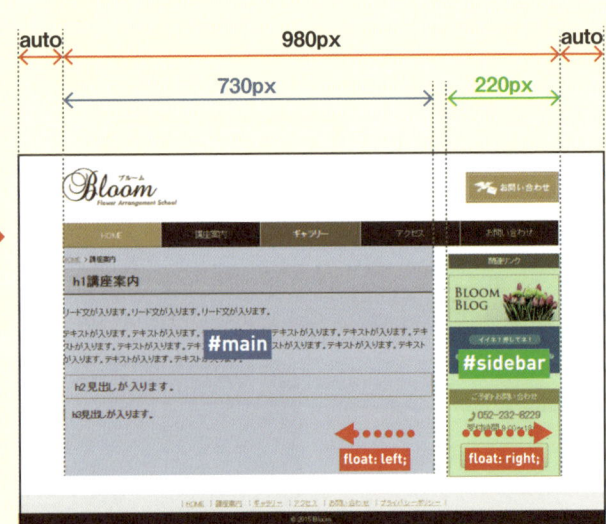

◯ メイン部分のCSSを書く

1 全体の基本枠を作る `style.css`

2つのエリアを包括するブロック（「wrapper」という ID名が付いたdiv要素）に幅を設定します。やり方は ヘッダーとほぼ同じです。幅を980pxにし、マージン の左右をautoにしてブロックをページ中央に配置します❶。さらに、overflow:hiddenを指定し（P.147参照）、高さを確保します❷。

```
81  #wrapper {
82    width: 980px;          ┐
83    margin: 0 auto;        ┘ ❶
84    overflow: hidden;      ── ❷
85  }
```

```
<div id="wrapper">
  <div id="main">
    ……略……
  </div>
  <aside id="sidebar">
    ……略……
  </aside>
</div>
```

2 コンテンツエリアとサイドバーの横幅を指定する

コンテンツエリアは横幅を730pxに指定し、floatプロパティで左に浮動させます❶。サイドバーは横幅220pxを指定し、floatプロパティで右に浮動させます❷。

```
86  #main {
87    width: 730px;          ┐
88    float: left;           ┘ ❶
89  }
90  #sidebar {
91    width: 220px;          ┐
92    float: right;          ┘ ❷
93  }
```

```
<div id="wrapper">
  <div id="main">     ❶
    ……略……
  </div>
  <aside id="sidebar">  ❷
    ……略……
  </aside>
</div>
```

> 2つのエリアの幅を足すと950pxになります。wrapperの横幅より30px小さいので、それが間の余白になります。

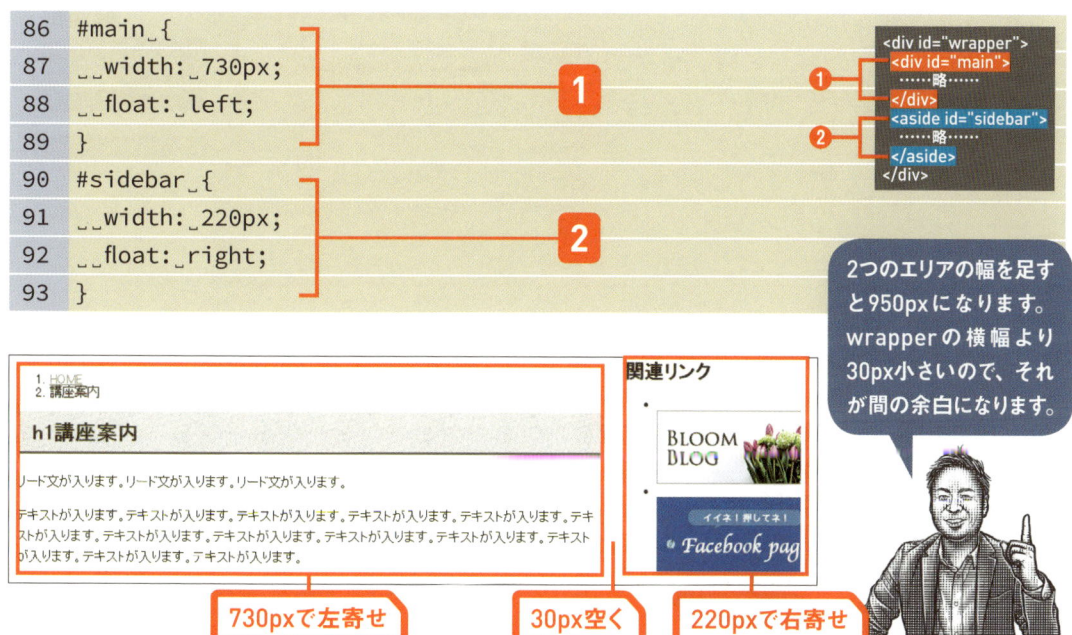

730pxで左寄せ　　30px空く　　220pxで右寄せ

Chapter 6　CSSで共通部分をデザインしよう

Lesson 43 ［サイドバーのスタイリング］
ボーダーと背景設定を組み合わせてサイドバー内を整えましょう

このレッスンのポイント

サイドバーはバナー画像やリンク集などの補足情報を入れるエリアですが、デザイン的に工夫すればページの雰囲気を華やかにするアクセントにもなります。ここではボーダーや背景などを調整して、ちょっとした飾り枠風のデザインにしてみましょう。

➔ サイドバーの設定方針

サンプルサイトのサイドバーの内容は、h2要素の見出しや、画像リンクのリスト、段落などです。メインコンテンツと同じではまったく目立たないので、見出しとリストの装飾をメイン部分と変え、サイドバー専用のデザインでCSSを作成していきます。

▶ サイドバーのHTMLと仕上がりイメージ　HTML

```
<aside id="sidebar">
  <section id="side_banner">        ← 関連リンクのバナーエリア
    <h2>関連リンク</h2>
    <ul>
      <li><a href="#" target="_blank">……略……</a></li>
      <li><a href="https://www.……略……></a></li>
    </ul>
  </section>
  <section id="side_contact">
    <h2>ご予約・お問い合わせ</h2>
    <address>……略……052-232-8229</address>
    <p>受付時間 9:00～18:00</p>
    <p><a href="contact.html" class="contact_button">お問い合わせフォーム</a></p>
  </section>                         ← お問い合わせエリア
</aside>
```

● バナーエリアを整える

1 バナーエリアに下マージンを設定する `style.css`

関連リンクのバナー一式を囲んだdiv要素には「side_banner」というID名を付けたので、そのボックスに下マージンを設定します❶。続くお問い合わせエリアに隣接しすぎないように隙間を作るためです。

```
094 #side_banner { margin-bottom: 30px; }
```

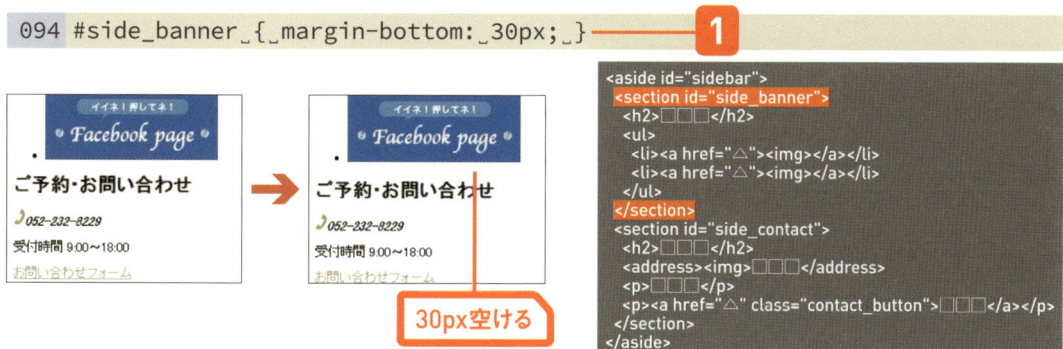

2 関連リンクの見出しを整える

「関連リンク」の見出しを整えます。#side_banner h2という子孫セレクタで、この部分のh2要素だけを選びます。background-colorプロパティとcolorプロパティで背景と文字色を整えたら、paddingプロパティで内側の余白を整えます❶。

少し控えめな印象にするために文字サイズをやや小さめにし、文字を中央揃えにします❷。

```
095 #side_banner h2 {
096   background-color: #716961;
097   color: #fff;
098   padding: 7px;
099   font-size: 14px;
100   text-align: center;
101 }
```

3 バナー画像のリストの記号を消す

見出しの下にあるバナー画像は、リスト要素で並んでいます。行頭アイコンを非表示にしてマージンとパディングを0にします❶。これでバナー画像がきれいに収まりました。

最後に微調整として、li要素に下マージンを設定して縦に並ぶバナーの間隔を少し空けます❷。

```
102 #side_banner_ul {
103   list-style: none;
104   margin: 0;
105   padding: 0;
106 }
107 #side_banner_ul li { margin-bottom: 10px; }
```

● お問い合わせエリアを整える

1 お問い合わせエリアに下マージンを設定する　style.css

バナーエリアと同じ要領でお問い合わせエリアも整えていきましょう。「side_contact」というID名を付けているので、そこに下マージンを設定します❶。

```
108 #side_contact { margin-bottom: 30px; }
```

2 お問い合わせエリアに囲みを付ける

お問い合わせエリアを1つの固まりとするようなデザインにしてみましょう。まず1pxの実線で囲みます❶。

テキストの基本色も整え、text-alignプロパティで中央揃えにします❷。

```
109 #side_contact {
110   border: 1px solid #b7a077;
111   color: #7F7259;
112   text-align: center;
113 }
```

1pxの罫線で囲む

3 お知らせエリアの見出しを装飾する

h2要素に対し、section要素の罫線と同じ色の背景を指定し、同時に文字色も整えます❶。パディングで少しゆとりを出し、さらに文字サイズを小さめに指定します❷。h2要素は親要素と同じ幅になるので、これで見出しと罫線が一体化したお問い合わせボックスができあがりました。

見出しと罫線を一体化

```
114 #side_contact_h2 {
115   background-color: #b7a077;      ❶
116   color: #fff;
117   padding: 7px;                    ❷
118   font-size: 14px;
119 }
```

```
<aside id="sidebar">
  ……略……
  <section id="side_contact">
    <h2>□□□</h2>
    <address><img>□□□</address>
    <p>□□□</p>
    <p><a href="△" class="contact_button">□□□</a></p>
  </section>
</aside>
```

4 電話番号を目立たせる

電話番号はゴールへの導線の1つなので、他よりも目立たせましょう。address要素で書かれているので#side_contact addressで選択します。目立たせるために、font-weightプロパティにboldを指定して太字にし、フォントサイズを少し大きめに設定します❶。また、address要素はデフォルトでテキストが斜体になるので、font-styleプロパティにnormalを指定し、斜体を解除します❷。

電話のアイコン画像に対しては、子孫セレクタでimgを選択します。テキストと並べたときの縦位置を調整するために、vertical-alignプロパティにmiddleを指定します❸。画像に対して右マージンを指定して、テキストとの間隔を少し空けます❹。

```
120 #side_contact_address {
121   font-weight: bold;              ❶
122   font-size: 20px;
123   font-style: normal;              ❷
124 }
125 #side_contact_address_img {
126   vertical-align: middle;          ❸
127   margin-right: 5px;               ❹
128 }
```

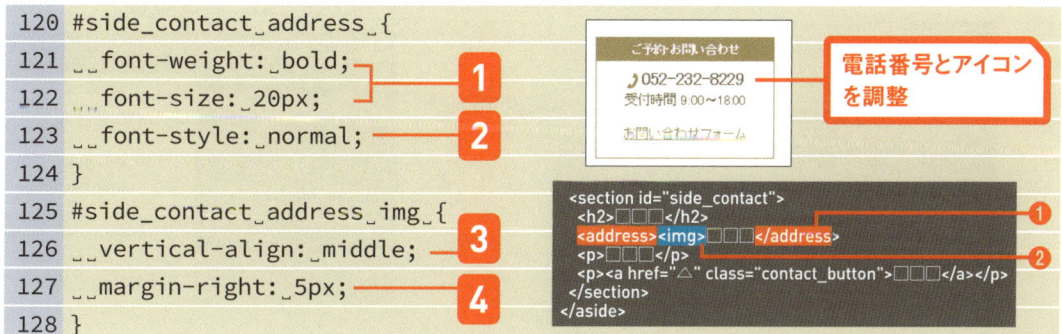

電話番号とアイコンを調整

Lesson 44 [グラデーション]
グラデーションを利用して立体的なボタンを作りましょう

このレッスンのポイント

お問い合わせフォームのページへ遷移するためのリンクは単純なものですが、少し凝ったCSSを書くと、ボタン風に見せることも可能です。今回はCSS3で加えられたグラデーションを利用して、立体感のあるボタンにしてみましょう。

→ 線形グラデーション

グラデーションは、背景画像と同じくbackground-imageプロパティやbackgroundプロパティで設定します。線形グラデーションは、開始点から終了点に向けて伸びたグラデーションラインに沿って、複数の色を指定して作成します。指定した色と色の間は、中間となる色が計算されによって補完され、滑らかに色が変化するグラデーションとなります。

linear-gradientの構成は、括弧の中に「グラデーションの方向」「1つ目の色指定（%はかかり具合の距離）」「2つ目の色指定」を記述します。より複雑なグラデーションを設定したい場合は、半角カンマで区切って色指定を追加していきます。

▶ linear-gradient関数

```
background: linear-gradient(to right, #00f 0%, #fff 100%);
```

- グラデーションの方向
- 1つめの色の指定
- 2つめの色の指定

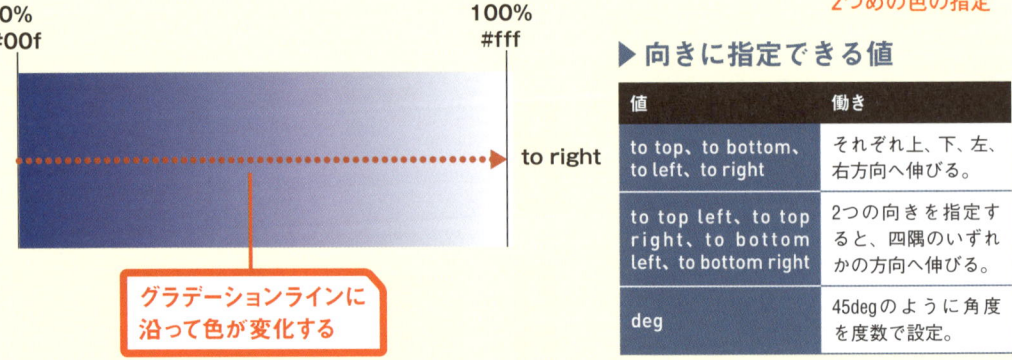

▶ 向きに指定できる値

値	働き
to top、to bottom、to left、to right	それぞれ上、下、左、右方向へ伸びる。
to top left、to top right、to bottom left、to bottom right	2つの向きを指定すると、四隅のいずれかの方向へ伸びる。
deg	45degのように角度を度数で設定。

円形グラデーション

円形グラデーションも、開始点から終了点に向けてグラデーションラインに沿って、複数の色を指定して作成します。
radial-gradientの構成は、括弧の中に「グラデーションの種類（circleで正円・ellipseで楕円）」「1つ目の色指定（%はかかり具合の距離）」「2つ目の色指定」を記述します。色指定を増やせる点は線形グラデーションと同様です。

▶ radial-gradient関数

```
background: radial-gradient(circle, #00f 0%, #00f 100%);
```

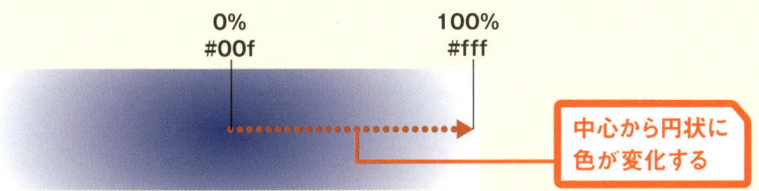

中心から円状に色が変化する

グラデーションとベンダープレフィックス

liner-gradientの最新仕様の書式はここで説明したとおりですが、ブラウザによっては対応していないことがあります。今回のサンプルサイトでも、古いスマートフォンをカバーするために-webkit-gradientと-webkit-linear-gradientも書き加え、グラデーションにまったく対応していないブラウザのために背景色も設定しています。
「-webkit-」や「-moz-」といった、特定のプロパティの先頭に付ける文字列を ==ベンダープレフィックス== と呼びます。ベンダープレフィックスは、まだ仕様の検討が続いている新しいプロパティを、GoogleやMozillaなどのブラウザベンダーが先行実装する際に付けるものです。
CSSの仕様が確定すれば記述は不要になりますが、こういった新しいCSS3のプロパティを先行して使用する際には、「linear-gradient」「-webkit-linear-gradient」のように、二重で表記しておくことが一般的です。

▶ ベンダープレフィックス付きのグラデーション指定

```
background: #fff;
background: -webkit-gradient(linear, left top, left bottom, color-stop(0%, #000), color-stop(100%,#fff));
background: -webkit-linear-gradient(top, #000 0%,#fff 100%);
background: linear-gradient(to bottom, #000 0%,#fff 100%);
```

◯ リンクを立体ボタン風に変更

1 グラデーションを設定する　`style.css`

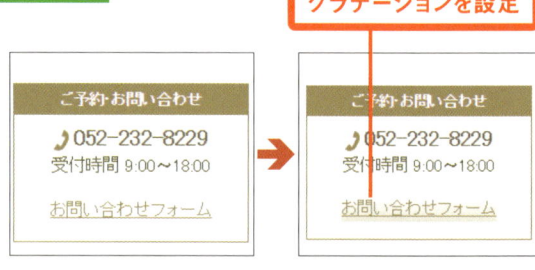

グラデーションを設定

ボタンにするa要素には「contact_button」というクラス名を付けているので、それをセレクタとします。まず、displayプロパティでインラインブロックにし（P.148参照）、インラインの配置で幅と高さが指定できる状態にします❶。そしてbackgroundプロパティを使って、ボタンの背景にグラデーションを指定します❷。

```css
129 #side_contact .contact_button {
130   display: inline-block;
131   background: #f1ede4;
132   background: -webkit-gradient(linear, left top, left bottom, color-stop(0%,#ffffff), color-stop(100%,#f1ede4));
133   background: -webkit-linear-gradient(top,  #ffffff 0%,#f1ede4 100%);
134   background: linear-gradient(to bottom,  #ffffff 0%,#f1ede4 100%);
135 }
```

2 角丸やボーダーを設定する

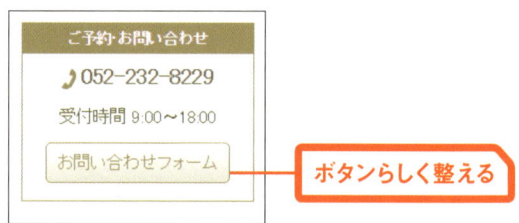

ボタンらしく整える

ボタンらしく見えるように、文字色を整えてから内側の余白を調整し、ボーダーと角丸を設定します❶。ボタンのデザインでは、リンクのアンダーラインはデザイン的に不要なため、text-decorationプロパティで除去します❷。

```css
134   background: linear-gradient(to bottom,  #ffffff 0%,#f1ede4 100%);
135   color: #b7a077;
136   padding: 10px;
137   border: 1px solid #b7a077;
138   border-radius: 5px;
139   text-decoration: none;
140 }
```

3 マウスオーバー時にデザインを変える

ボタンにマウスポインタを乗せたときの表示も調整してみましょう。先ほどのcontact_buttonに:hover疑似クラスを指定します❶。ホバー時にも同様にグラデーションを適用します❷。
指定方法は通常のボタンと同じですが、反転するような色指定をして、視覚的なインパクトを出します。

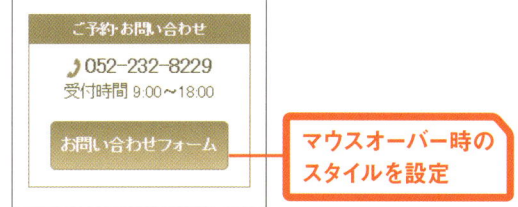

マウスオーバー時のスタイルを設定

```
141 #side_contact_.contact_button:hover{
142   background: #b7a077;
143   background: -webkit-gradient(linear, left top, left bottom, color-stop(0%,#b7a077), color-stop(100%,#e2cda7));
144   background: -webkit-linear-gradient(top,  #b7a077 0%,#e2cda7 100%);
145   background: linear-gradient(to bottom,  #b7a077 0%,#e2cda7 100%);
146   color: #fff;
147 }
```

👍 ワンポイント グラデーションの指定にはジェネレーターが便利

グラデーションはもともと指定が複雑なのに加え、旧機種対応の指定も必要なので、思い通りに指定するのは至難のわざです。そのため、手書きでは行わず「ジェネレーター」と呼ばれるオンラインの生成ツールやWeb制作のアプリケーションでコードを生成することがほとんどです。

▶ Ultimate CSS Gradient Generator

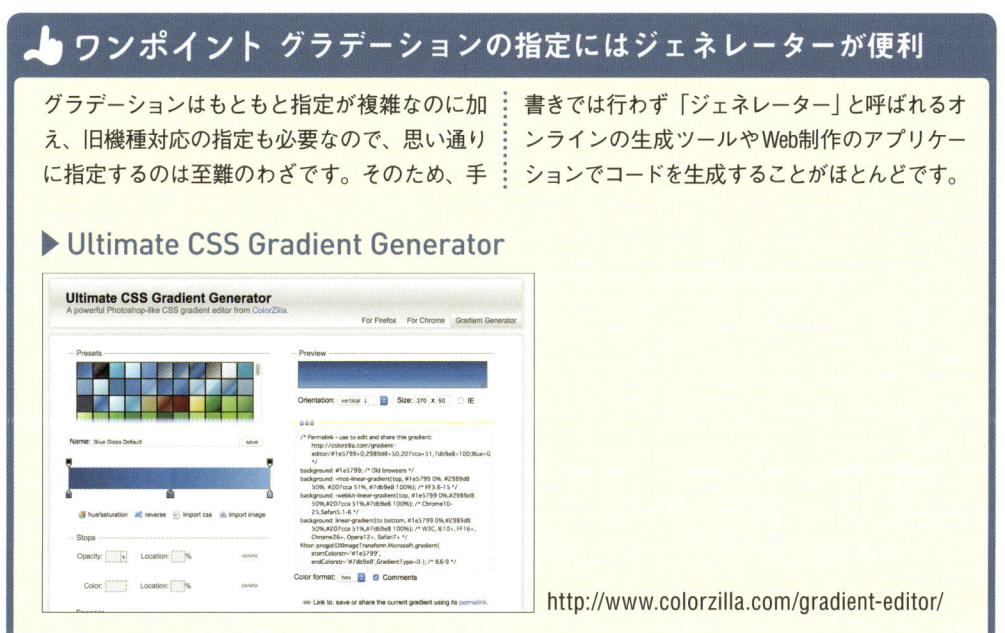

http://www.colorzilla.com/gradient-editor/

Lesson 45 [ディスプレイの利用]
フッターナビゲーションをインライン化して整えましょう

このレッスンのポイント

フッターはページの最下部に配置されるエリアです。フッターに入れ込むコンテンツはさまざまですが、**一般的には補足的なナビゲーションやコピーライトが入ることが多い**ものです。Webサイト全体を通して共通で使われるエリアで、ページのシメとなる部分です。

→ フッターの設定方針

フッターは、ヘッダーやメイン部分同様に横幅を決めて配置したり、逆に横幅は指定せずにブラウザの幅いっぱいまで広がるような入れ方をすることもあります。コンテンツやデザインによって形式は変わりますが、今回のサンプルサイトではブラウザの横幅いっぱいに広がるデザインを採用しています。

▶ フッターのHTMLと構造

```html
<footer>
  <div id="footer_nav">
    <ul>
      <li><a href="index.html">HOME</a></li>
      <li><a href="course.html">講座案内</a></li>
      ……略……
      <li><a href="policy.html">プライバシーポリシー</a></li>
    </ul>
  </div>
  <small>&copy; 2015 Bloom.</small>
</footer>
```

- フッター内のナビゲーション
- コピーライト

▶ フッターの完成イメージ

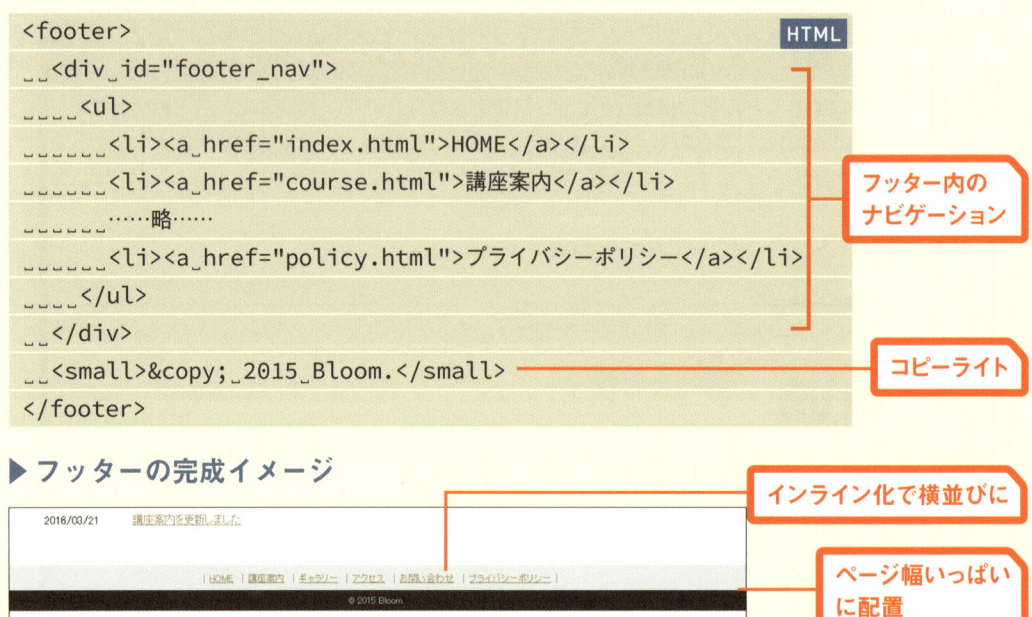

- インライン化で横並びに
- ページ幅いっぱいに配置

○ フッターのCSSを書く

1 フッターの基本枠を作成する `style.css`

ブロックレベルの要素は特に指定をしなければ親要素の横幅いっぱいになるので、footer要素には幅を指定しません。フッターの背景に濃いグレー（#352b23）を指定し❶、コンテンツをすべて中央揃えにするため、text-alignプロパティでcenterを指定します❷。

```
148 footer_{
149 __background-color:_#352b23;     ❶
150 __text-align:_center;            ❷
151 }
```

ヘッダー内のナビゲーションも黒が基調なので、サイトの上下で同色を使用することにより、引き締まった印象になります。

2 フッターナビゲーションの背景色と余白を設定する

フッターナビゲーションはあくまで補足的な扱いなので、グローバルナビゲーションに比べて控えめなデザインにして差別化します。「footer_nav」というID名を付けたdiv要素に対して、background-colorプロパティで背景色（明るいグレー）を指定し❶、上下の内側の余白を調整します❷。

```
152 footer_#footer_nav_{
153 __background-color:_#efefef;     ❶
154 __padding:_10px_0;               ❷
155 }
```

NEXT PAGE → 189

3 リストの行頭アイコンを消す

続いて、フッターのul要素を整えます。今回は単純にリストを横並びにして縦棒で区切るデザインとします。まずはlist-styleプロパティにnoneを指定し、行頭アイコンを非表示にします。マージンとパディングも0にしてリストのデフォルトの余白をカットします❶。

```
156 footer #footer_nav ul {
157   list-style: none;
158   margin: 0;
159   padding: 0;
160 }
```

行頭記号を消す

4 リストを横並びにする

続いてリストを横並びにします。並列に並べる方法として代表的なものはフロートですが、今回はli要素に対してdisplayプロパティにinlineを指定し、ブロックレベルの挙動をインラインに変更します❶。次に、border-leftプロパティで1pxのグレーの実線を左に付け、リンク同士のディバイダー（分割）を表現します❷。マージンとパディングを指定して、ボーダーの左右に8pxの空きを作ります❸。最後にsmallerを指定してフォントを少し小さくします❹。

```
161 footer #footer_nav li {
162   display: inline;
163   border-left: solid 1px #aaa;
164   margin-left: 8px;
165   padding-left: 8px;
166   font-size: smaller;
167 }
```

リストを横並びにする

5 最後の項目に右のボーダーを設定する

左側にリンク同士の区切りの線を引きましたが、最後の項目の右には線がありません。:last-child疑似クラスを使って最後のli要素だけを選択し❶、右ボーダーを付ける指定を行います。さらにパディングで余白を整えれば、フッターナビゲーションの完成です❷。

```
168  footer #footer_nav li:last-child {
169    border-right: solid 1px #aaa;
170    padding: 0 8px;
171  }
```

❶
❷

```
<footer>
  <div id="footer_nav">
    <ul>
      <li><a href="△">□□□</a></li>
      <li><a href="△">□□□</a></li>
      <li><a href="△">□□□</a></li>
      <li><a href="△">□□□</a></li>
      <li><a href="△">□□□</a></li>
    </ul>
  </div>
  <small>□□□</small>
</footer>
```

最後に右ボーダー

Point :last-child疑似クラス

疑似クラスは、その要素の特定の状態を選択するためのものです。要素のすぐ後に「:last-child」と付けることによって、連続した要素のうち最後の要素だけを選択することができます。また、最初の要素だけを選択するには「:first-child」を付けます。

6 コピーライトを整える

コピーライト部分はsmall要素でマークアップしています。small要素はインラインの要素なので、displayプロパティでブロックレベルに変更します❶。ブロックレベルではパディングが有効になるので、上下の余白を設定してデザインを調整します❷。最後に文字色を白にします❸。

```
172  footer small {
173    display: block;
174    padding: 8px 0;
175    color: #fff;
176  }
```

❶
❷
❸

© 2015 Bloom.

```
<footer>
  <div id="footer_nav">
    <ul>
      <li><a href="△">□□□</a></li>
      <li><a href="△">□□□</a></li>
      <li><a href="△">□□□</a></li>
      <li><a href="△">□□□</a></li>
      <li><a href="△">□□□</a></li>
    </ul>
  </div>
  <small>□□□</small>
</footer>
```

Lesson 46 ［疑似要素］
疑似要素を使って パンくずリストを整えましょう

このレッスンのポイント

パンくずリストは、階層が複雑なWebサイトでも自分がどこにいるのかを示してくれる目印です。グローバルナビゲーションほど目立たせる必要はありませんが、控えめながらも、いざというときはすぐに見つけて操作できるようにデザインします。

➡ パンくずリストに必要な装飾

パンくずリストは階層を示すためのものなので、序列の意味を持っているol要素を利用します。ol要素はデフォルトでは行頭に数字が付きますが、パンくずリストでは不要なので削除します。そのかわり、階層を示すための記号を利用します。「>」や「≫」などの文字を使用することが一般的です。

「>」はテキストとしてHTMLで入力するのではなく、CSSを利用して表示します。そうすることで、HTMLには飾りでしかない余計なテキストが入らなくなるので、文章構造だけを示せます。このような装飾に近い文字は疑似要素と呼ばれるCSSセレクタを使用して表現しましょう。

▶ 講座案内ページのHTML

```html
<div id="breadcrumb">
  <ol>
    <li><a href="./index.html">HOME</a></li>
    <li>講座案内</li>
  </ol>
</div>
```

▶ 疑似要素

```css
#breadcrumb ol li { display: inline; }
#breadcrumb ol li::after {
  content: ">";
  padding-left: 7px;
}
#breadcrumb ol li:last-child::after { content: none; }
```

1. HOME
2. 講座案内

⬇

HOME > 講座案内

疑似要素で階層の記号を入れる

○ パンくずリストのCSSを書く

1 パンくずリスト内の文字を小さくする　`style.css`

まずは、パンくずリストを本文と差別化を図るために、文字サイズを少し小さく設定します❶。
ここでは値にsmallerを使用しましたが、smallerは親要素を基準として、1段階フォントサイズを小さくするものです。2割ほど小さくなります。

```
177  #breadcrumb { font-size: smaller; }
```

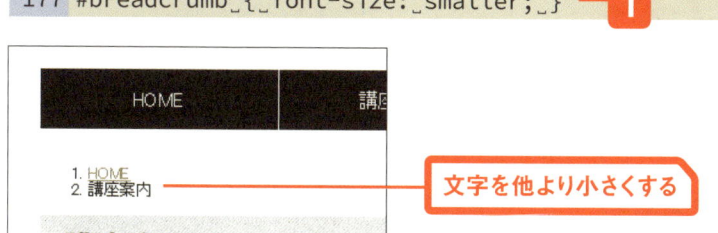

文字を他より小さくする

2 行頭の数字を消す

子孫セレクタで、ID名に「breadcrumb」を付けたol要素を選択します。ul要素の場合と同じくlist-styleプロパティで行頭の数字を非表示にし、マージンとパディングを0にし、余白をなくします❶。このあたりはグローバルナビゲーション（レッスン41）やフッターナビ（レッスン45）と共通です。

```
178  #breadcrumb ol {
179      list-style: none;
180      margin: 0;
181      padding: 0;
182  }
```

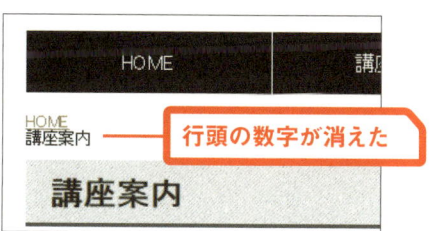

行頭の数字が消えた

パンくずリストは、階層が深い・ページ数が多いWebサイトにおいては「いまここ」的に自分が見ているページを示す効果もあります。

NEXT PAGE →

3 リスト項目を横並びにする

リスト要素は通常縦に並びますが、これを並列にします。floatプロパティを使用するまでもないので、今回はdisplayプロパティにinlineを指定し、インラインの表示に切り替えます❶。

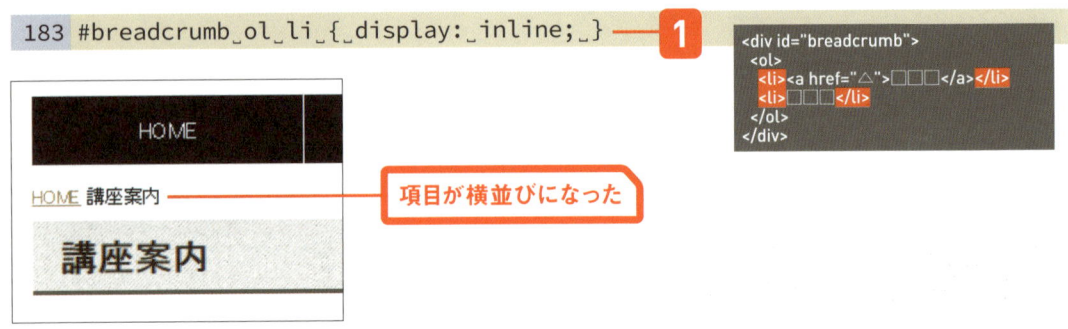

項目が横並びになった

4 テキストの右側に階層を示す「>」を付ける

リスト項目を横並びにしただけでは、階層構造がわかりにくいので、項目と項目の間に「>」を付けて階層構造を明示します。
子孫セレクタでリスト項目を選択し、さらにその後ろに疑似要素の「::after」を加えます❶。contentプロパティの値に">"と書くと、選択した要素の後にこの文字が表示されるようになります❷。左パディングを設定して、項目同士の間隔を調整します❸。

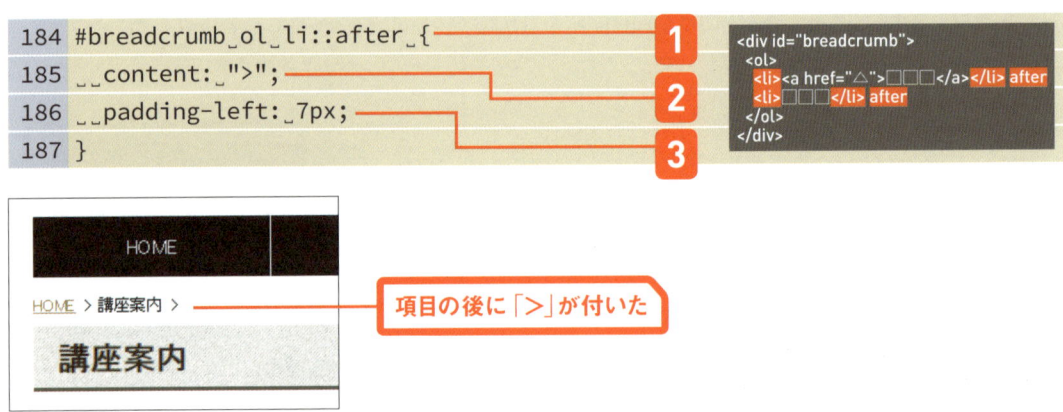

項目の後に「>」が付いた

5 最後の項目の「>」を消す

前途の指定では、項目の右側に必ず「>」が付けられますが、パンくずリストでは現在表示しているページ（つまり、リスト階層の一番右側に表示されているもの）に対しての記号は不要です。そこで、最後の項目だけ記号を非表示にする指定を付け加えます。「#breadcrumb ol li」のところまでは先の手順と同じです。今回はさらに:last-child疑似クラスを付けて、リスト項目の最後だけを選択します❶。さらに::after疑似要素を付け、contentプロパティにnoneを指定して、記号を非表示にします❷。

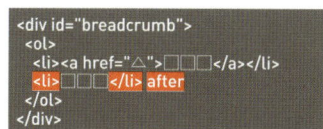

```
188  #breadcrumb ol li:last-child::after { content: none; }
```
❶ ❷

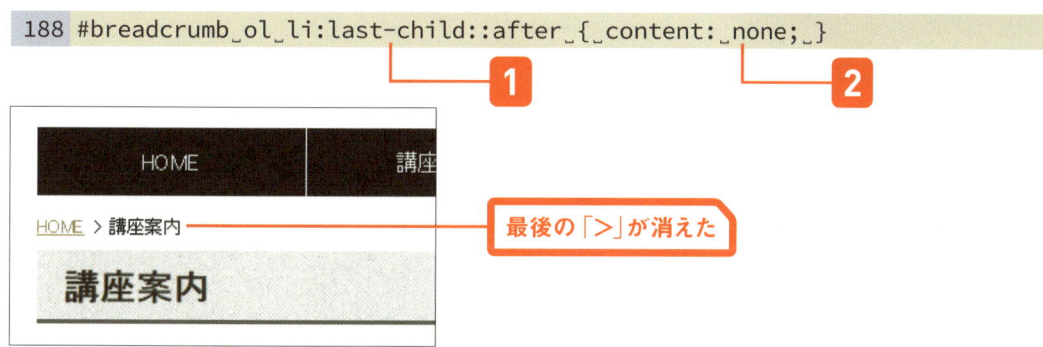

最後の「>」が消えた

ワンポイント さまざまな表現ができる疑似要素

疑似要素のcontentプロパティでは、CSS側で書いた文字や記号をHTMLに適用できるとても便利な機能です。ワンポイントの飾りで使いたい記号などは、疑似要素を使って表現しましょう。また、もととなる要素とは別に、新たにプロパティを書き足せるため背景やボーダーの二重がけに応用することも可能です。
CSS-TRICKSでは、CSSのみで描く図形が多数紹介されています。疑似要素を利用したユニークな表現もありますので、ぜひ一度見てみてください。

https://css-tricks.com/examples/ShapesOfCSS/

Lesson 47 [transitionプロパティ]
アニメーションによる視覚効果を追加してみましょう

このレッスンのポイント

共通部分のデザインは完成しましたが、最後のひと工夫としてグローバルナビゲーションの色がアニメーションで変化するようにしてみましょう。アニメーションを設定すると変化がゆるやかになるので、Webサイトに慣れていない人にもわかりやすい印象を与えます。

アニメーション効果で変化を目立たせる

最も手軽な視覚的な変化は:hover疑似クラスを使用した手法ですが、CSS3ではそこにアニメーション効果を手軽に加えることができます。ほんの少しの視覚効果だけでも、クリックする部分が目立ち、誘導や訴求の効果が期待できます。あくまでさりげなく使うのがポイントです。

▶ transitionプロパティ

```
transition: background-color 0.2s linear;
```

対象のプロパティ / 変化の時間 / 変化の種類

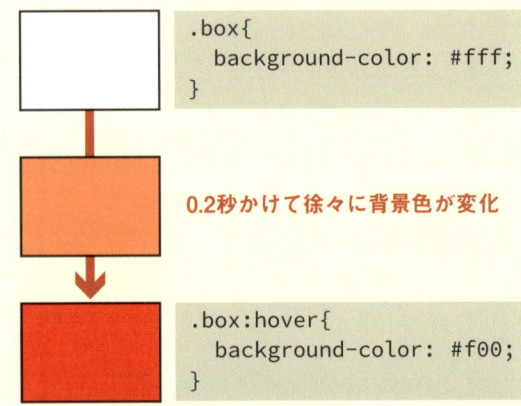

0.2秒かけて徐々に背景色が変化

```
.box{
    background-color: #fff;
}
```

```
.box:hover{
    background-color: #f00;
}
```

▶ 変化の種類を表す値

値	結果
default	変化なし。
ease	開始と完了を滑らかにする。
linear	一定のスピード。
ease-in	ゆっくり始まる。
ease-ou	ゆっくり終わる。
ease-in-out	ゆっくりはじまってゆっくり終わる。
cubic-bezier()	3次ベジェ曲線を表す4つの数字をカンマ区切りで指定。

● マウスポインタが乗ったら変化する視覚効果を設定する

1 transitionプロパティを加える `style.css`

ナビゲーションの上にマウスポインタが乗ったときの処理にアレンジを加えてみましょう。少しさかのぼって「#global_navi ul li a」というセレクタを探してください。これに、transitionプロパティを書き加えて、追加の処理を行います。transitionプロパティは時間的な変化を与えるために利用するもので、「background-color 0.2s linear」と指定すると、背景色が0.2秒かけて一定のスピードで変化します❶。

```
68  #global_navi ul li a {
69    display: block;
70    padding: 16px;
71    background-color: #352b23;
72    color: #fff;
73    text-decoration: none;
74    transition: background-color 0.2s linear;  ←❶
75  }
```

```
<nav id="global_navi">
  <ul>
    <li class="current"><a href="△">□□□</a></li>
    <li><a href="△">□□□</a></li>
    <li><a href="△">□□□</a></li>
    <li><a href="△">□□□</a></li>
  </ul>
</nav>
```

2 変化後の背景色を指定する

transitionプロパティはどのプロパティをアニメーションさせるかを指定するだけなので、変化先の装飾は別に指定する必要があります。マウスポインタが乗っている状態の背景色を指定します❶。これはレッスン41ですでに書いているので追加不要です。

```
79  #global_navi ul li a:hover {
80    background-color: #8c7a5b;  ←❶
81  }
```

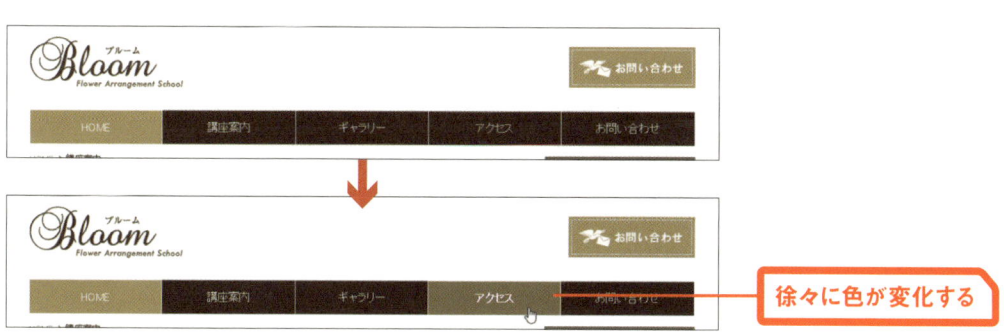

徐々に色が変化する

画像に対してもふわっと変化する視覚効果を設定する

1 画像リンクにアニメーションを設定する

`style.css`

transitionプロパティは、さまざまな要素やプロパティに適用可能です。動きを揃えるという意味で、レッスン38で設定した画像リンクに対しても視覚効果を適用してみましょう。「リンクが設定されている画像」なので、子孫セレクタでa要素の中のimg要素を選択します。そして、transitionプロパティで、「opacity 0.2s linear」を指定すると、透明度に対するアニメーションを設定することができます❶。

```
15  a img { transition: opacity 0.2s linear; }
```

```html
<header>
<h1><a href="△"><img></a></h1>
<div id="header_contact"><a href="△"><img></a></div>
```

2 変化後の装飾を設定する

hover疑似クラスでimg要素を選択し、opacityプロパティで変化後の値を指定します。「0.7」を指定すると70％の透明度で表示されます❶。これはレッスン38ですでに書いているので追加不要です。

```
16  a:hover img { opacity: 0.7; }
```

徐々に半透明になる

CSSを後から書き足す場合、どこに書き入れてもいいのですが、関連する要素の記述が分散していると管理しにくくなります。なるべく関連する部分のセレクタが固まっている場所に書き入れましょう。

▶ base.htmlへの装飾が完成

🔔 ワンポイント 複雑なアニメーションを表現するには

transitionプロパティでは変化の仕方をeaseなどの値で指定できますが、さらに複雑な変化をさせたい場合はベジェ曲線を利用したcubic-bezier関数を使用します。rgb関数のように( )内に4つの数値を書くのですが、結果をイメージしながら数値を指定するのは困難です。オンラインでベジェ曲線の値を算出できるサービスなどを利用するといいでしょう。その場で、動きやスピードのプレビューも可能です。

▶ cubic-bezier.com

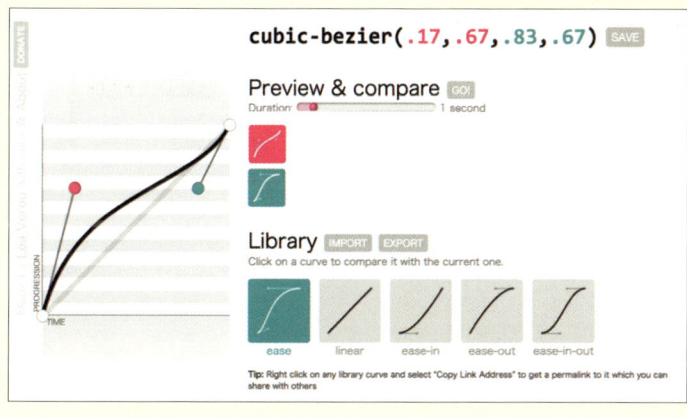

http://cubic-bezier.com/

ワンポイント Webページに動きやふるまいを与える「jQuery」

本書では、HTMLとCSSだけでグローバルナビゲーションやサイドバーなどの部品を作っていますが、HTMLとCSSだけでできることには限界もあります。例えば、さまざまなWebサイトで見かける「タブ」や「アコーディオン」などの部品は、HTMLとCSSで作れないこともないのですが、かえって複雑になってしまうため、「JavaScript」や「jQuery」などを利用して作るのが一般的です。

JavaScriptはブラウザ上で動くプログラミング言語で、「ユーザーがクリックしたら情報を表示する」といった、ユーザーの操作に応答する「ふるまい（インタラクション）」を作ることができます。

このJavaScriptを利用して、Web制作者が必要な機能をまとめたものをJavaScriptフレームワークといい、その中でも代表的なものが「jQuery」です。JavaScriptとjQueryのどちらを使っても同じことができますが、jQueryはCSSに書き方が似ているので、Webデザイナーにとってより覚えやすいといわれています。

すでにjQueryはプロのWeb制作者にとっての必須スキルの1つとなっており、ネット上を検索すればさまざまなサンプルプログラムを見つけることができます。皆さんも本書をマスターした後の次のステップとして、挑戦してみることをおすすめします。

▶ jQuery

https://jquery.com/

▶ jQuery UI

Webページ用の部品を作成できるjQueryの拡張ライブラリ
http://jqueryui.com/

Chapter 7

コンテンツの
デザインを
整えよう

基本となるCSSができたら、次はページごとの装飾にチャレンジです。表組みやフォームなど、個々のパーツに応じたCSSを書いていきます。

Lesson 48 ［figureやdt、dd要素の装飾］
トップページのデザインを整えましょう

このレッスンのポイント

ここまでで「base.html」に対して共通となるパーツを一通り装飾しました。style.cssは全ページ共通なので、他のHTMLファイルを表示すればすでに基本の装飾は完了しています。今度はトップページ(index.html)特有のスタイルを設定していきましょう。

トップページの装飾方針

トップページには、そのWebサイトの顔となるメインビジュアルや、各ページへリンクするための機能が盛り込まれています。ここでは、大きめのビジュアル画像を挿入し、ほかのパーツと同様にページ中央に寄せます。

さらに、「ブルームのこだわり」と「お知らせ」を掲載します。装飾前の段階では、各項目が縦に並んでいてバランスが悪いため、CSSで調整していきます。

▶ 装飾前と装飾後のトップページ

サイズを調整

写真を右にフロート

日付と内容を揃える

● トップページ用のCSSを記述する

1 メインビジュアルの表示位置を整える

`style.css`

メインビジュアル画像は横幅980px・高さ440pxの1枚の画像です。メインビジュアル用に挿入したdiv要素に対しても同様の幅と高さを指定します❶。ヘッダーなどと同様にマージンは左右をautoにすることでページの中央に配置し、下マージンを設定して後続する要素との空きを確保します❷。

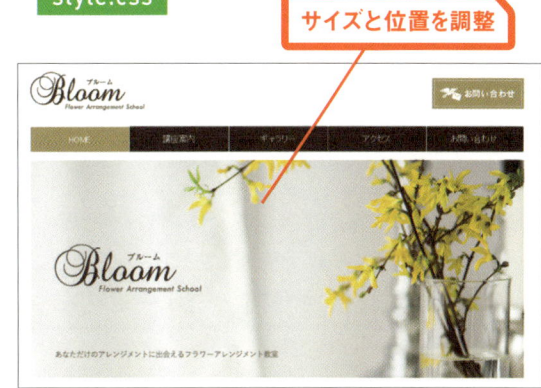

サイズと位置を調整

```
191  #main_visual_{
192  __width:_980px;
193  __height:_440px;
194  __margin:_0_auto_48px;
195  }
```

❶ width/height
❷ margin

```
<body>
 <header>
  ……略……
 </header>
 <div id="main_visual">
  <p><img></p>
 </div>
 <div id="wrapper">
  <div id="main">
   ……略……
```

● 画像とキャプションをセットで回り込ませて表示する

1 「ブルームのこだわり」の下マージンを設定する

`style.css`

「こだわり」セクションには「point」というID名が付いているので、それに対して下マージンを設定します❶。さらにその中のsection要素に対しても下マージンを設定し❷、フロートのためにoverflowプロパティ（P.147参照）を設定して高さを確保します❸。

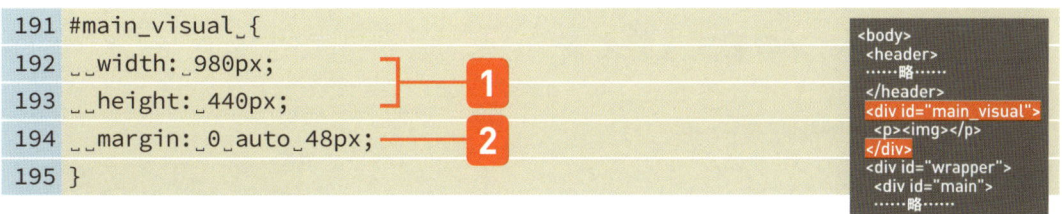

```
196  #point_{_margin-bottom:_30px;_}
197  #point_section_{
198  __margin-bottom:_10px;
199  __overflow:_hidden;
200  }
```

3 写真とキャプションをフロートしてテキストを回り込ませる

写真はfigure要素の中に書かれているので、子孫セレクタで選択した後、下の画面のようにfloatプロパティで右に回り込みをさせます❶。その際、写真のすぐ左側にテキストが来ることになるため、写真に対して左マージンを設定し、テキストとの隣接バランスを整えます❷。

```
201  #point figure {
202    float: right;                ← 1
203    margin: 0 0 0 16px;          ← 2
204  }
```

4 キャプションの書式を整える

写真のキャプションはfigcaption要素に書かれています。figcaption要素自体はブロックレベルなので画像の下に表示されます。キャプションは本文と差別化を図る意味で、文字サイズを小さくし、異なるテキストカラーを指定します❶。text-alignプロパティで文字を中央揃えにして、表示位置を整えます❷。

```
205  #point figcaption {
206    font-size: 12px;             ← 1
207    color: #9C9689;              ← 1
208    text-align: center;          ← 2
209  }
```

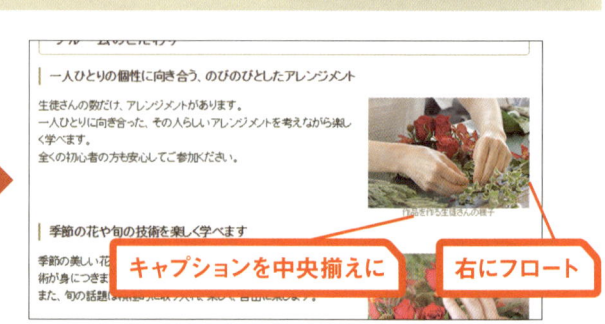

キャプションを中央揃えに / 右にフロート

●「お知らせ」セクションを整える

1　dl要素とdt要素を設定する　style.css

お知らせの日付とテキストは、dl要素で書かれています。これを横並びにしてみましょう。
「お知らせ」セクションのdl要素を選択し、親要素の高さを確保するためにoverflowプロパティでhiddenを指定しておきます❶。

dt要素に対して8em（8文字）分の横幅を指定します❷。floatプロパティで左にスライドさせます❸。表示の調整として、下マージンも設定しておきます❹。また、clearプロパティで1つ前の要素のフロートを解除します❺。

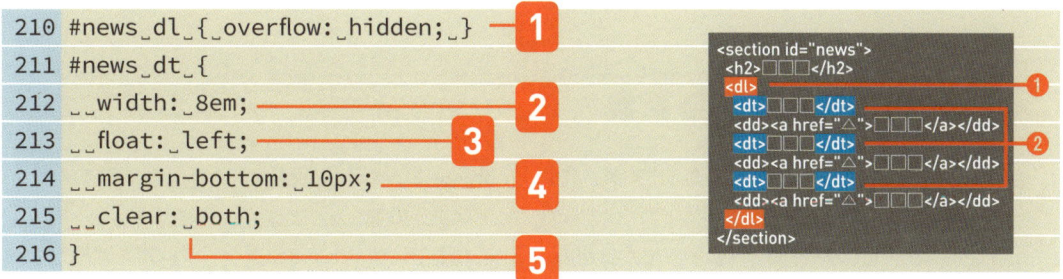

2　dd要素を設定する

dd要素の左マージンには、dt要素で指定した横幅と同じ8emを指定します❶。dt要素の横幅にちょうどマージンが収まるようにするためです。この組み合わせでうまく並列に収めることができます。dt要素と同数値で下マージンを追加すれば、お知らせエリアの完成です❷。

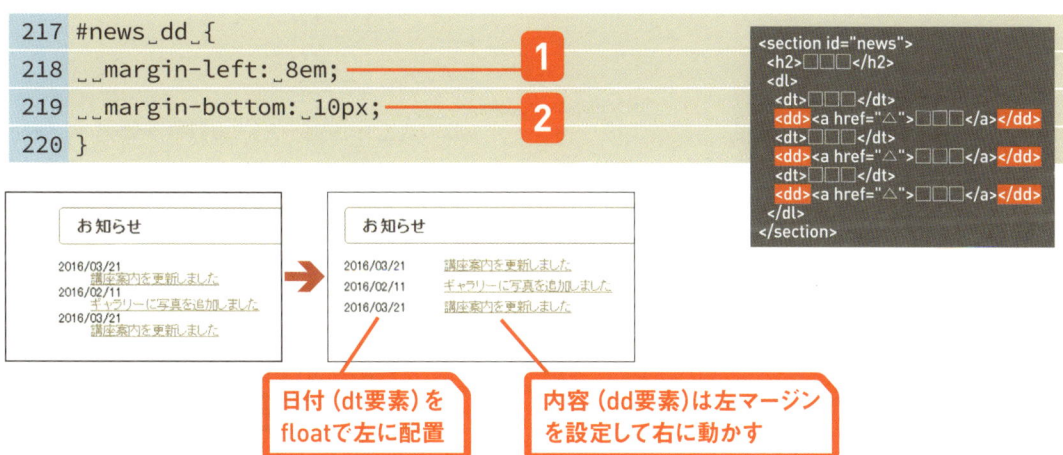

日付（dt要素）をfloatで左に配置

内容（dd要素）は左マージンを設定して右に動かす

Lesson 49 ［表のデザイン］
講座案内の表組みを装飾しましょう

このレッスンの
ポイント

講座案内（course.html）の表組みを整えていきましょう。表組みは構成する要素が数多く、HTMLやCSSのソースコードも複雑になりがちです。しかし、ポイントさえ押さえれば少ないコードできれいな表組みを作ることができます。

→ 表組みを構成する要素

表組みを構成する要素はいろいろありますが、スタイルを整えるにあたって最低限押さえておくべきものは「table」「th」「td」の3種類です。th、またはtdの1つの要素がセルとなり、それが集まって構成されています。個々のセルには他の要素と同じように、borderプロパティで線を付けたりpaddingプロパティで余白を調整したりすることができます。

これまでに説明してきたスタイル設定を理解していれば、表のスタイルを設定するのはそれほど難しいことではありません。

▶表組み部分のHTML

```html
<table>
  <tr>
    <th>定員</th>
    <td>10名</td>
  </tr>
  <tr>
    <th>価格</th>
    <td>ひとり2000円……略……</td>
  </tr>
  <tr>
    <th>持ち物</th>
    <td>道具はすべて用意します。</td>
  </tr>
</table>
```

▶表のボックスモデル

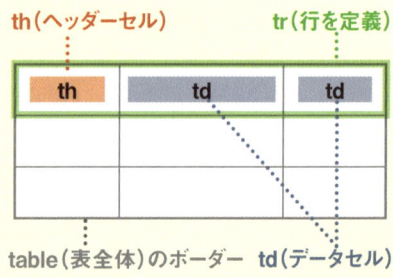

要素のボックスが集合したような構造です。

○ 表のCSSを記述する

1 表全体の枠を整える `style.css`

講座案内のarticle要素には「course」というID名が付いているので、その子のtable要素を選択します。widthプロパティで横幅を100%にし、カラム幅いっぱいまで表組みを広げます❶。

border-collapseプロパティの値にcollapseを指定し、セルのボーダーが重なるようにします❷。
margin-bottomプロパティで、後続する要素との空きを確保します❸。

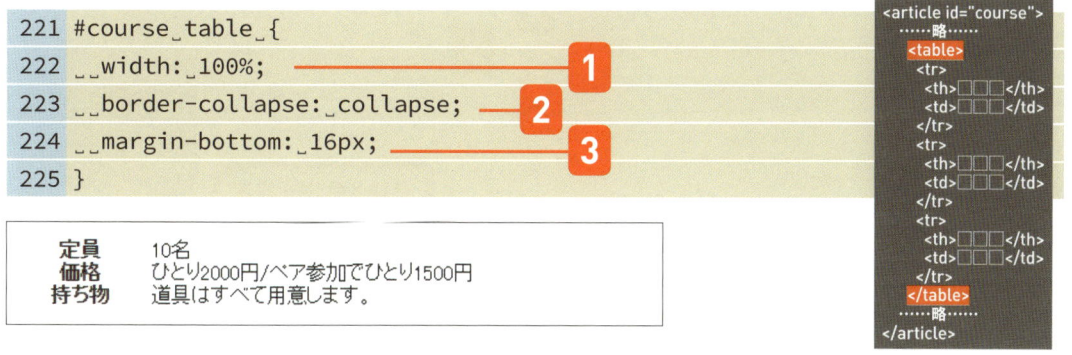

```
221 #course_table_{
222   width: 100%;                    ❶
223   border-collapse: collapse;      ❷
224   margin-bottom: 16px;            ❸
225 }
```

Point border-collapseプロパティ

border-collapse:_collapse;

見出しセル	データセル	データセル
見出しセル	データセル	データセル

border-collapse:_separate;

見出しセル	データセル	データセル
見出しセル	データセル	データセル

border-collapseプロパティは、隣接するセル同士の重なりを指定するものです。デフォルトではseparateが指定されているため、セル同士は離れて表示されます。値にcollapseを指定することにより、セルのボーダー部分が重なり合って表示されるようになります。境目を1pxで表現できるようになるため、シャープな印象の表組みが作れます。

NEXT PAGE ➔ | 207

2 表の罫線を設定する

表の各セルに境界線を付けます。th要素とtd要素には同じ指定にするので、複数セレクタで、2つの要素を同時に選択します❶。
borderプロパティで、1pxの実線をグレーで指定しましょう❷。paddingプロパティで、セルの内側の余白も設定します❸。余白をほどよく設定すると、セルの中の文字にゆとりができ、見やすい表組みになります。

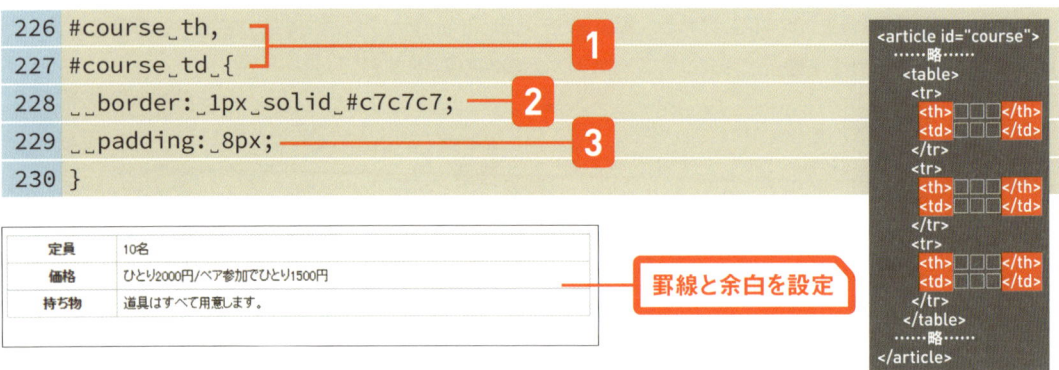

3 見出しセルを装飾する

最後に見出しセルに装飾を施します。background-colorプロパティで背景色を指定します❶。th要素はデフォルトでテキストが中央揃えになっているので、text-alignプロパティにleftを指定し、左揃えに変更します❷。最後にwidthプロパティで横幅を指定します。今回は5文字分の幅の5emにしました❸。

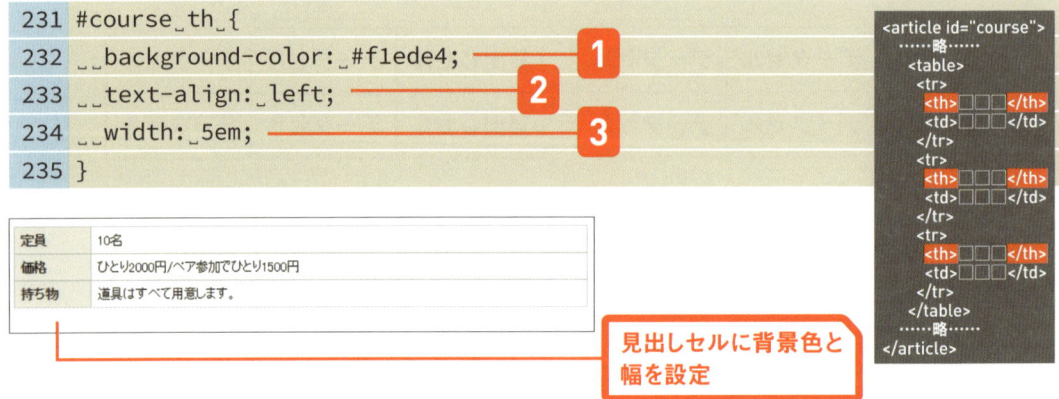

👍 ワンポイント 表の幅をうまく設定する

セルの横幅が指定されていない場合、その内容物に応じて実際の横幅が決定されるため、内容物が少ないセルが狭くなりすぎて折り返しが発生し、非常に読みにくくなることがあります。
これを手軽に解決するには、左ページの手順で行っているように、一部のセルの幅を固定します。サンプルの表でth要素だけに横幅を設定した場合、それ以外のtd要素の横幅だけが「なりゆき」になります。すべてのセルの幅を固定するよりも少ないコードで問題を解決できるのです。

> セルの幅をまったく設定しない場合、実際の幅は、表全体のサイズや内容物からなりゆきで決定される。

日時	月・水・金・土・日
価格	入会金5,000円　月(4回)8,000円
持ち物	用意した教材に追加を希望する方は別途費用となります。

｜資格取得講座

公益社団法人日本フラワーデザイナー協会「フラワーデザイナー資格検定試験」1級～3級の資格取得を目的としたコースです。その他の資格に関しても個別に対応しますのでご相談ください。

日時	金・土・日
価格	月(4回)8,000円
持ち物	用意した教材に追加を希望する方は別途費用となります。ご希望の方は事前にお問い合わせください。こちらで準備することも可能です。

> このセルのテキスト量が多いため、見出しセルにしわよせが来て、テキストが折り返されて読みにくくなってしまう

Lesson 50 [フロートとnth-child疑似クラス]
ギャラリーの写真を格子状に並べましょう

このレッスンのポイント

ギャラリーページ(gallery.html)には、生徒の作品を、写真と名前をセットで掲載しています。これをフロートを使って3列×3行でレイアウトしていきます。仕上がりは表に似ていますが、フロートを使った手法なら幅の設定次第で列数を変えられるので、いろいろなケースで応用が利きます。

→ フロートを利用して格子状のギャラリーにする

ギャラリーページでは、写真と名前をセットにした生徒の作品を、リストとして書いています（レッスン23参照）。このリストにフロートや幅を設定し、うまく3列に並ぶようレイアウトします。

フロートを利用して要素を横に並べる手法は、グローバルナビゲーションなどでも使用したものです。フロートで横に並べた要素が親要素の幅に収まりきらない場合、下に送られます。この性質を利用して格子状のレイアウトにしていきます。

▶ ギャラリー部分のHTML

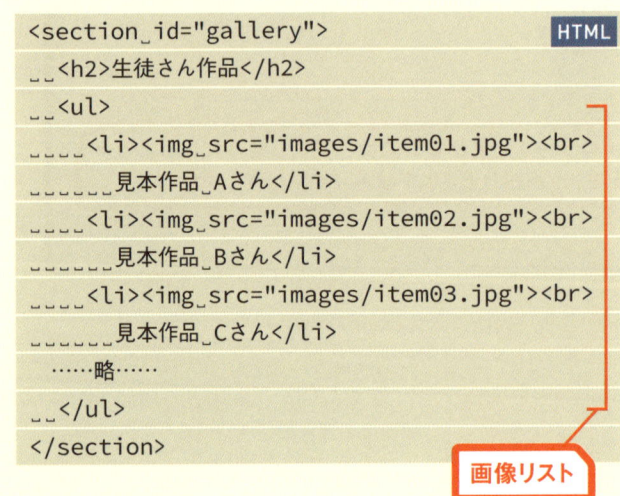

画像リスト

リストアイテムを格子状に並べたいときもフロートを使用します。

列数と幅を計算する

最初に幅を計算して、きれいに並ぶようにサイズを決定します。コンテンツ領域の幅は730pxです。このエリアに、3列のボックスを並べます。
このとき単純に730pxを3で割るだけではなく、マージンやパディング、ボーダーを意識して設定する必要があります。

li要素の幅は220px、ボーダーは四辺1pxずつ、右マージンが30pxあります。つまり252pxが1つのボックスの幅です。
ただし、この状態で合計756pxとなり、メイン部分の750pxを超えてしまいます。

▶ 全体の幅とアイテムの幅

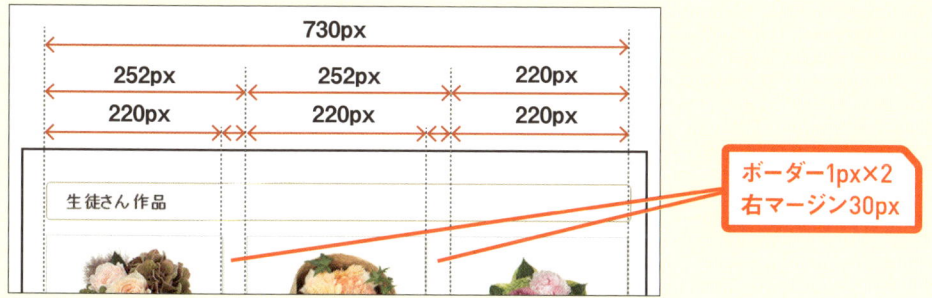

ボーダー1px×2
右マージン30px

繰り返しの調整に役立つ:nth-child疑似クラス

li要素を3つ並べた際、3番目のli要素の右マージンがあるため、ボックス内に入りきりません。こういった場合は、:nth-child疑似クラスを使用すると、順番を基準としたルールで要素を選択することができます。

li:nth-child(3n)と指定した場合、3の倍数のli要素が対象となります。これを利用して右マージンに0を指定し、メイン部分内に収めるとともに、3列のバランスも整えます。

▶ :nth-child疑似クラス

```
#gallery ul li:nth-child(3n) { margin-right: 0; }
```

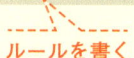
ルールを書く

3nは3の倍数の要素を選ぶという意味です。

ギャラリーのCSSを記述する

1 リストの行頭アイコンを消す `style.css`

ギャラリーはリスト要素で構成されているので、まずはul要素を子孫セレクタで選択します。行頭アイコンは不要なので、list-styleプロパティにnoneを指定します❶。続いて、リストの字下げなどをなくすためにマージンとパディングを0にします❷。

```
236 #gallery ul {
237   list-style: none;           ← 1
238   margin: 0;                  ┐
239   padding: 0;                 ┘ ← 2
240 }
```

2 リスト項目を装飾する

ギャラリーの装飾のメインはほぼli要素なので、ここに細かなCSSを指定していきます。まず、widthプロパティで横幅を指定します❶。続いて連続して並ぶことを想定して、項目同士の間隔を調整するためにmarginプロパティで右と下の間隔を空けます❷。枠内の内側の余白も確保するためにpaddingプロパティを上下に指定します❸。さらに、囲みの罫線としてborderプロパティで1pxのグレーの実線を付けます❹。

```
241 #gallery ul li {
242   width: 220px;                    ← 1
243   margin: 0 30px 30px 0;           ← 2
244   padding: 10px 0;                 ← 3
245   border: solid 1px #ccc;          ← 4
246 }
```

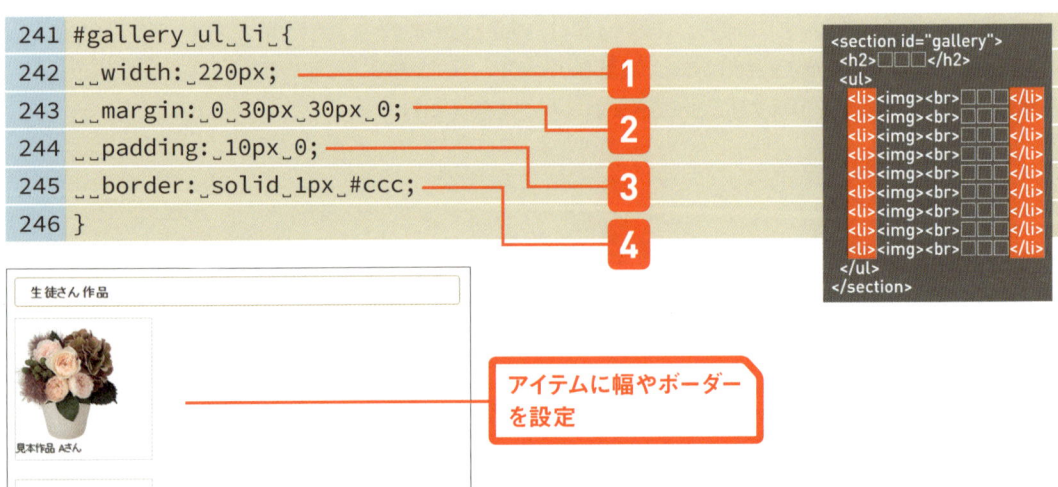

アイテムに幅やボーダーを設定

3 リスト項目を格子状に並べる

引き続きリスト項目を整えていきます。項目を横に並べて段組み表示にするために、floatプロパティでleftを指定します❶。内容物は左づめで表示されるので、text-alignプロパティで画像とテキストを中央揃えにします❷。

文字部分に対しては、colorプロパティで文字色を変更し、font-weightプロパティで太字にします❸。この段階では3番目の要素の右マージンのせいで横に3つ入りきりません。

```
241 #gallery_ul_li_{
242   width: 220px;
243   margin: 0 30px 30px 0;
244   padding: 10px 0;
245   border: solid 1px #ccc;
246   float: left;                  ❶
247   text-align: center;           ❷
248   color: #b7a077;        ┐
249   font-weight: bold;     ┘     ❸
250 }
```

横2列に並んだ（3つめは入りきらない）

4 ぼかしの影を付ける

box-shadowプロパティで、3pxのぼかしの影を、横・縦ともに2pxずつずらして表示させます。色はrgba関数（P.137参照）を使って、RGB形式＋透明での色指定を行いました❶。

```
241 #gallery_ul_li_{
242   width:_220px;
243   margin:_0_30px_30px_0;
244   padding:_10px_0;
245   border:_solid_1px_#ccc;
246   float:_left;
247   text-align:_center;
248   color:_#b7a077;
249   font-weight:_bold;
250   box-shadow:_2px_2px_3px_rgba(0,0,0,0.1);   ❶ 影を付ける
251 }
```

影が付いた

Point　box-shadowプロパティ

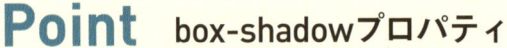

box-shadow:_3px_3px_5px_#333;

Xシフト量　Yシフト量　ぼかしの幅　影の色

box-shadowプロパティは、ボックスに影を付けるためのものです。値には、いくつかの数値を半角スペースで区切って指定します。x座標のオフセット値、y座標のオフセット値、影の強さ、影の色を書きます。また、値のどこかに半角スペースで区切ってキーワード「inset」を付けると、影がボックスの外側ではなく内側に付くようになります。

5 | 3の倍数のボックスの右マージンをカットする

すべてのli要素に対して、右側にマージンを設定しているため、そのままだと3つ目のボックスが次の行に送られてしまいます。3列で表示したいので、3つ目、6つ目、9つ目など3の倍数のボックスの右マージンを削る必要があります。

そこで、:nth-child疑似クラスを使用して、特定の要素を選択します。li:nth-child(3n)とセレクタを書くことにより、3つおきのli要素を選択する指定となります❶。後はmargin-rightプロパティで値に0を指定して、右マージンを削ります❷。

```
252 #gallery_ul_li:nth-child(3n) {        ← 1
253     margin-right: 0;                  ← 2
254 }
```

横に3列並んだ

幅の計算が面倒に感じるかもしれませんが、リストを使ったグリッドのメリットは、CSSの変更だけで列数を自在に変えられることです。これが表だったらHTMLの書き換えも必要になります。

Lesson 51 ［フォームのスタイリング］
フォームを装飾してみましょう

このレッスンの
ポイント

最後にお問い合わせページ（contact.html）のフォームを整えて行きましょう。フォームはWebサイトとユーザーを双方向でつなぐとても重要な部品です。デフォルトでもよく整備されていますが、より見やすく操作しやすいものに整えていきます。

操作しやすさを考えてスタイルを整える

フォームパーツは、デフォルトでしっかりとデザインがなされており、そのままでも普通に利用できる状態になっています。ただし、フォームはほかの要素と違い、「使うもの」です。そのため、ボタンやチェックボックスなど、==ユーザーが操作することを前提としたデザイン==なのです。そのため、CSSで装飾をするときは、使いやすさの向上を意識します。例えば入力フィールドでは、文字を大きめにして見やすくしたり、パディングで枠内にゆとりを持たせたりすれば、ユーザーが入力する際のストレス軽減につながります。

特にスマートフォンにおいては、その小さい画面上で操作するためタップのエリアを広げるような「操作性」を重視した装飾を考えるといいでしょう。

項目名とパーツが
並んだ構成にする

サイズを広めにして
入力しやすくする

ゴールの送信ボタンを目立たせる

216

定義リストをテーブル風の装飾にする

1 dl要素に背景とボーダーを付ける `style.css`

お問い合わせフォームは、定義リストにしています。これをCSSで表組みのように変えていきましょう。form要素には「entry」というID名が付いているので、子孫セレクタでdl要素を選択します。backgroundプロパティで背景色を指定し、borderプロパティで、上下左右すべての辺に1pxのグレーの線を付けます❶。続いて、border-topプロパティを追記して、上辺のボーダーを消します❷。

dt要素とdd要素のパディングを設定し、border-topプロパティで、dl要素に対して付けた実線と同じ内容を指定します❸。

```css
255 #entry_dl {
256   background: #f1ede4;          ❶
257   border: 1px solid #ddd;
258   border-top: 0;                ❷
259 }
260 #entry_dl dt,
261 #entry_dl dd {
262   padding: 10px;                ❸
263   border-top: 1px solid #ddd;
264 }
```

```html
<form id="entry">
  <dl>                                                        ❶
    <dt>□□□ <span class="must">※</span></dt>                ❷
    <dd><input type="text" id="name"></dd>
    <dt>□□□ <span class="must">※</span></dt>
    <dd><input type="email" id="email"></dd>
    ……略……
    <dt>□□□</dt>
    <dd>
      <label><input type="radio" id="questionnaire1">□□□</label>
      <label><input type="radio" id="questionnaire2">□□□</label>
      <label><input type="radio" id="questionnaire3">□□□</label>
    </dd>
    <dt>□□□</dt>
    <dd>
      <textarea id="detail"></textarea>
    </dd>
  </dl>
  <p id="submit_button_cover">
    <input type="submit" id="submit_button">
  </p>
</form>
```

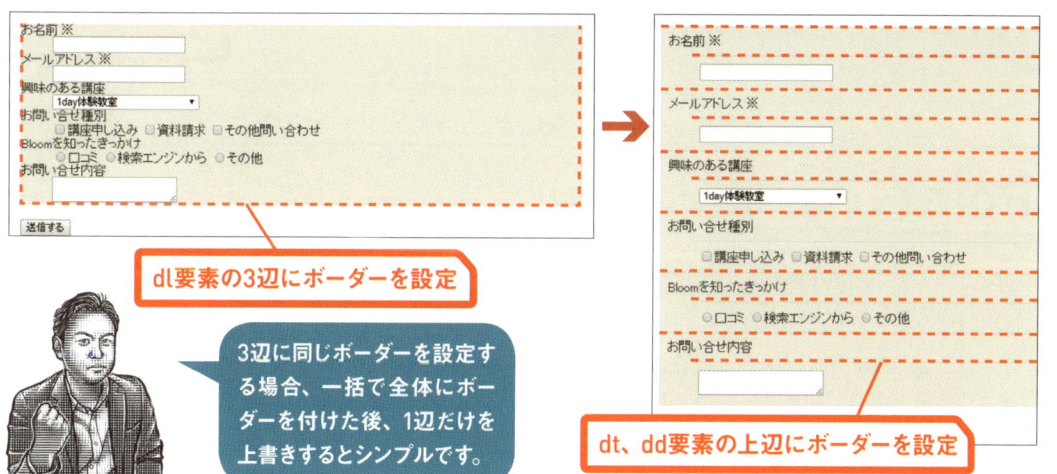

dl要素の3辺にボーダーを設定

3辺に同じボーダーを設定する場合、一括で全体にボーダーを付けた後、1辺だけを上書きするとシンプルです。

dt、dd要素の上辺にボーダーを設定

2 dt要素とdd要素を横並びにする

続いて、項目名のdt要素とパーツのdd要素を左右に並べる設定を行います。205ページでトップページの「お知らせ」セクションを整えた方法の応用です。dt要素の横幅を13emとし、floatプロパティでleftを指定して左にスライドさせます❶。これで以降の要素がdt要素の右側に回り込みます。

さらにclearプロパティにbothの値を記述して直前のフロートをクリアし、dt要素とdd要素が1行に並んだ状態にします❷。強弱を付けるために、font-weightプロパティで文字の太さを調整します❸。

```
265  #entry_dl_dt_{
266    width: 13em;
267    float: left;
268    clear: both;
269    font-weight: bold;
270  }
```

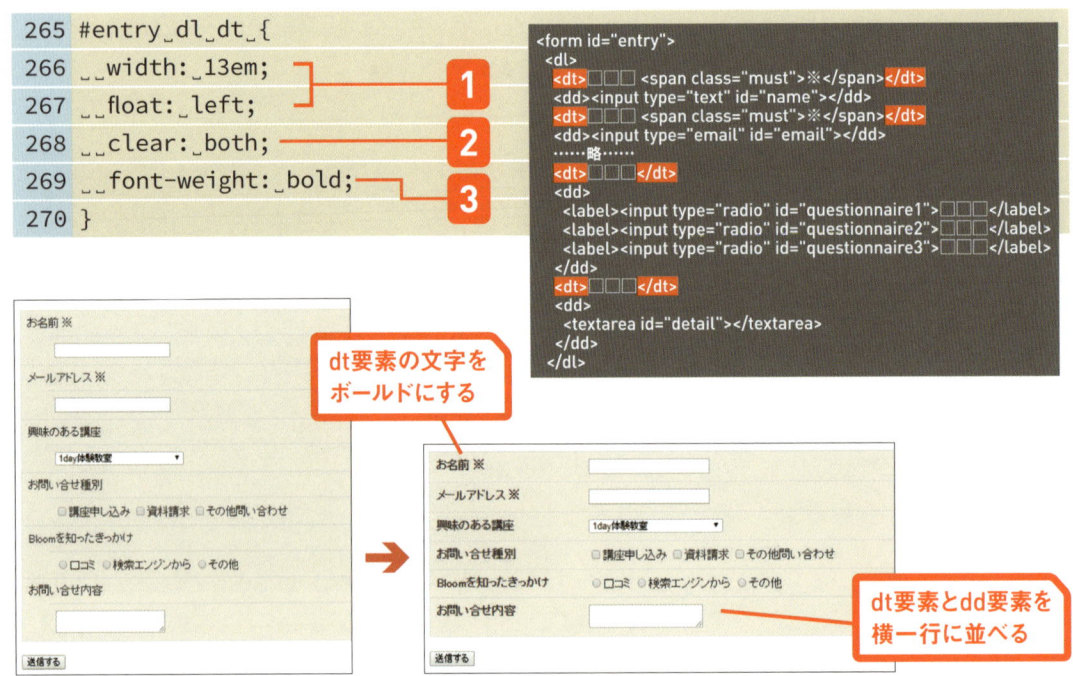

dt要素の文字をボールドにする

dt要素とdd要素を横一行に並べる

Point 定義リストに罫線を引く

前ページでは、外側のdl要素に上辺を除いた3辺に1pxのボーダーを設定し、中のdt、dd要素には上辺のみに1pxのボーダーを設定して、組み合わせたときに表のようなマス目の罫線に見えるようにしています。

dt、dd要素の四辺に1pxのボーダーを設定したほうが簡単なように感じますが、そうすると要素が隣接する部分の1pxのボーダーが並ぶので、2pxの太さに見えてしまいます。

3 dd要素を整える

パーツ部分の背景を白にするために、dd要素にbackground-colorプロパティで白色の背景色を指定し、border-leftプロパティで左側に1pxのグレーの実線を付けます❶。

dd要素の左マージンを、dt要素の横幅と同じにすることにより、フロート時の開始位置を調整します❷。この左マージンを設定しないとdd要素の背景色がdt要素に重なってしまいます。

```
271  #entry_dl_dd_{
272    background-color:_#fff;
273    border-left:_1px_solid_#ddd;
274    margin-left:_13em;
275  }
```

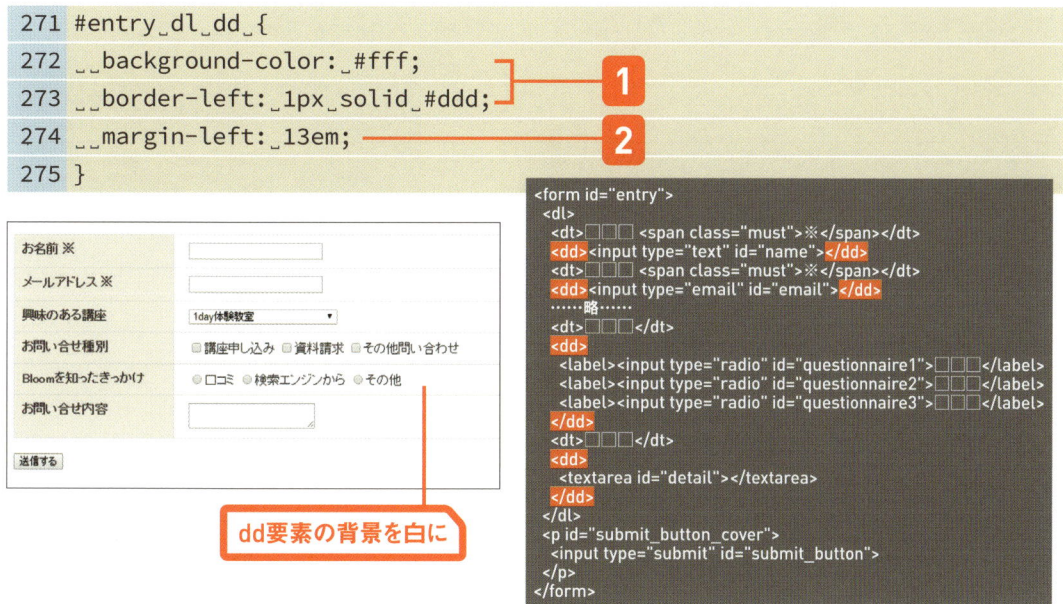

dd要素の背景を白に

4 入力必須項目の「※」を赤文字にする

入力必須項目に付ける「※」は、「must」というクラス名（P.73参照）を付けたspan要素です。クラスセレクタで選択し、colorプロパティで色を設定します❶。

```
276  .must_{_color:_#f00;_}
```

必須項目の※を赤文字にする

フォームパーツを装飾する

1 「お名前」フィールドを装飾する

「お名前」フィールドを、名前を入力しやすい長さに調節します。子孫セレクタを使い、widthプロパティで横幅を設定します。実際に入力する文字数を想定して幅を決定するといいでしょう。文字量に影響されるため単位はemを使用します。paddingプロパティで枠内の余白を整えます❶。

```
277  #entry #name {
278    width: 15em;
279    padding: 3px;
280  }
```

```html
<form id="entry">
  <dl>
    <dt>□□□ <span class="must">※</span></dt>
    <dd><input type="text" id="name"></dd>
    <dt>□□□ <span class="must">※</span></dt>
    <dd><input type="email" id="email"></dd>
    ……略……
```

2 「メールアドレス」フィールドを装飾する

「メールアドレス」フィールドも「お名前」部分と同様に、横幅と枠内の余白を整えます。メールアドレスは人によっては長いものも考えられるため、少し多めに横幅を指定しておくといいでしょう❶。

```
281  #entry #email {
282    width: 25em;
283    padding: 3px;
284  }
```

```html
<form id="entry">
  <dl>
    <dt>□□□ <span class="must">※</span></dt>
    <dd><input type="text" id="name"></dd>
    <dt>□□□ <span class="must">※</span></dt>
    <dd><input type="email" id="email"></dd>
    ……略……
```

入力しやすい幅になった

入力ボックスの幅は、ユーザーに入力してほしいデータに合わせて適切に調整しましょう。

3 チェックボックスとラジオボタンを装飾する

チェックボックスやラジオボタンそのものに装飾を行うことはあまりありませんが、横に並ぶ間隔を整えましょう。子孫セレクタで、チェックスボックスとラジオボタンの2番目以降を選択します。左マージンを設定して、前の項目との間隔を少し空けます❶。

```
285  #entry_#category2,
286  #entry_#category3,
287  #entry_#questionnaire2,
288  #entry_#questionnaire3 {
289    margin-left: 15px;
290  }
```

```
……略……
<dt>□□□</dt>
<dd>
<label><input type="checkbox" id="category1">□□□</label>
<label><input type="checkbox" id="category2">□□□</label>
<label><input type="checkbox" id="category3">□□□</label>
</dd>
<dt>□□□</dt>
<dd>
<label><input type="radio" id="questionnaire1">□□□</label>
<label><input type="radio" id="questionnaire2">□□□</label>
<label><input type="radio" id="questionnaire3">□□□</label>
</dd>
```

4 テキストエリアを装飾する

お問い合わせの文章を入力するtextarea要素も、文字量に依存するサイズとなるため、単位はemを使って指定します。widthプロパティとheightプロパティで、表示領域を指定します❶。

```
291  #entry_#detail {
292    width: 36em;
293    height: 15em;
294  }
```

```
<form id="entry">
 <dl>
  ……略……
  <dt>□□□</dt>
  <dd>
   <textarea id="detail"></textarea>
  </dd>
```

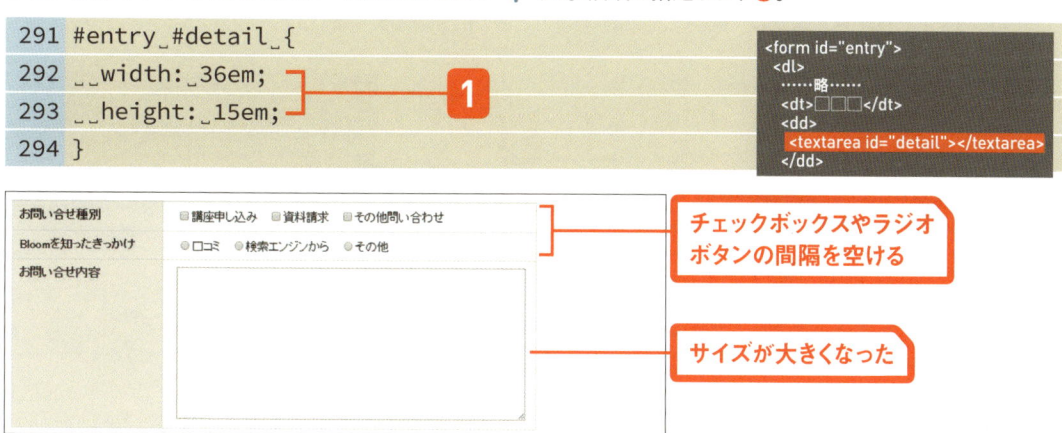

チェックボックスやラジオボタンの間隔を空ける

サイズが大きくなった

Point テキストエリアを広めにする

テキストエリアは、改行を含む複数行のテキストを入力することができます。入力中のテキストが枠内に収まらない場合はスクロールバーが表示されるので、エリアが小さくても入力は可能です。しかし、ある程度表示領域が確保されていたほうが使い勝手がよくなります。ここでは36字×15行のサイズに広げました。

5 送信ボタンを中央揃えにする

送信ボタンは「submit_button_cover」というID名を付けたp要素の子なので、まずはtext-alignプロパティでボタンを中央揃えにします❶。input要素はインラインなので文字と同じように揃えられます。

```
295 #entry_#submit_button_cover_{
296 __text-align:_center;
297 }
```

❶

```
<form id="entry">
  <dl>
  ……略……
  <p id="submit_button_cover">
    <input type="submit" id="submit_button">
  </p>
</form>
```

6 送信ボタンを目立つ装飾にする

お問い合わせフォームにおいては、送信ボタンをクリックさせることがゴールなので、CSSで目立つように装飾を行いましょう。
ボタンをIDセレクタで選択し、まずはbackground-colorプロパティで背景色を指定し、同時にborderプロパティで、同色の1pxの実線を設定します❶。
次に、paddingプロパティで内側の余白を設定し、ボタンのサイズを広げます❷。
border-radiusプロパティで角丸にした後、文字の大きさと色を整えます❸。

```
298 #entry_#submit_button_{
299 __background-color:_#b7a077;
300 __border:_1px_solid_#b7a077;
301 __padding:_15px_100px;
302 __border-radius:_10px;
303 __font-size:_18px;
304 __color:_#fff;
305 }
```

❶❷❸

```
<form id="entry">
  <dl>
  ……略……
  <p id="submit_button_cover">
    <input type="submit" id="submit_button">
  </p>
</form>
```

ボタンがより目立つデザインになった

Point ボーダーを設定するとボタンの立体感が消える

ボーダーや角丸、背景色などのいずれかを設定すると、その時点でフォームボタンのデフォルトの立体感を持ったスタイルが除去されます。サンプルサイトではフラットなボタンを採用していますが、立体感が必要なら、グラデーションなどの設定が必要になります。

7 マウスポインタとアニメーションを設定する

立体感がなくなると、デフォルトのボタン感が薄れ、リンクの意味合いが強くなります。ボタンにマウスポインタを乗せたときにカーソルをリンクのポインタにしてみましょう。cursorプロパティの値にpointerを指定すると、マウスポインタを乗せたときにリンクのポインタとして表示されます❶。

最後に、マウスポインタが乗ったときのために、transitionプロパティでアニメーションの指定を行います。背景色をふわっと変更させる指定にします❷。

```
298 #entry_#submit_button_{
299   background-color:_#b7a077;
300   border:_1px_solid_#b7a077;
301   padding:_15px_100px;
302   border-radius:_10px;
303   font-size:_18px;
304   color:_#fff;
305   cursor:_pointer;                              ——❶
306   transition:_background-color_0.1s_linear;    ——❷
307 }
```

8 マウスポインタを乗せたときに表示を変える

hover疑似クラスを使って、ボタンにマウスポインタ乗せたときの背景色を指定します❶。先にtransitionプロパティを設定しているので、単にbackground-colorプロパティを指定するだけで有効になります。

```
308 #entry_#submit_button:hover_{
309   background-color:_#c7ae81;    ——❶
310 }
```

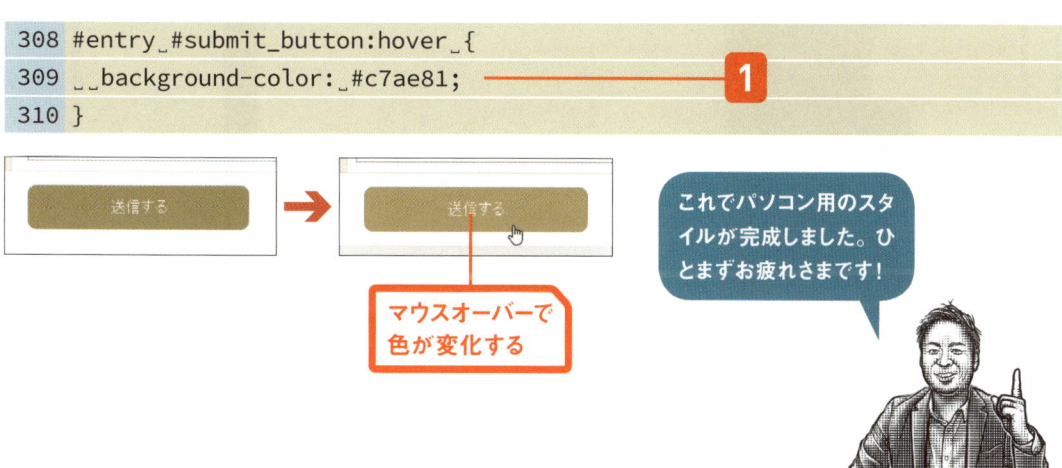

マウスオーバーで色が変化する

これでパソコン用のスタイルが完成しました。ひとまずお疲れさまです！

ワンポイント Bracketsをさらに便利にする

第1章でBracketsの拡張機能を簡単に紹介しましたが（P.34参照）、他にもいろいろな便利な拡張機能が用意されています。正確なHTMLの入力やCSSでのデザインに役立つものを紹介しましょう。

▶おすすめのBracketsの拡張機能

拡張機能名	働き
Brackets Css Color Preview	CSSで色指定を行っている箇所の行の左側に、実際の色を表示してくれる。
colorHints	16進コードの#を入力したときにファイル内で一度使用した色を、候補として表示する。
Highlight Multibyte Symbols	全角英数字・記号に下線を表示する。英数字の表記統一や、スペースの全角・半角を区別するのに便利。
Tabs - Custom Working	開いているファイルを、上部にタブとして表示し、ファイルの種類に応じてアイコンを表示する。

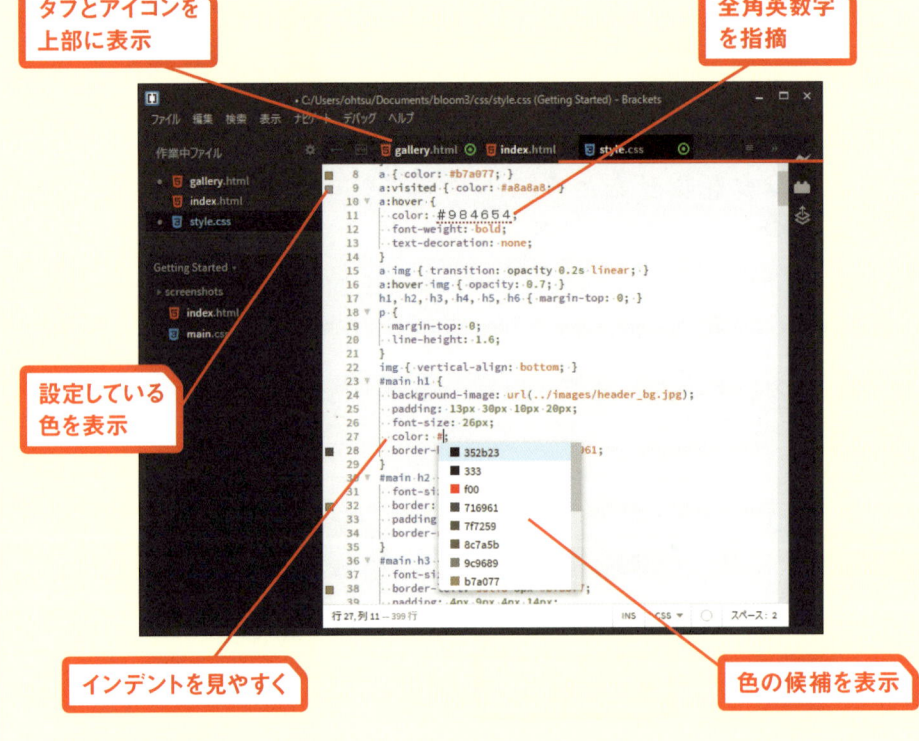

タブとアイコンを上部に表示

全角英数字を指摘

設定している色を表示

インデントを見やすく

色の候補を表示

Chapter 8

スマートフォンに対応しよう

スマートフォンのような画面サイズが小さな環境でも、閲覧や操作がしやすいようにひと手間加えましょう。この章ではレスポンシブWebデザインの基礎を学んでいきます。

Lesson 52 [スマートフォン対応の概要]
スマートフォンに対応する方法を知りましょう

このレッスンのポイント

現在ではWebサイトをスマートフォンから閲覧しているユーザーは、パソコンからのユーザーよりも多いともいわれています。新しいWebサイトを作るなら、スマートフォンユーザーの取り込みは必須です。ここではスマートフォン対応サイトの概要を説明しましょう。

→ スマートフォン対応サイトに求められるもの

スマートフォンはパソコン用のWebサイトをそのまま閲覧できますが、==デバイスサイズが小さい上、マウスでなく指で直接画面をタップするという操作性の違い==などのため、使い勝手は大きく異なります。

具体的には、次のような点に注意しましょう。

①Flashは使わない
大半のスマートフォンはAdobeのFlashをサポートしていないため、その部分は表示されず、読み込みが遅くなることもあります。

②読みやすい文字サイズに
パソコンのWebサイトをそのまま縮小すると文字が小さくなってしまいます。拡大しなくても読める文字サイズが快適です。

③ボタンやリンクが指で押せる
アップルのガイドラインでは最小ボタンサイズは44pxを推奨しています。隣接するボタンを間違えて押さないように間隔などにも配慮が必要ですね。

④アクションがわかりやすいUIにする
パソコンと違ってマウスオーバーがない代わりに、長押しやスワイプといったアクションが可能です。リンクやボタンなどは、それとわかりやすい表現にしないと「押せることに気づいてもらえない」可能性があるので注意しましょう。
Googleが「ウェブマスター向けモバイルガイド」を公開しているので、できあがったWebサイトは確認するといいでしょう（P.250参照）。

▶ 見やすいスマートフォンサイトの条件

スマホサイトは小さいながらも奥が深い！

スマートフォン対応の種類

現状パソコンとスマートフォン両方に対応したWebサイトを構築するための手法は、主に2種類あります。1つめはパソコン用のページとスマートフォン用のページを別々に制作する方法です。手間はかかりますが、デザインからコンテンツまですべてスマートフォンに合わせたものを提供できるのが長所です。

2つめは、閲覧者のデバイスや画面サイズに応じて、デザインだけを動的に変化させる手法です。これをレスポンシブWebデザインといい、HTMLはそのままでCSSだけを変更し、見やすく調整します。

▶2種類のスマートフォン対応

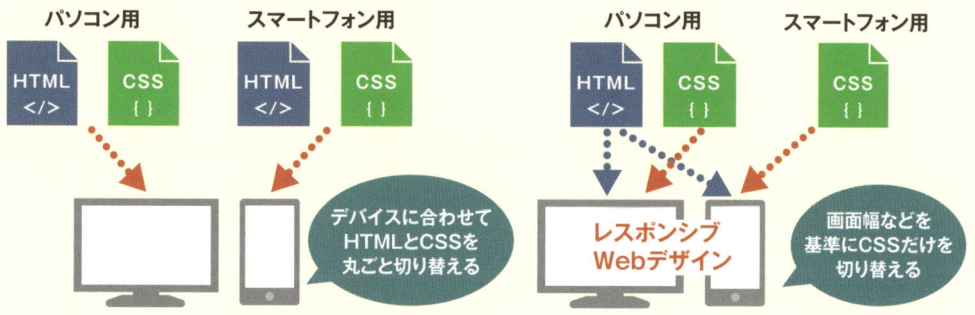

レスポンシブWebデザインの強みと弱み

レスポンシブWebデザインの強みは、コンテンツ（HTML）が1つなので、Googleがサイトデータを収集する際に正しくかつ効率的にデータを収集してくれる——つまりSEOに効果があることです。

また、コンテンツの大もとになるHTMLが1つということは、別々のデバイス用に同じページが存在する場合に比べ、更新や確認が簡単になります。URLも1つになるのでその管理も楽です。

逆に弱みとしては、さまざまなデバイスに1つのHTMLで対応しなくてはいけないので、レイアウトに制約ができる点や、画像ファイルなどを共用するためデータ量が大きくなりやすいといった点があります。

スマートフォンに対応させたサンプルサイトのトップページ

Lesson 53 [デベロッパーツールの利用]
スマートフォンでの表示をパソコンで確認しましょう

このレッスンのポイント

スマートフォンにはさまざまな機種があるので、いろいろな画面サイズで確認をして、表示に問題がないか調べましょう。ここではGoogleのデベロッパーツールを利用して表示を確認するテクニックを紹介します。

→ デベロッパーツールを利用する

Chromeの デベロッパーツール は、Chromeブラウザから起動できる制作支援用ツールです。デベロッパーツールには表示しているHTMLやCSSの構造を確認したり、読み込みできなかった画像をエラー表示したりなど、いろいろと便利な機能があります。今回はその中でも スマートフォンサイトの表示確認に 便利なデバイスモードの使い方を説明しましょう。

デベロッパーツールを起動するには、右ページで説明しているようにメニューで操作するか、キーボードの F12 キー（Macでは command ＋ option ＋ I キー）を押します。

▶ デベロッパーツールのデバイスモード画面

さまざまな機種に合わせた表示を確認できる

厳密にはブラウザの動作やフォントが違うので、実機でも確認したほうがいいですよ。

● デバイスモードに切り替える

1 デベロッパーツールを表示する

1 メニューのアイコンをクリック

2 [その他のツール] - [デベロッパーツール] をクリック

2 デベロッパーツールが表示された

1 スマートフォンのアイコンをクリック

3 デバイスモードに切り替わった

スマートフォンの画面サイズで表示されます

chapter 8　スマートフォンに対応しよう

● デバイス（機種）を切り替える

1 デバイスのリストを表示する

1 [Devices]のリストをクリック
2 目的の機種をクリック

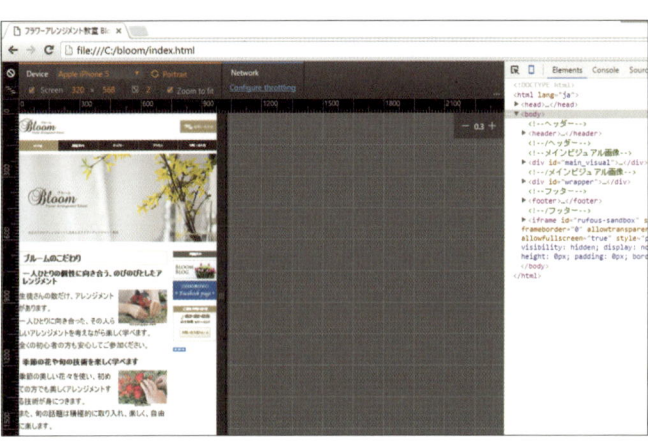

2 選択した機種の表示に切り替わった

機種にあわせて画面サイズが変わります

Point　黄色いバーが出たらリロードする

デバイスを切り替えたり、デバイスモードをオン/オフしたりした際に右の画面のような黄色いバーと警告が表示されることがあります。これは、ウィンドウサイズや端末の種類が変更されたため、リロードしてくださいというメッセージです。

これが表示されたらリロード

● 画面の向きを切り替える

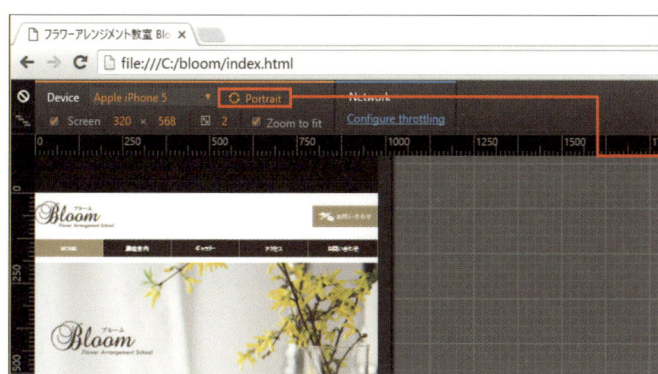

1 切り替えボタンをクリックする

1 [Portrait] をクリック

機種によってはリストが表示されるので、そこから [Portrait-○○] を選択します。

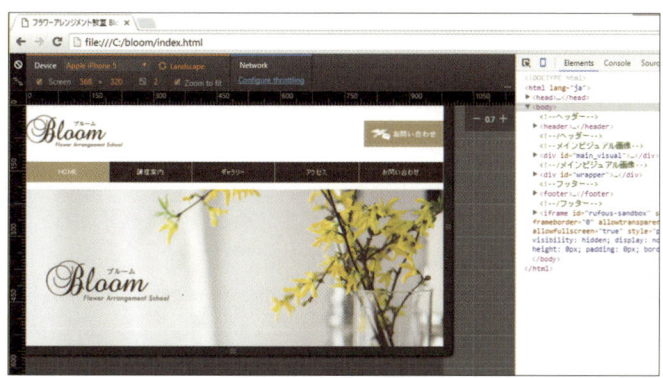

2 横向きに切り替わった

横向きでどう表示されるかを確認できます

👍 ワンポイント デバイス解像度

デバイスを切り替えてみて不思議に思った人もいると思いますが、デバイスを切り替えたときに設定される画面サイズ（px数）と、スペック上のデバイス解像度が違うことがあります。
例えばiPhone 6sの場合、スクリーンサイズは375×627pxに設定されますが、スペック上のデバイス解像度は750×1,334pxなので倍近く違います（完全に倍ではないのは、デベロッパーツールがスマートフォンの上部に出るステータスバーの領域を考慮しているためです）。
これは「高解像度」「高精細」というディスプレイの特長で、従来のピクセルの取り扱いのまま実際の解像度は精細になり、美しい画面出力を実現する仕組みです。
例えば200×200pxの画像を通常のディスプレイで100×100pxに縮小表示した場合は圧縮された表示になりますが、iPhone 6sでは圧縮されずきれいなまま100×100pxの中に収まると思ってください。
逆に100×100pxの画像をiPhone 6sでそのまま縮小せずに表示した場合、もちろん普通に表示されますが、画像以外の文字やインターフェースは高精細なので対比して画像がぼやけて見えることがあります。

chapter 8 スマートフォンに対応しよう

Lesson 54 ［レスポンシブWebデザイン❶］
Viewportを設定してWebページの表示方法を制御しよう

このレッスンのポイント

スマートフォンでWebページを見たとき、パソコン用のページがすごく縮小されて表示されたり、拡大／縮小ができないようになっていたりする経験はありませんか？ これらの挙動はHTMLにViewport（ビューポート）という設定を加えることで制御できます。

➡ Viewportは何を制御するのか

Viewportとは、スマートフォン用ブラウザにおける「ウィンドウの幅」と「ユーザーによる拡大／縮小の許可」の設定です。スマートフォンのブラウザはパソコン用ブラウザと違ってウィンドウのサイズを変更できず、基本的に端末の画面サイズいっぱいにWebページを表示します。そして、ページの横幅がスマートフォンの画面サイズを超える場合は、==仮想的なウィンドウサイズを設定し、ページを縮小して画面内に収めて表示します。==この仮想ウィンドウサイズは特に何も設定しない場合は980px前後と見なされるので、パソコン用の横幅が広いWebサイトを表示すると、かなり縮小されます。

逆にいえば、Viewportの設定で仮想ウィンドウサイズを小さくすれば、それほど縮小されなくなります。

▶ 仮想ウィンドウサイズと縮小率の関係

仮想サイズが980px / 縮小率「大」

仮想サイズが500px / 縮小率「小」

※サイトの幅が固定されている場合、はみ出します

Viewportはmeta要素を使って書く

ViewportはHTML内にmeta要素を使って記述します。name属性に「viewport」と指定し、content属性にカンマ区切りで設定を書いていきます。
仮想ウィンドウのサイズ設定ではwidthとheightで指定しますが、高さはなりゆきにすることが多いのでwidthのみ設定するのが一般的です。拡大／縮小の設定では、ユーザーに拡大／縮小を許可するかどうかや、倍率の範囲を指定できます。

▶ Viewportの設定例

```
<meta name="viewport" content="width=device-width, initial-scale=1">
```

Viewport設定であることを表す　　幅の設定　　拡大率の設定

▶ content属性に指定するViewport設定

プロパティ	値	設定内容
width	device-width またはピクセル数	表示領域の横幅
height	device-height またはピクセル数	表示領域の高さ
user-scalable	yes（許可）またはno（不可）	ユーザーが拡大／縮小可否
initial-scale	倍率（0〜10）、100%を1とする	初期状態の拡大／縮小率
minimum-scale	倍率（0〜10）、100%を1とする	最小の拡大／縮小率
maximum-scale	倍率（0〜10）、100%を1とする	最大の拡大／縮小率

Viewportの設定はパソコン用ブラウザでは無視されます。

 ## device-widthとは？

device-widthとは、デバイスの提供元（メーカーなど）があらかじめ設定している、そのデバイスの標準のウィンドウサイズです。デバイスの解像度とは違うので注意してください。「標準」の値は各社「最適に表示できる大きさ」として決めているので、さまざまな大きさになります。メーカーのWebサイトや、ウィンドウサイズの情報を提供しているサイトなどを見ると、どれほど多種多様に存在しているかわかると思います。

▶ SCREEN SIZ.ES

http://screensiz.es/

→ Viewportの設定例

Viewportは組み合わせ次第でさまざまな設定がありますが、ここでは2つほど紹介しましょう。
1つめはレスポンシブWebデザイン向けの設定です。レスポンシブWebデザインの場合、端末の画面サイズに合わせてレイアウトが調整されるため、横幅はdevice-widthにします。初期拡大率と最小の拡大／縮小率は指定しません。

2つめはパソコン用サイトをスマートフォンで表示する場合の設定例です。幅1000pxでデザインしたWebサイトに対し、仮想ウィンドウサイズを幅1000pxで設定することで、パソコンと同じように表示させます。レイアウトは崩れなくなる代わりに文字は小さくなるので、ユーザーが拡大／縮小しながら見ることを想定します。

▶ レスポンシブデザイン対応サイト向けの設定

```
<meta name="viewport" content="width=device-width, user-scalable=yes, maximum-scale=2">
```

- maximum-scale=2 : 拡大は2倍（200%）まで
- width=device-width : スマートフォンの画面サイズに合わせる
- user-scalable=yes : ユーザーによる拡大を許可

▶ パソコン用サイトをスマートフォンでも見せる設定

```
<meta name="viewport" content="width=1000px">
```

- width=1000px : 横幅を1000pxに固定
- 後は標準設定

→ 使いにくい設定は避けよう

Viewportの設定の組み合わせによっては、ユーザーに優しくない設定にもなってしまうこともあります。以下の設定例は幅を1000pxを指定しつつ、拡大／縮小を不可にし、さらに初期拡大率を1倍（100%）にした場合です。パソコン用サイトを縮小せずに表示するので、スマートフォンの小さな画面からはみ出してしまう上に、自分で拡大／縮小もできないとても不便な例です。

▶ パソコン用サイトを縮小せずに表示し、拡大／縮小もできない設定

```
<meta name="viewport" content="width=1000px, user-scalable=no, initial-scale=1">
```

サンプルサイトにViewport設定を追加する

1 meta要素を追加する `index.html`

index.htmlを開き、head要素の中にViewport用のmeta要素を追加します❶。今回はレスポンシブWebデザインにするので、幅はdevice-width、初期表示倍率は1倍で表示する設定にします。

```
01  <!DOCTYPE html>
02  <html lang="ja">
03  <head>
04  <meta charset="UTF-8">
05  <title>フラワーアレンジメント教室 Bloom</title>
06  <meta name="viewport" content="width=device-width, initial-scale=1">
07  <link rel="stylesheet" href="css/style.css">
08  </head>
09  <body>
10    <!--ヘッダー-->
```

❶ meta要素を追加

2 すべてのHTMLファイルに追加する

さらにcourse.htmlやgallery.htmlなどのすべてのHTMLファイルに対して、同様にmeta要素の記述を追加してください。いちいち入力し直すとエラーのもととなので、コピー&ペーストで追加していくことをおすすめします。

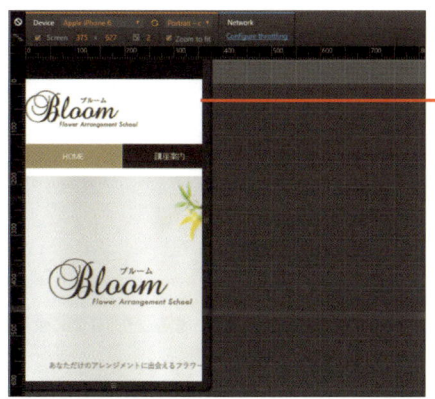

縮小率が変わってはみ出す

Chromeのデバイスモードで Viewportの変化がうまく反映されないときは、リロードしてから開発ツールの表示／非表示を切り替えてみてください。

Lesson 55 ［レスポンシブWebデザイン❷］
メディアクエリで CSSを切り替えましょう

このレッスンの ポイント

ビューポートが理解できたら、いよいよメディアクエリ（Media Queries）を使ってスマホ用のスタイルを作って行きましょう。ちょっと難解な気がしますね？ 大丈夫！ 一緒に一歩ずつ解き進めていきましょう。

➔ メディアクエリでCSSを切り替える

メディアクエリ（Media Queries）とは、ウィンドウサイズ（画面サイズ）などによって適用するCSSを切り替えることができる、CSS3からの新しい機能です。以前から「メディアタイプ」というプリンタ用のCSSなどを指定するための仕様があったのですが、それを拡張して作られました。

レスポンシブWebデザインでは、主にウィンドウサイズを条件にして適用するCSSを切り替えます。ですからスマートフォンの場合は先に説明したViewportで仮想ウィンドウサイズを設定する必要があります。

▶ メディアクエリの仕組み

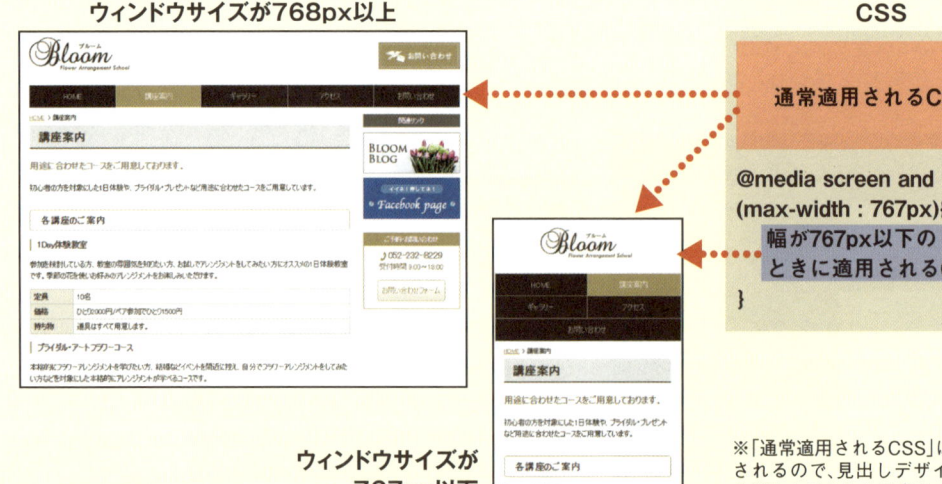

メディアクエリの書き方

メディアクエリの指定方法はいくつかありますが、**一番ポピュラーなのがCSSの@mediaルールを使う方法**です。1つのCSSファイルの中にパソコン用とスマートフォン用のCSSを書くことができます。本書のサンプルサイトでもこれを使用します。

@mediaルールの使い方もいろいろあるのですが、今回は横幅のピクセル幅を条件にする書き方を説明します。まず最初の「@media screen and」までは固定で、続く括弧の中に条件を書くと覚えておきましょう。**「○○以下」を条件にしたいときは最大幅を表すmax-widthを、「○○以上」を条件にしたいときは最小幅を表すmin-widthを使用**します。「○○以上〜○○以下」を条件としたい場合はandを使って複数の条件をつなぎます。

▶ メディアクエリの条件の例

```
@media screen and (max-width: 767px)
```

- スクリーン(画面)のときに適用
- 最大幅が767pxのときに適用
- 画面幅が767px以下のときに適用するという意味

▶ 横幅が320px以下のときに適用(小さなスマホ向け)

```
@media screen and (max-width: 320px){
   ここに横幅320px以下のデバイスに適用するCSSを記述
}
```
最大320px

▶ 横幅が1025px以上のときに適用(PC向け)

```
@media screen and (min-width: 1025px){
   ここに横幅1025px以上のデバイスに適用するCSSを記述
}
```
最小1025px

▶ 横幅が321px〜1024pxの間のときに適用(タブレット向け)

```
@media screen and (min-width: 321px) and (max-width: 1024px){
   ここに横幅321px以上、1024px以下のデバイスに適用するCSSを記述
}
```
最小321pxかつ最大1024px

スタイルが切り替わる境界となるピクセル幅のことを、「ブレイクポイント」と呼びます。

● サンプルサイトBloomをスマホ対応させましょう

1 @mediaルールを記述する `style.css`

style.cssファイルに、@mediaルールを記述します❶。今回は幅767px以下ならスマートフォン用のスタイルを適用し、それ以上ならパソコン用のスタイルのままになるようにします。タブレット用は指定しませんが、最近のタブレットのサイズはパソコンとあまり変わらないので、パソコン用スタイルを流用します。@mediaの記述は、パソコン用のスタイルより後に書いて指定を上書きさせたいので、style.cssの一番下に記述しましょう。

```
311 @media screen and (max-width : 767px){
312 }
```

❶ @mediaルールを入力

2 画像の幅を調整する

手順1で記述した内容は、横幅が767px以下の場合のみ適応されるため、スマートフォンのみに使用するスタイルを{}の間に記述していきます。まずは幅が大きい画像がスマートフォンの幅からはみ出してしまわないように、max-widthプロパティを利用して画像の最大幅を指定します❶。

```
311 @media screen and (max-width : 767px){
312   img {
313     max-width: 100%;
314   }
315 }
```

❶ img要素の幅を100%に

Point 横幅の最大値はmax-widthプロパティで設定する

max-widthプロパティは横幅の最大値を設定することができます。この例ではimgにmax-width：100%を設定しているので、imgのサイズが親要素より小さい場合はそのままですが、親要素より大きい場合は親要素の幅まで縮小されます。

スマートフォンの場合は、主にコンテンツは縦長に展開され、画像は横幅いっぱいに表示することが多いため、はみ出さないようあらかじめ設定しておきます。

3 各要素の幅を100%にする

複数セレクタを使い、ヘッダーやグローバルナビゲーション、メイン部分、サイドバーなどのレイアウトに関する要素を100%にします❶。その結果、メインコンテンツとサイドバーの要素が横並びでは入りきらなくなるため、縦に並んで表示されるようになります。

```
315   header,
316   #global_navi,
317   #sidebar,
318   #wrapper{
319     width: 100%;
320   }
```

❶ レイアウト関連の要素の幅を100%に

幅をpxで指定している部分は画面からはみ出してしまう

サイドバーがメインコンテンツの下に配置される

chapter 8 スマートフォンに対応しよう

NEXT PAGE ➡

4 ヘッダー内を整える

ヘッダー内を整えていきましょう。ロゴは中央揃えにするので、フロートを解除してtext-align: centerを指定します❶。また、ロゴ画像が大きすぎるので幅を50%のサイズに変更します❷。お問い合わせボタンはdisplayプロパティの値をnoneにして非表示にします❸。

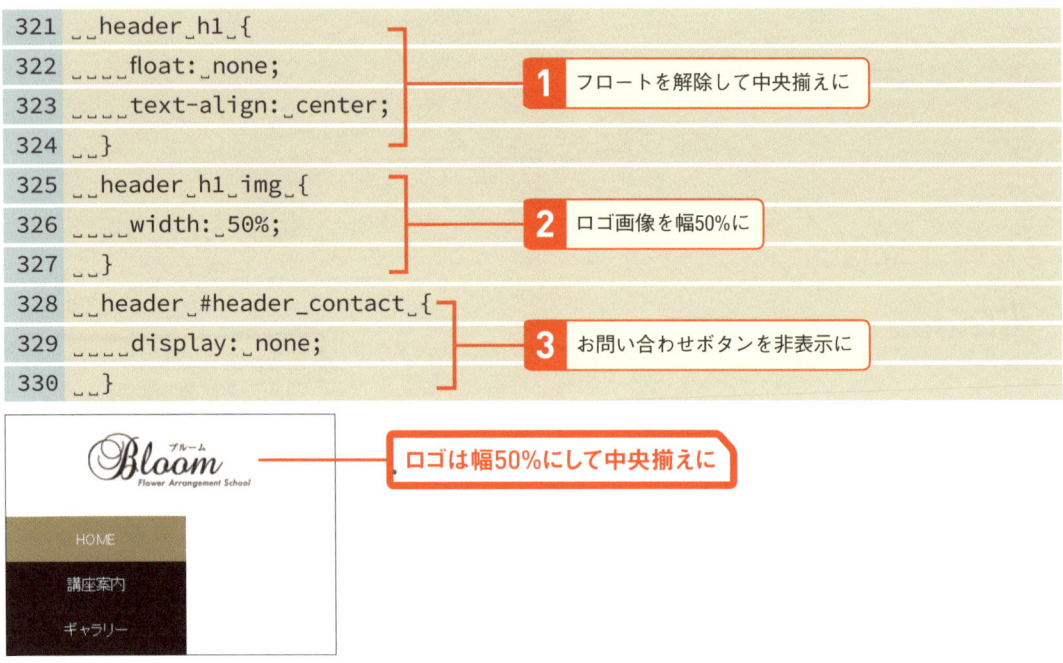

```
321  __header_h1_{
322  ____float:_none;
323  ____text-align:_center;
324  __}
325  __header_h1_img_{
326  ____width:_50%;
327  __}
328  __header_#header_contact_{
329  ____display:_none;
330  __}
```

❶ フロートを解除して中央揃えに
❷ ロゴ画像を幅50%に
❸ お問い合わせボタンを非表示に

ロゴは幅50%にして中央揃えに

Point display:noneで要素を非表示にする

```
display:_none;
```

display:noneを設定した要素は、見た目上は非表示になります。レイアウト上もなかったことになり、ない前提で配置も変更されます。ただし、内部的に要素としては存在している状態なので、例えば画像にdisplay:noneをかけた場合は、画像データは読み込まれ準備された状態で、見た目には見えないということになります。パソコン用に大きな画像を使用して、スマートフォンで非表示にしても通信量が変わらないという点に注意してください。

5 グローバルナビゲーションを2列の縦並びにする

グローバルナビゲーション内のli要素は幅を50%にして横に2つ縦並びになるよう設定します❶。指定した50%をはみ出さないようbox-sizingプロパティにborder-boxを指定し、幅の指定にボーダーまでを含めるようにしました。さらにmarginを0にします。ボタン同士の隙間を調整するためpaddingに0.5pxを設定し、それぞれ間隔が1px開くようにします❷。a要素にもはみ出さないようにmargin:0を設定します❸。

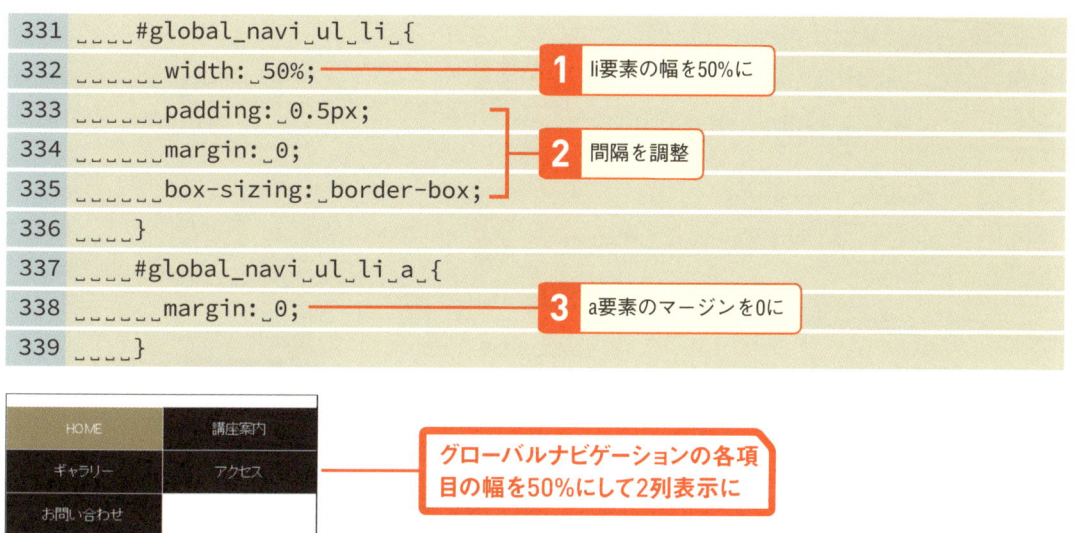

グローバルナビゲーションの各項目の幅を50%にして2列表示に

6 最後のli要素だけ幅を広げる

サンプルサイトではメニューのli要素が5つなので1つ下に余ってしまいます。そこで、:last-child疑似クラスを使い、最後の「お問い合わせ」だけ横幅を100%にしてバランスをとります❶。

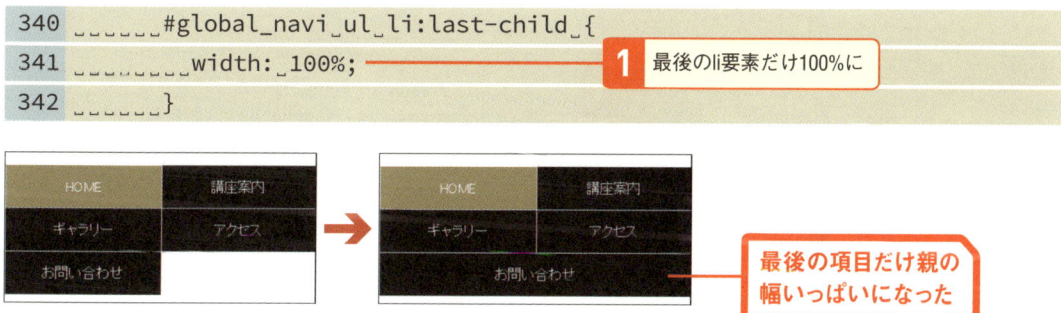

最後の項目だけ親の幅いっぱいになった

7 メインコンテンツを整える

メインコンテンツの幅は730pxに指定しているので、そのままだとウィンドウからはみ出します。そこで全体の幅を親要素の100%にし、パディングで左右を5%空けます❶。また、メインコンテンツ内のfigure要素はすべて中央揃えにします❷。

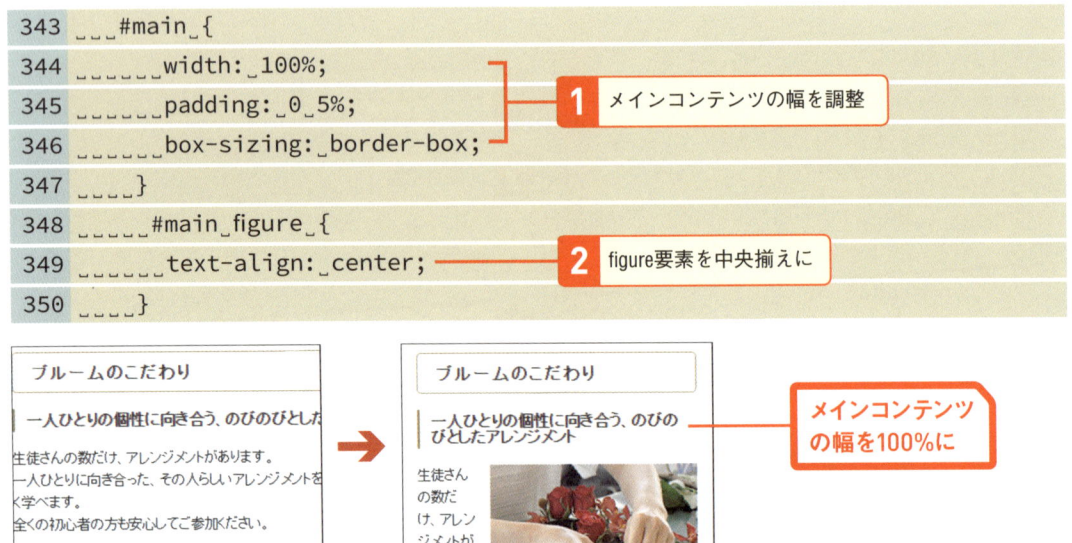

8 メインビジュアルを幅100%にする

トップページに表示されるメインビジュアルの画像は、幅を100%にします。また、高さを指定するheightプロパティにはautoを指定し、幅に合わせてなりゆきで調整されるようにします❶。

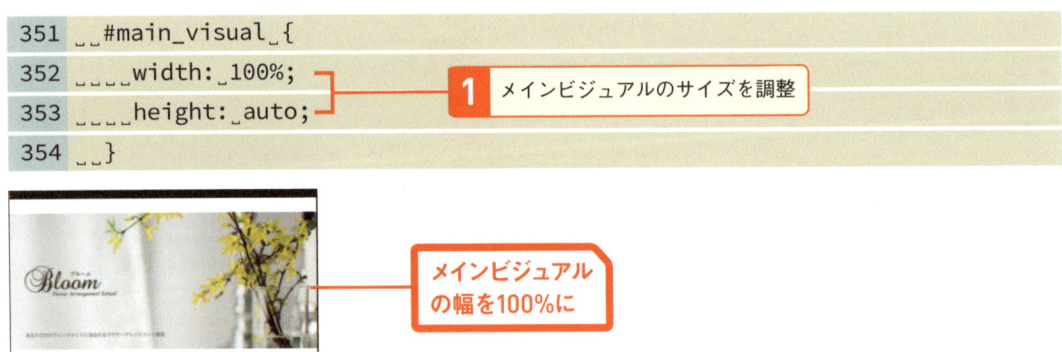

9 「こだわり」セクションの画像の回り込みを解除する

「こだわり」セクションの中の画像には第7章でfloat: rightを設定していましたが、回り込ませるほどの幅がないので解除します。文章が下に来るので、画像の下マージンを11pxに広げます❶。

```
355   #point_figure {
356     float: none;
357     margin: 0 0 11px 0;
358   }
```

❶ 回り込みを解除

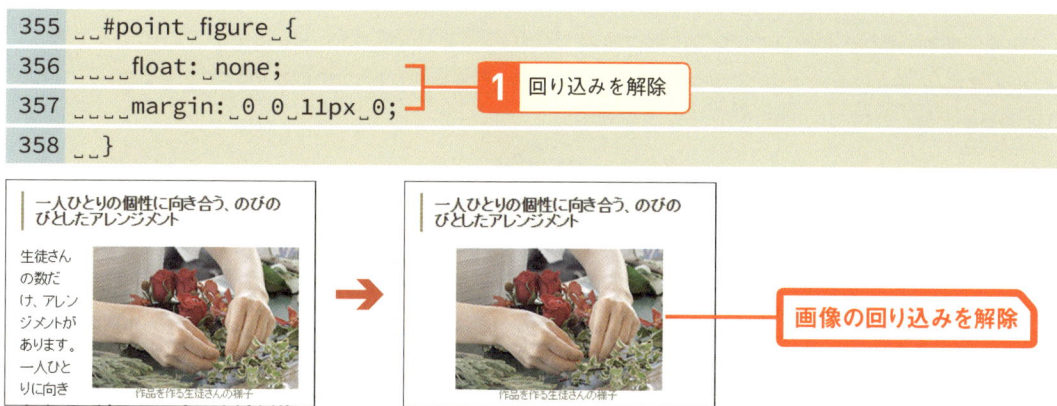

画像の回り込みを解除

10 サイドバーを整える

バナーなどが入っているサイドバー内の表示を整えましょう。バナーは中央揃えにして余白を調整します❶。電話のアイコン画像が大きくなりすぎないようにサイズを調整します❷。

```
359     #side_banner ul li {
360       text-align: center;
361       margin: 11px auto;
362     }
363   #side_contact_address img {
364     width: 14px;
365     height: 20px;
366   }
```

❶ バナーを中央揃えに
❷ アイコンのサイズを調整

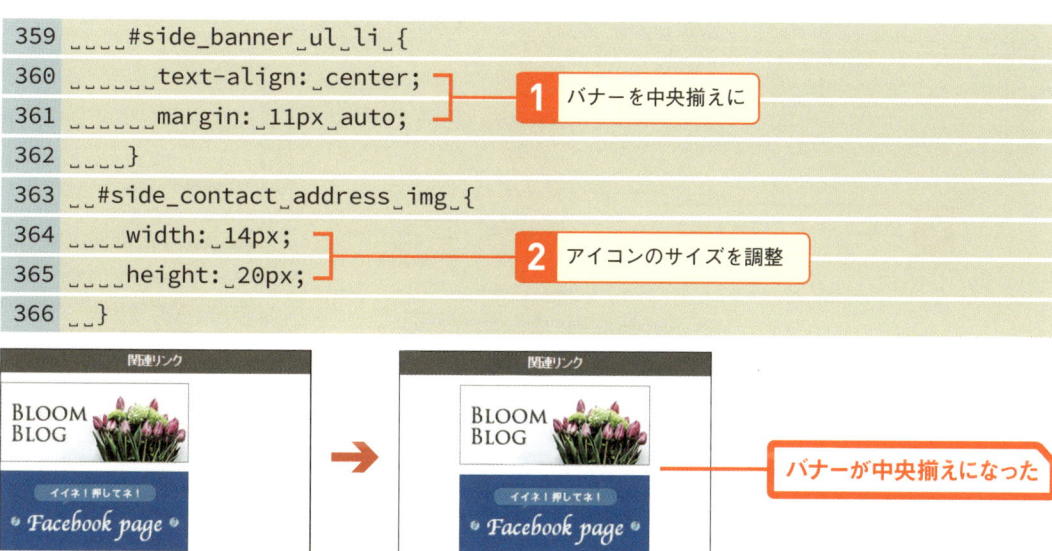

バナーが中央揃えになった

NEXT PAGE →

11 フォームを幅に納める

パソコン用のフォームは、項目名のdt要素と入力フィールドのdd要素が横並びになるようにしています。そのためにスマートフォンで表示すると横幅をはみ出してしまいます。そこでスマートフォンでは縦に並ぶようにします。

まずdt要素に対して「float: none;」でフロートをやめ、幅を100%にします。これで縦に並びます❶。また、dd要素には位置を調整するために設定していた左マージンを0にし、やはり幅を100%にします❷。各入力フィールドは幅が100%を越えないようにします❸。最後にテキストエリアの幅を100%にします❹。

```css
367   #entry dl dt {
368     float: none;
369     width: 100%;
370     box-sizing: border-box;
371   }
372   #entry dl dd {
373     width: 100%;
374     margin-left: 0;
375     border-left: none;
376     box-sizing: border-box;
377   }
378   #entry #name, #entry #email, #entry #interest {
379     max-width: 100%;
380   }
381   #entry #detail {
382     width: 100%;
383     box-sizing: border-box;
384   }
```

❶ dt要素を調整
❷ dd要素を調整
❸ 各フィールドの幅を調整
❹ テキストエリアの幅を調整

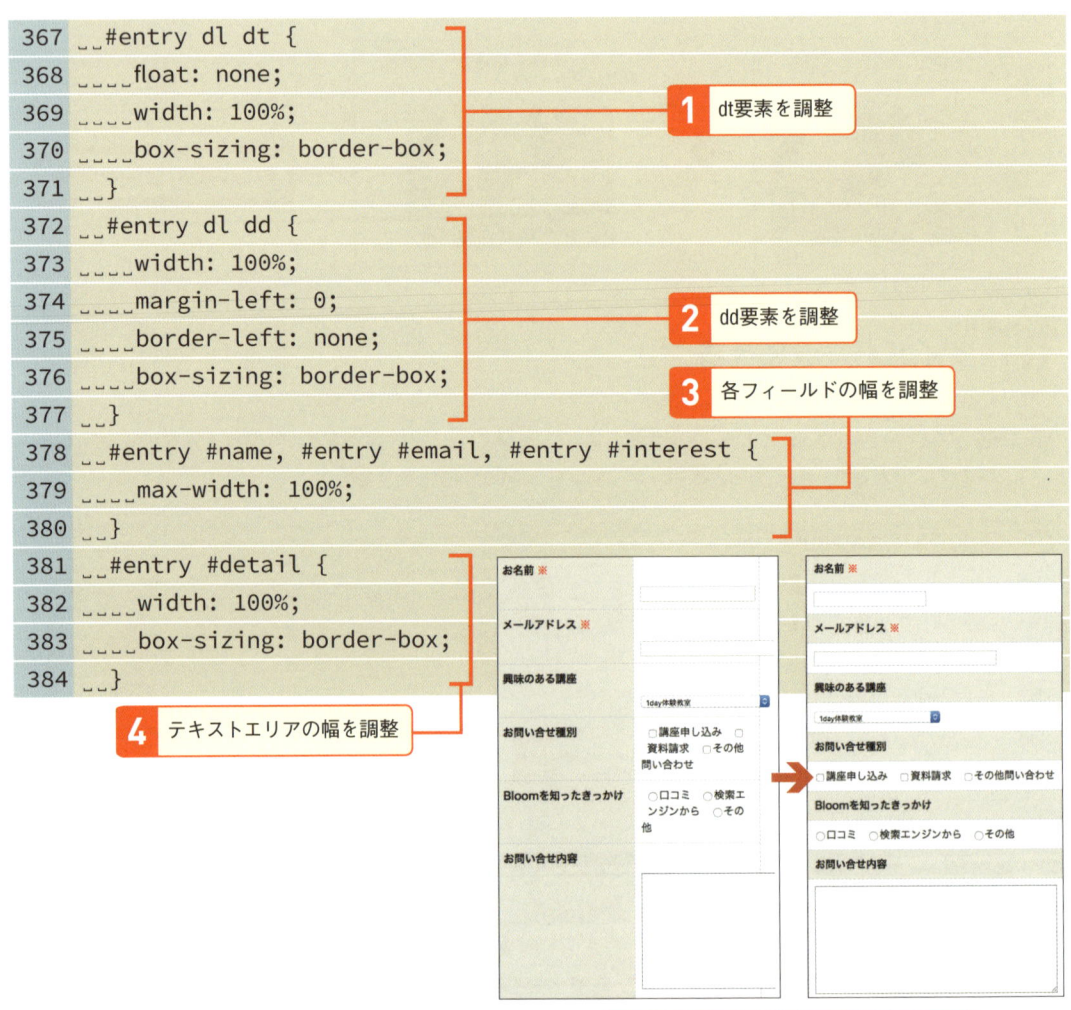

dt要素とdd要素が横並びになった

Lesson 56 ［Webフォント］
Webフォントでアイコンを表現してみましょう

このレッスンのポイント

さらにもう一歩カスタマイズしてみましょう。アイコンにWebフォントを使用すると、高解像度のスマートフォンでも粗くならずきれいに表示できるようになります。また、CSSで色やサイズを変更することも可能です。

Webフォントとアイコンフォント

通常Webページで使用するフォントは、閲覧者の環境にインストールされているフォントを利用します。そのためWindowsとMac両方に対応する記述が必要となったり、フォントがインストールされていないために意図しない代わりのフォントで表示されてしまったりすることがありました。
この問題を解決するのがWebフォントです。フォントデータをWeb上の指定した場所から読み込み、==パソコンに入っていないフォントでもCSSで指定して表示できる==ようにします。

通常の文章などの文字でWebフォントを利用するにはいろいろと準備が必要なのですが、手軽で広く使われている利用方法に==アイコンフォント==があります。名前のとおりアイコンの画像を集めたWebフォントのことで、画像のアイコンと違って、CSSで容易に色やサイズを変更できます。さまざまな解像度があるスマートフォンでは、画像の解像度が低いとぼやけて表示されるため、拡大／縮小に強いアイコンフォントは積極的に利用されています。

▶ Webフォントの仕組み

▶ アイコンフォントと画像の比較

アイコンフォントなら常にはっきり表示される

● Font Awesomeからアイコンフォントをダウンロードする

1　公式サイトからフォントファイルをダウンロードする

アイコンフォントはさまざまなものが公開されていますが、アイコンの種類が豊富で人気が高い「Font Awesome」の使い方を紹介しましょう。

Font Awesome公式サイトのトップページからファイルをダウンロードします

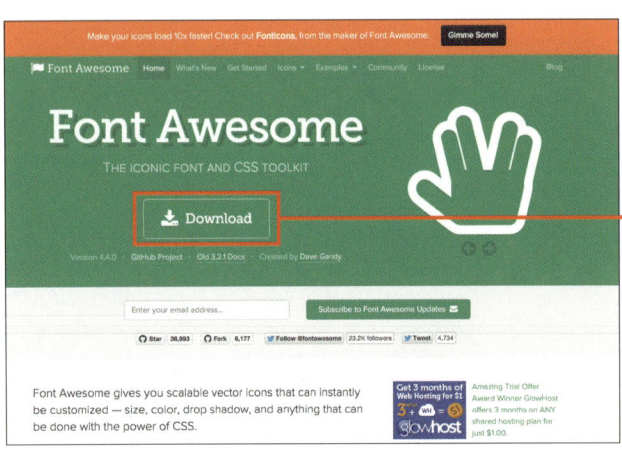

1　Font Awesomeのページ（http://fontawesome.io/）を表示

2　[Download] をクリック

3　「Download」画面で [No thanks just download Font Awesome] をクリック

2　CSSファイルとfontフォルダをコピーする

ダウンロードしたファイルを解凍すると、「css」フォルダと「font」フォルダが現れます。これらを使用するWebサイトの作業フォルダにコピーします（「less」「sass」フォルダはコピー不要です）。今回の例では

ドキュメントフォルダの「bloom」フォルダにコピーします。CSSはすでにある「css」フォルダに格納してOKです。同じファイル名があると上書きされてしまうのでそこは注意しましょう。

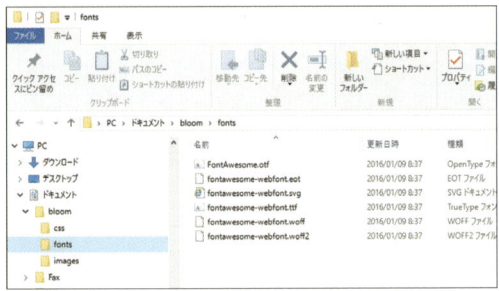

3 HTMLに読み込む　すべてのHTMLファイル

HTMLのhead要素内にlink要素を追加し、コピーしたフォルダ内のfont-awesome.min.cssを読み込みます❶。アイコンを使用するすべてのHTMLにこの記述が必要となる点に気を付けてください。

```
01  <!DOCTYPE html>
02  <html lang="ja">
03  <head>
04  <meta charset="UTF-8">
05  <title>フラワーアレンジメント教室 Bloom</title>
06  <meta name="viewport" content="width=device-width, initial-scale=1">
07  <link rel="stylesheet" href="css/style.css">
08  <link rel="stylesheet" href="css/font-awesome.min.css">
09  </head>
```

1 link要素を入力

> Font AwesomeのフォントとCSSが読み込まれないとアイコンが表示されないので注意しましょう。

👍 ワンポイント CDNを利用する

Font Awesomeからアイコンフォントをダウンロードする代わりに、インターネット上で公開されているフォントデータを利用する方法もあります。この仕組みをCDN（Content Delivery Network：コンテンツデリバリネットワーク）といいます。
CDNの場合、HTMLにlink要素を1つ追加するだけで、すぐにアイコンフォントを利用できます。ただし、万が一CDNに不具合が発生した場合、アイコンフォントを使用した部分が正しく表示されなくなってしまいます。
また、製作中の環境やサーバにつながっていない状態ではフォントデータの読み込みができないため、表示されません。あくまでテストとして利用する場合にとどめておいたほうが無難です。

▶ CDNを利用するための記述

```
<link href="//netdna.bootstrapcdn.com/font-awesome/4.0.3/css/font-awesome.min.css" rel="stylesheet">
```

head要素内に書く

使いたいアイコンの情報を探す

アイコンフォントを利用するには、アイコンを表示したい場所にi要素を挿入し、アイコンの種類を表すクラス名を指定します。クラス名はFont Awesomeのアイコンページで調べられます。

ここではサイドバー内で使用する電話のアイコンのクラス名を調べてみましょう。Font Awesomeのアイコンは本書の執筆時点で605個もあるので、キーワードで検索する機能も用意されています。

1 アイコンをキーワード検索する

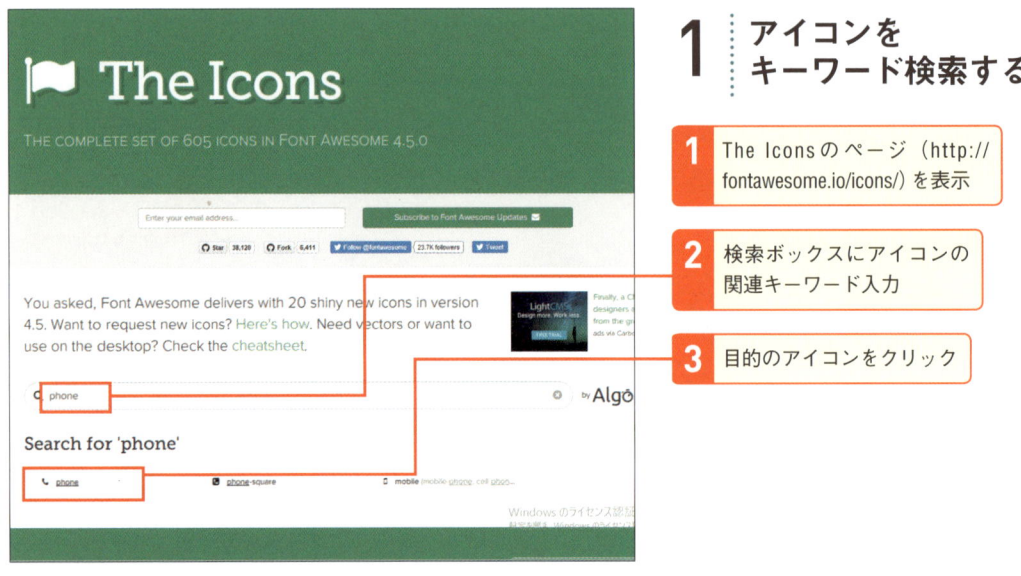

1. The Iconsのページ（http://fontawesome.io/icons/）を表示
2. 検索ボックスにアイコンの関連キーワード入力
3. 目的のアイコンをクリック

2 アイコンの情報を確認する

1. クラス名と設定例を確認

ここで調べたクラス名を使用します

使いたいアイコンの情報を探す

1 アイコンを挿入するHTMLファイルを開く `index.html`

サンプルサイトのHTMLファイルのいずれかを開き、アイコン画像を指定している場所を探しましょう。以下はindex.htmlの例です。電話番号の前に「mark_tel.png」という画像が挿入されています❶。

```
71      <!--サイド-->
72      <aside id="sidebar">
73        <section id="side_banner">
……略……
80        <section id="side_contact">
81          <h2>ご予約・お問い合わせ</h2>
82          <address><img src="./images/mark_tel.png" alt="TEL">052-232-8229</address>
83          <p>受付時間 9:00〜18:00</p>
84          <p><a href="contact.html" class="contact_button">お問い合わせフォーム</a></p>
85        </section>
86      </aside>
87      <!--/サイド-->
```

1 画像アイコンのimg要素を探す

2 i要素を挿入する

画像ファイルにi要素を挿入します。「fa fa-phone」がFont Awesomeの電話アイコンのクラス名なので、class属性に指定します❶。

```
80        <section id="side_contact">
81          <h2>ご予約・お問い合わせ</h2>
82          <address><i class="fa fa-phone"></i>052-232-8229</address>
83          <p>受付時間 9:00〜18:00</p>
84          <p><a href="contact.html" class="contact_button">お問い合わせフォーム</a></p>
85        </section>
```

1 i要素を入力

3 アイコンを確認する

ライブプレビューで結果を見てみましょう。ブラウザの機能で拡大してみれば、常に滑らかに表示されることが確認できるはずです。サイズが合わない場合は下のPointのようにクラス名を変更するだけで、6段階で変更できます。また、実体はフォントの文字なので、font-sizeプロパティで変更することもできます。

拡大しても粗くならない

Point マルチクラスでサイズを指定する

```html
<i class="fa fa-phone fa-lg"></i>
<i class="fa fa-phone fa-2x"></i>
<i class="fa fa-phone fa-3x"></i>
<i class="fa fa-phone fa-4x"></i>
<i class="fa fa-phone fa-5x"></i>
```

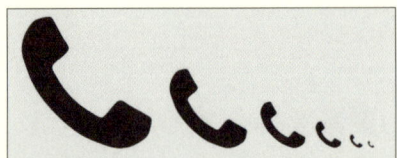

Font Awesomeでアイコンのサイズを変える場合は、アイコンの種類名の後に半角スペースを空けて「fa-lg」や「fa-2x」などのクラス名を入力します。fa-lgだとfont-size: 1.3333333333333333em;、fa-2xやfa-3xではそれぞれfont-size: 2em;、3emになります。ここではclass属性に半角スペースで区切り別のクラス名を指定しています。これは1つの要素に複数のクラス名を割り当てるマルチクラスという書き方です。この例だと「fa」がFont Awesome共通のスタイル、「fa-phone」がアイコンの種類、「fa-lg」がサイズを指定するクラスです。

Chapter 9

Webサイトを公開しよう

いよいよWebサイトを全世界に公開します！でも「公開する」っていったい何をやるんでしょう？この章ではWebサイトを公開するための準備と、ファイルのアップロードについて説明します。

Lesson 57 ［Webサーバの準備］
Webサイトを公開する
サーバを用意しましょう

このレッスンの
ポイント

ここまで作成してきたWebサイトは自分のパソコン上では見られますが、インターネットにはまだ公開されていません。作成したファイルをインターネット上に置き、世界中からアクセスできるようにします。この手順をファイルのアップロードといいます。

➔ Webサイトを公開するためにWebサーバを用意する

完成したWebサイトをインターネットに公開するには、HTMLやCSSをWebサーバと呼ばれるコンピュータに置きます。Webサーバは訪問者のアクセスに24時間応えられるように、常時稼働してインターネットにつながっている必要があります。それだけでなく、Webサーバとしてのいろいろな設定が必要なので、個人で用意するのは簡単ではありません。通常はプロバイダやサーバ事業者、通信事業者などが運営するレンタルサーバを契約し、Webサイトを公開する領域を間借りします。

▶アップロードから公開まで

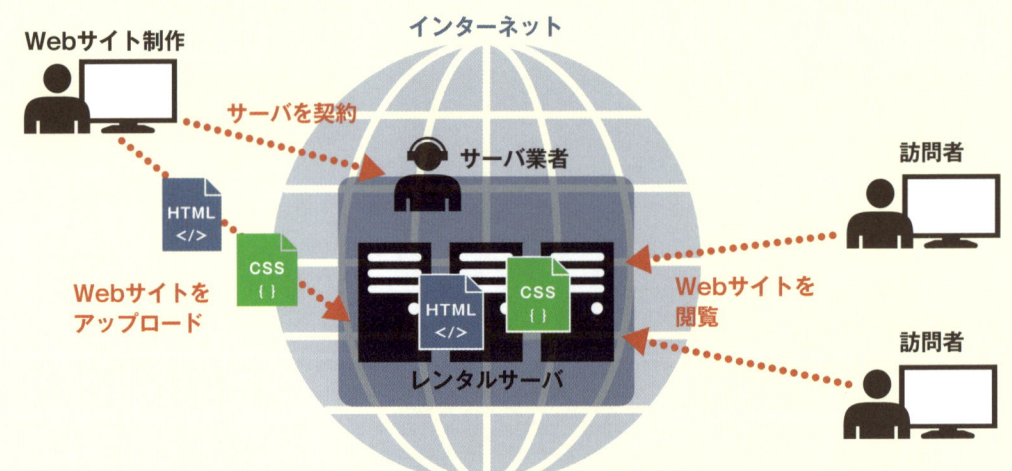

自分にあったレンタルサーバを選ぼう

一口にレンタルサーバといってもいろいろな種類があり、どれを利用すべきかはWebサイトの規模や運用方法によっても変わります。会社やお店のサイトでも、よほど大量のアクセスが見込める場合を除けば、利用料が安価な==共用サーバ==がおすすめです。

==共用サーバは1台のコンピュータをソフトウェア的に区分けして、複数のユーザーで共有するもの==です。企業での利用のために、社名入りの独自ドメインや社員用のメールアドレスなどもセットで提供しているサービスもあります。

▶ 初心者も利用しやすい主なレンタルサーバ事業者

ロリポップ！レンタルサーバー
http://lolipop.jp/

さくらインターネット
http://www.sakura.ad.jp/

👍 ワンポイント 独自ドメインとは

ドメイン名とは、Webサイトの場所を示すURLに使われる名前のことです。例えばYahoo! JAPANの場合、URLは「http://www.yahoo.co.jp/」ですが、この中の「yahoo.co.jp」の部分がドメイン名になります。自分のWebサイトを見てもらうための住所のような存在なので、重要な要素ですね。

レンタルサーバを契約した時点で提供されるドメイン名は、「○○○.lolipop.jp」のようにレンタルサーバ事業者が保有しているドメイン名を借りる形になりますが、お店のWebサイトなどでは店名をドメイン名に使いたいことも多いはずです。その場合は、自分で名前を決められる独自ドメインを契約する必要があります。独自ドメインにはサーバ代とは別に維持費がかかりますが、レンタルサーバ事業者によっては、独自ドメインの取得もセットで提供しているところもあります。

Lesson 58 ［ファイルのアップロード］
FTPクライアントを使って ファイルをアップロードしましょう

このレッスンの
ポイント

Webサーバを契約したら、いよいよ公開に向けて作成したファイルをアップロードしましょう。ファイルをWebサーバにアップロードするにはFTPクライアントを使います。ここではFTPクライアントの1つである「FileZilla」のインストールと利用方法を説明します。

インターネットでの公開＝FTPでのアップロード

Webサイトを作り終わったら、パソコンの中にあるHTMLやCSSなどのデータを、Webサーバの公開ディレクトリに丸ごと転送します。この作業をアップロードといいます。一般的にWebページのファイルをアップロードするには、**FTP (File Transfer Protocol：ファイルトランスファープロトコル)** を使います。具体的にはパソコンにFTPクライアントというアプリケーションをインストールし、Webサーバ側のFTPサーバというプログラムと通信してファイルをやりとりします。

今回は無料のFTPクライアントの「FileZilla」を紹介します。FileZillaは左にパソコン側（ローカル）、右にサーバ側（リモート）の状況が表示されており、直感的にファイルの転送作業を行えます。

▶ファイルのアップロード

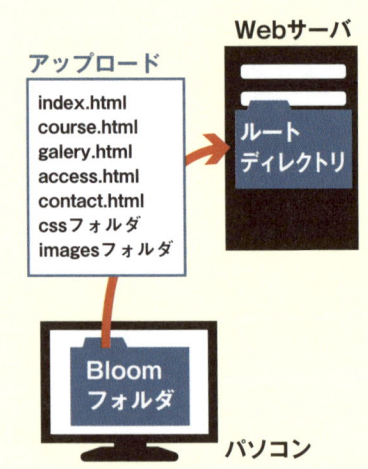

▶FileZillaの画面構成

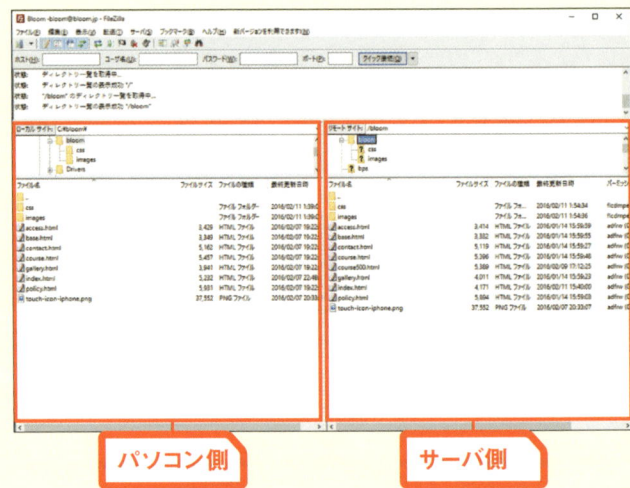

● FileZillaをインストールする(Windows)

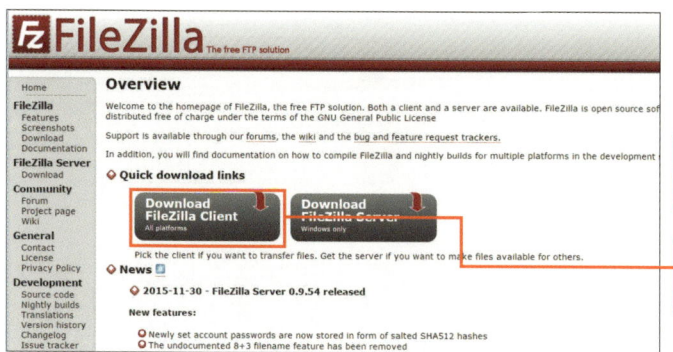

1 公式ページを表示する

1. FileZillaのページ (http://filezilla-project.org/) を表示
2. [Download FileZilla Client] をクリック

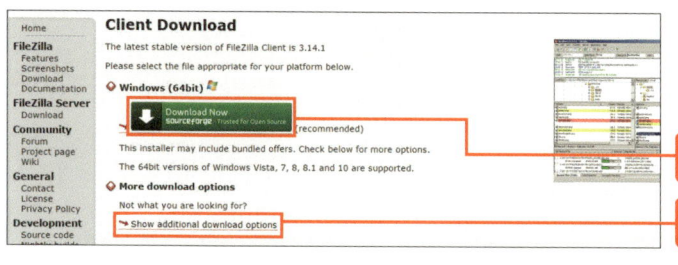

2 インストーラーをダウンロードする

1. 64ビット版はこれをクリック
2. 32ビット版はこれをクリック

3 インストールを実行する

1. ダウンロードが完了したらクリック

👍 ワンポイント 32ビット版をインストールするには

FileZillaには32ビット版と64ビット版があり、32ビット版のWindowsには32ビット版FileZillaしかインストールできません。32ビット版のFileZillaをダウンロードするには、「Client Download」の画面で[Show additional download options]をクリックし、次に表示されるページで[win32-setup.exe]を探してクリックします。

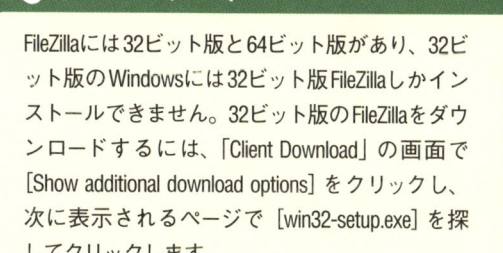

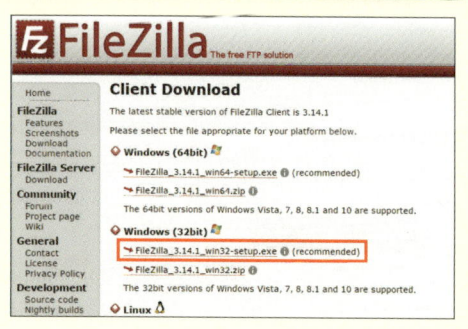

32ビット版ダウンロードページ

NEXT PAGE ➡ 255

4 インストールを進める

1 [I Agree] をクリック

2 以降は [Next] をクリックしてインストールを進める

5 インストールを完了する

1 [Finish] をクリックするとFileZillaが起動する

● FileZillaをインストールする（Mac）

1 公式ページを表示する

1 FileZillaのページ（http://filezilla-project.org/）を表示

2 [Download FileZilla Client] をクリック

2 インストーラーをダウンロードする

1 [Download Now] をクリック

3 ファイルを展開する

1 ダウンロードが完了したらクリック

4 アプリケーションフォルダにコピーする

1 展開したファイルをアプリケーションフォルダにコピー

2 [FileZilla]をダブルクリック

👆ワンポイント Mac版が起動できない場合は

Mac版のFileZillaをはじめて起動しようとするときに、「FileZillaは開発元が未確認のため開けません」と警告されて起動できないことがあります。その場合は、Macの[システム環境設定]から[セキュリティとプライバシー]を開き、[このまま開く]をクリックします。

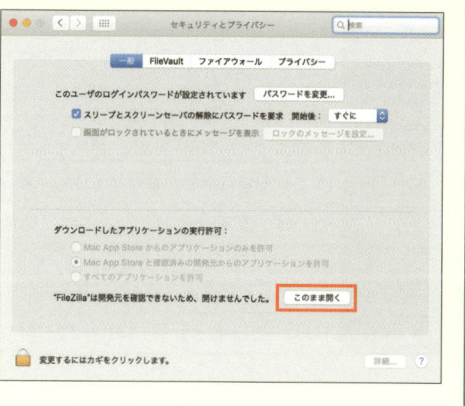

● 接続するサーバを登録する

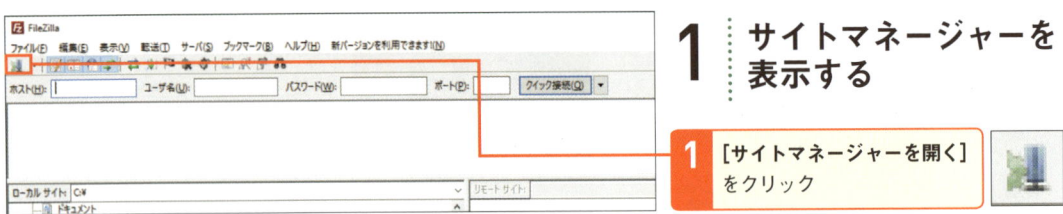

1 サイトマネージャーを表示する

1 [サイトマネージャーを開く]をクリック

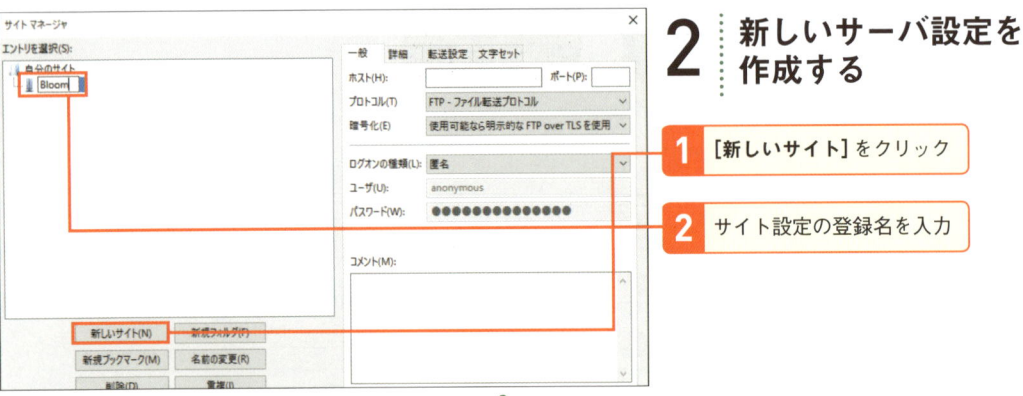

2 新しいサーバ設定を作成する

1 [新しいサイト]をクリック

2 サイト設定の登録名を入力

Point　FTPのためのサーバ設定情報

設定項目	呼び方・説明
ホスト	FTPが接続するサーバ名（例：ftp.○○○.ne.jpなど）を記述します。FTPサーバ名、FTPアドレスと表現されることもあります。
プロトコル	基本的に「FTP」のままで大丈夫です。レンタルサーバ事業者の情報に「SFTP」「FTPS」を利用するなどの指示がある場合はそれに合わせます。
暗号化	こちらも特に指示が書かれていない場合、そのままで大丈夫です。
ログオンの種類	ここは「匿名」となっていますが、「通常」に変更しましょう。
ユーザー	FTPのユーザー名、アカウント名、IDなどを入力します。レンタルサーバの契約管理画面用のIDなどと間違えないように気を付けてください（同一の場合もあります）。
パスワード	FTPユーザー名とセットになっているパスワードを入力します。

FTPのためのサーバ情報は、契約したレンタルサーバ事業者のサイトに記載されています。それをもとにサイトマネージャーの画面に入力していきます。

3 サーバ情報を入力する

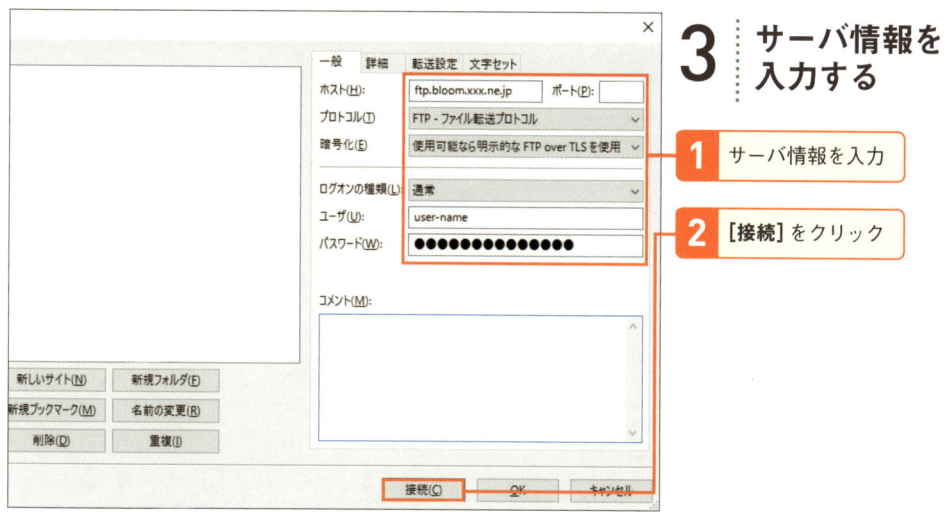

1. サーバ情報を入力
2. [接続]をクリック

4 サーバ情報に接続された

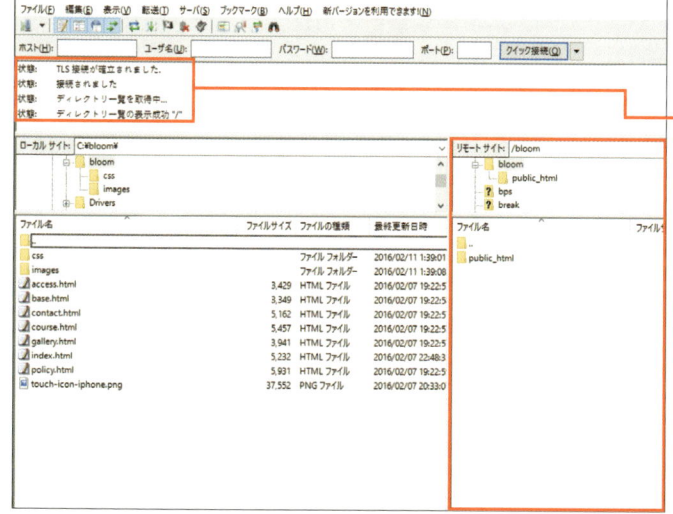

1. 接続状況が表示される

接続が完了すると、右側にFTPサーバ側のディレクトリが表示されます

👍 ワンポイント 接続がうまくいかない場合

状態表示に「エラー：サーバに接続できませんでした」などと表示され、右のサーバ側のペインに何も表示されていない場合、接続がうまく行っていません。サーバ設定に間違いがないか、ユーザー名やパスワードに間違いがないかを見なおしてみましょう。

▶ 接続に失敗した状態

ファイルをアップロードする

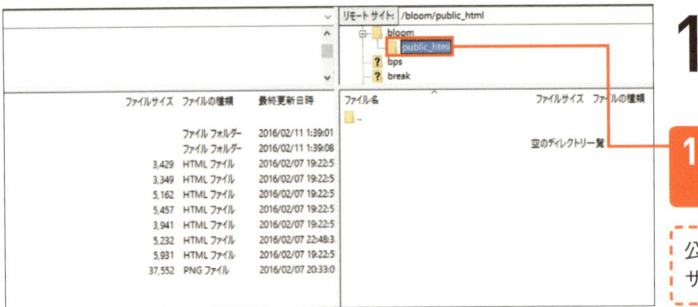

1 アップロード先のディレクトリを選ぶ

1. 右のサーバ側のペインでアップロード先のディレクトリをクリック

公開ディレクトリの場所はレンタルサーバの設定によって異なります

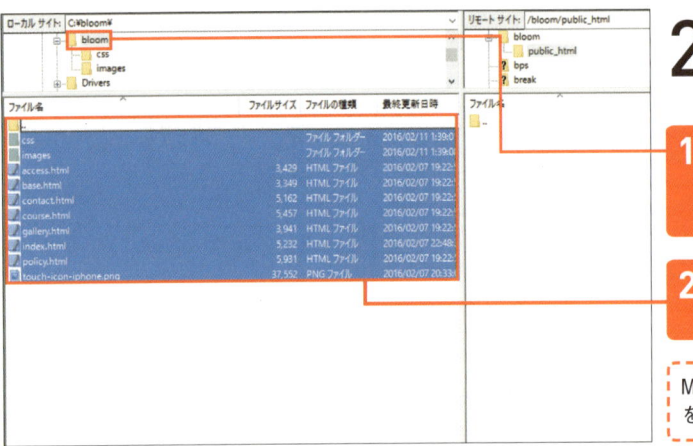

2 アップロードするファイルを選ぶ

1. 左のパソコン側のペインでWebサイトのファイルが入ったフォルダをクリック

2. アップロードしたいファイルやフォルダを Ctrl キーを押しながらクリック

Macの場合は Command キーを押しながらクリックします

3 アップロードするファイルを選ぶ

1. 選択したファイルを右クリックして [アップロード] をクリック

Macの場合は Control キーを押しながらクリックします

4 アップロードが完了した

右側のペインにアップロードした
ファイルやフォルダが表示されます

○ アップロードされたWebサイトをブラウザで確認する

アップロードが完了したら、ブラウザを起動し、レンタルサーバから割り当てられたURLを入力して正しく表示されるか確認してみましょう。この時点ですでに全世界に(インターネットに)公開されているので、リンク切れなどがないか確認し、大きな問題は早めに修正するようにしましょう。

おめでとうございます！
無事、あなたはWebサイト制作者としてデビューを飾りました。

Lesson 59 ［バリデート］
Webサイトの品質を確認しましょう

このレッスンの
ポイント

お疲れさまでした！　Webサイトも無事アップロードされ、世界中の人に閲覧してもらえるようになりました。ただし一見問題ないように見えても、HTMLの使い方などが間違っていると検索順位に影響が出ることもあります。チェックツールを使って確認しましょう。

→ Webサイトの品質とは？

品質というとデザインや見た目の良さに思われるかもしれませんが、Webサイトは情報を伝達するツールなので、見る人に対して情報が伝わっているかどうかや、マークアップが正しく書かれているかどうかが重要になります。

レイアウトを含めて視認性が悪いページは、せっかく訪れた閲覧者に情報を正しく伝えられません。これは158ページでも説明したアクセシビリティに問題

がある状態です。

また、マークアップがきちんと書けていないと、検索エンジンが情報を正しく読み取れず、順位が下がることもあります。これは66ページで説明したセマンティクス面の問題があります。その他にスマートフォンでの見やすさも重要です。

これらの情報伝達の正確さによってWebサイトの品質が決まります。

▶品質を左右する3要素

アクセシビリティ

あなただけのアレンジメントに出会えるフラワーアレ

読みにくい

セマンティクス

```
<p>Bloom公式</p>
<p>こだわり</p>
<p>季節の花や旬の技術を楽しく学べます</p>
<p>コース案内</p>
<p>用途に合わせたコー
```

検索エンジン　どこが重要かわからない

モバイル対応

小さくて読めない
触れない

「情報が正しく得られるか」を重視してチェックする

これまではChromeでWebサイトを確認してきましたが、世の中には多くのブラウザや閲覧環境が存在するので、なるべく多くの環境で確認すべきです。同じ名前のブラウザでも、**OSやバージョンが異なるだけで表示や解釈が変わる**ことがあります。大きな違いが出る場合は、HTMLやCSSを見なおす必要があるかもしれません。

HTML5の登場によってブラウザごとの差異は少なくなりましたが、古いブラウザなども視野に入れると、すべての環境で表示を完全に一致させるのは困難です。そこに力を入れるよりは、「レイアウトが大きく崩れてまったく情報が得られない」といった、**情報伝達ツールとしてのWebサイト本来の機能が損なわれていないことを確認**するのが大事です。

▶ 現在の主要ブラウザ

OS	対応ブラウザ
Windows	InternetExplorer（IE）、Microsoft Edge（Windows10から搭載）、Chrome、Firefox、Safari
Mac	Safari、Chrome、Firefox
Android	標準ブラウザ（Androidに搭載）、Chrome
iPhone (iOS)	Safari

マークアップのチェックサイトを利用する

マークアップの用法が正しいかどうかをチェックするツールはいくつか存在しています。人間でないとわからない文脈上の間違いは指摘できませんが、HTMLの機械的なエラーをチェックできます。

▶ The W3c Markup Validation Service

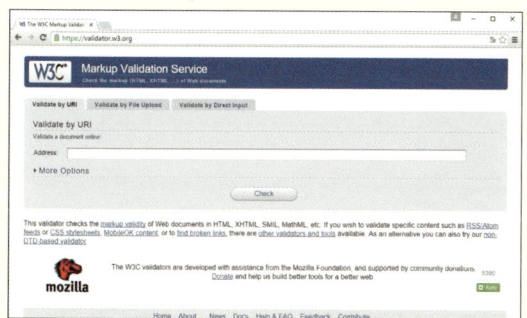

Webの標準規格を策定している国際規格団体W3Cが提供しているツール。
https://validator.w3.org/

▶ Another HTML-lint 5

石野恵一郎氏によって作られたHTML構文チェックツールを、株式会社ジゾンがHTML5に対応させたもの。
http://www.htmllint.net/

Another HTML-lint 5でマークアップをチェックする

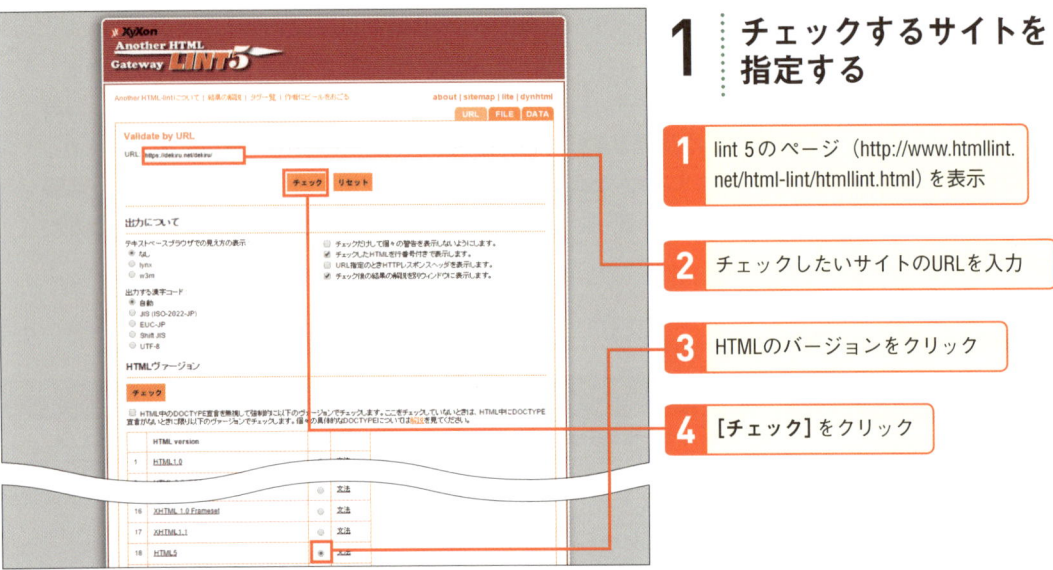

1 チェックするサイトを指定する

1. lint 5のページ（http://www.htmllint.net/html-lint/htmllint.html）を表示
2. チェックしたいサイトのURLを入力
3. HTMLのバージョンをクリック
4. ［チェック］をクリック

2 結果が表示された

1. リンクをクリックして指摘された場所や内容を確認

> サンプルサイトの場合、Facebookのいいね！ボタン設置のタグで「不明な属性」エラーが出ます。これはボタンの仕様なので問題はありませんが、エラーの原因は理解しておきましょう

> Severity（重要度）の数字が大きいほど致命的な問題です。解説を読んで何が問題だったのかを理解し、修正していきましょう。

Chapter 10

機能を追加して集客しよう

Webサイト制作は、見えている部分だけを作って終わりではありません！さまざまな機能を使用して、よりたくさんの人に見てもらえるように工夫しましょう。

Lesson 60 ［SEO施策］
検索結果にWebサイトの情報が詳しく載るようにしましょう

このレッスンの
ポイント

Webサイトを公開したとたんに大勢の人が見に来てくれる、というわけではありません。たくさんの人に訪問してもらうために、まずは検索エンジンにWebサイトの情報が詳しく載る工夫をしましょう。いわゆるSEOの一環です

検索エンジンへの対応

GoogleやYahoo! JAPANなどの検索サイトは、世界中のWebサイトを巡回（クロール）し、拾い集めた情報を使って検索結果を作ります。この巡回のシステムを**検索エンジン**と呼びます。この検索エンジンでの検索結果に詳しく載るための施策や、検索キーワードとページが合致するようにコンテンツを調整することを**SEO（Search Engine Optimization：検索エンジン最適化）**といいます。

SEO施策にはいろいろあるのですが、基本的なものは**各ページのタイトルとディスクリプション（説明）を、ページの内容に合わせて正しく設定する**ことです。それが検索エンジンに認識されれば、検索結果画面に表示されるようになります。ディスクリプションがない場合はコンテンツから自動生成されますが、適切な説明にならないことがあります。また、表示される文字数に制限があるので、重要なキーワードを前に入れることを意識しつつ、必要な情報が伝えられる説明を書きましょう。

▶ パソコンとスマートフォンでは表示文字数が変わる

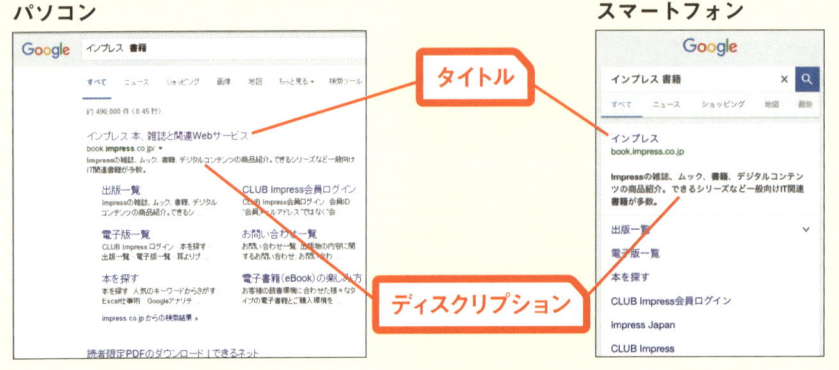

ディスクリプションは、パソコンでは120文字程度、スマートフォンではトップページのみ50文字程度まで表示される（2016年3月現在）。

ディスクリプションを記述する

1　meta要素を追加する　`index.html`

タイトルはすでに設定しているので、ここではHTMLファイルにディスクリプションを設定しましょう。ディスクリプションを書くにはmeta要素を使います。

name属性にdescriptionを指定し、content属性にページの説明を書いていきます❶。

```
01  <!DOCTYPE html>
02  <html lang="ja">
03  <head>
04  <meta charset="UTF-8">
05  <title>フラワーアレンジメント教室　Bloom【ブルーム】</title>
06  <meta name="description" content="東京都千代田区にあるフラワーアレンジメント教室 Bloom【ブルーム】">
07  <link rel="stylesheet" href="css/style.css">
08  </head>
```

❶ meta要素を追加

▶ サンプルサイトのタイトルとディスクリプション

ページ	タイトル	ディスクリプション
トップページ (index.html)	フラワーアレンジメント教室 Bloom	東京都千代田区にあるフラワーアレンジメント教室Bloom【ブルーム】。一人ひとりに向き合った、その人らしいアレンジメントを考えながら楽しく学べます。初心者の方も安心してご参加ください。
講座案内 (course.html)	講座案内｜フラワーアレンジメント教室 Bloom	フラワーアレンジメント教室Bloomでは、初心者の方を対象にした1日体験や、ブライダル・プレゼントなど用途に合わせたコースをご用意しています。
ギャラリー (gallery.html)	ギャラリー｜フラワーアレンジメント教室 Bloom	実際にBloomへ通われる生徒さんの作品をご紹介します。ブライダルブーケやフラワーデザイナー資格検定試験に向けた作品などさまざま。色鮮やかなギャラリーをぜひご覧ください。
アクセス (access.html)	アクセス｜フラワーアレンジメント教室 Bloom	Bloomへのアクセスはこちら。東京都千代田区○○町1-2-3 フラワーアレンジメント教室Bloom
お問い合わせ (contact.html)	お問い合わせ｜フラワーアレンジメント教室 Bloom	Bloomへのご質問やお問い合わせは、お電話もしくはお問い合わせフォームにて受け付けております。お気軽にお問い合わせください。TEL：052-232-8229

Googleは自社の検索に関する情報を「ウェブマスター向け公式ブログ」でアナウンスしています。
http://googlewebmastercentral-ja.blogspot.jp/

Lesson 61 ［ファビコン、Webクリップアイコンの設定］
ブックマークやスマートフォン用のアイコンを設定しましょう

**このレッスンの
ポイント**

ブラウザで見えているWebサイトのデザインだけじゃなく、ユーザーがブックマークしたときやスマートフォンでショートカットを作ったときに表示されるアイコンも自由にデザインを変えることができます。より印象に残るサイトにするためにカスタマイズしてみましょう。

ファビコンとWebクリップアイコン

Webページに設定できるアイコンにはファビコン（Favicon）とWebクリップアイコンがあります。
ファビコンは主にパソコンのブックマークやブラウザのタブ、アドレスバーなどに表示される小さな画像のことです。ブラウザやOSによってサイズがさまざまなので、2つ程度のサイズを1ファイルにまとめた「マルチアイコン」として作成し、自動的にサイズを変換して表示されるようにしましょう。
Webクリップアイコンは、スマートフォンでブックマークをホーム画面に設置したときに表示されるアイコンです。こちらもサイズはさまざまですが、大きく作っておけば縮小して表示してくれます。また自動的に角丸になるので正方形で作ります。

▶ **アイコンの画像サイズ**

表示場所	サイズ
アドレスバー、Internet Explorer	16×16px
Chrome、Firefox、Safari	32×32px
Windowsのピン留め機能	24×24px
Windowsデスクトップ	48×48px
Webクリップアイコン	144×144または152×152以上

▶ **ブックマークのファビコン**

▶ **Webクリップアイコン**

設定はちょっと大変ですがユーザーの印象に残りやすい重要な部分です！

chapter 10 機能を追加して集客しよう

268

ファビコンを設定する

1 もとになるアイコン画像を作成する

先に述べたように、画像サイズはさまざまなので今回は小さく表示されるときの16×16pxと、多くのブラウザで使われている32×32pxと48px×48pxで作成してみましょう。画像ソフトでそれぞれのサイズの画像を作成し、JPEG形式かPNG形式で保存します。

▶ さまざまなサイズのアイコン

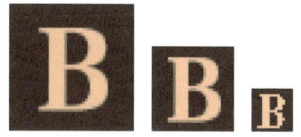

2 ICOファイルに変換する

もとになる画像をファビコンで使われるICO形式のファイルに変換します。Web上の変換サービスを利用するのが手軽です。今回はエーオーシステムのサービスを利用します。

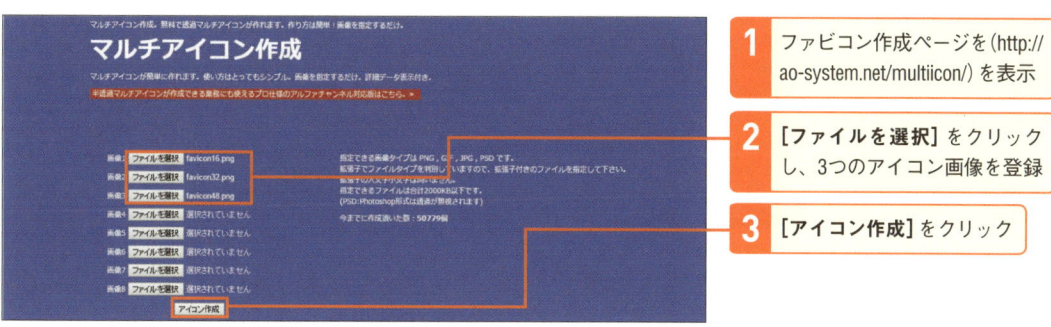

1 ファビコン作成ページを（http://ao-system.net/multiicon/）を表示

2 ［ファイルを選択］をクリックし、3つのアイコン画像を登録

3 ［アイコン作成］をクリック

3 ICOファイルをダウンロードする

変換が終了すると［ダウンロード］ボタンが表示されるので、クリックしてICOファイルをダウンロードします。

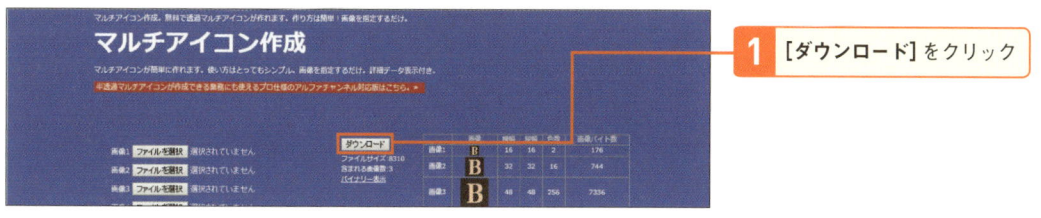

1 ［ダウンロード］をクリック

4 HTMLにlink要素を追加する

ダウンロードしたICOファイルを「favicon.ico」という名前に変更し、ルートディレクトリに配置します。ルートにfavicon.icoがあれば自動で表示してくれるブラウザも多いのですが、一部の古いブラウザでは認識されない場合があるので、HTMLにlink要素を追加しておきましょう❶。rel属性には「shortcut icon」と指定します。

▶ favicon.icoを配置

```
01  <!DOCTYPE html>
02  <html lang="ja">
03  <head>
04    <meta charset="UTF-8">
05    <title>フラワーアレンジメント教室 Bloom</title>
06    <meta name="description" content="東京都千代田区にあるフラワーアレンジメント教室ブルーム">
07    <link rel="stylesheet" href="css/style.css">
08    <link rel="stylesheet" href="css/font-awesome.min.css">
09    <link rel="shortcut icon" href="favicon.ico">   ← 1 link要素を追加
10  </head>
```

5 ファビコンを確認する

ブラウザでサンプルサイトを表示し、タブのアイコンが変わったことを確認します。問題がなければ他のHTMLファイルにも同じlink要素を追加しましょう。

▶ タブのアイコンが変わった

ファビコンはすごく小さいのでシンプルなデザインにし、色などで印象に残るよう工夫しましょう。

◯ Webクリップアイコンを設定する

1 もとになるアイコン画像を作成する

Webクリップアイコンもスマートフォンの機種によって複数のサイズがあります。今回は一番サイズが大きいiPadで使用されている152×152pxのサイズで作成します。ファイル形式はPNG形式です。

▶ 152×152pxのアイコン

2 HTMLにlink要素を追加する

アイコンの画像ファイルをルートディレクトリに配置します。ファイル名は何でも構いません。ここでは「webclip152.png」としています。そしてHTMLにlink要素を追加します。Webクリップアイコンの場合、rel属性にはapple-touch-iconと指定します❶。

▶ アイコン画像を配置

```
09    <link rel="stylesheet" href="css/font-awesome.min.css">
10    <link rel="shortcut icon" href="favicon.ico">
11    <link rel="apple-touch-icon" href="webclip152.png"/>         ❶ link要素を追加
12    </head>
```

3 スマートフォンで確認する

Webクリップアイコンを確認するには、設定したHTMLファイルやアイコン画像のファイルをWebサーバにアップロードし、スマートフォンからアクセスしてホーム画面に登録する必要があります。

▶ iPhoneで確認

▶ Androidで確認

※Androidの機種によってはアイコンが表示されないことがあります

Lesson 62 [SNSボタンの設置]
ソーシャルネットワークを活用しましょう

このレッスンのポイント

情報の拡散に一役買ってくれるのが、TwitterやFacebookなどのソーシャルネットワーキングシステム（SNS）です。うまく利用して、集客に役立てましょう。流行り廃りや向き不向きもあるので、情勢とコンテンツ内容を加味しながら上手に付き合っていきましょう。

SNSを利用すれば連鎖的に拡散できる

今や誰もがSNSのアカウントを1つ、ないし複数所有して日々情報の発信や閲覧をしている時代です。Webサイトで取り扱うコンテンツによっては検索サイトよりもSNSの方が流入を見込めることもあるでしょう。また、信頼できる発信者同士がつながり「自ら情報を取りに行く」仕組みなので強力な拡散力が期待できます。テキストやリンクだけで比較的簡単に発信は可能ですが、より発信してもらいやすいように「ソーシャルボタン」を設置しましょう。

パソコンでも発信の手間は省けますが、特にスマートフォンでリンクをコピーして共有するのは手間なので、その点でもボタン1つで共有できるかどうかは重要な要素になってきます。

また、ユーザーの手間を軽減するだけではなく、あらかじめ決まった情報を付与することで拡散される情報に間違いが起こりにくいという効果があります。ボタンツールや仕様は各SNSでさまざまですが、ここでは標準的なOGPの設定と、ユーザー数の多いFacebookとTwitterのシェアボタンの設置方法を説明します。

▶ページにソーシャルボタンがあればWebサイトから手軽に拡散できる

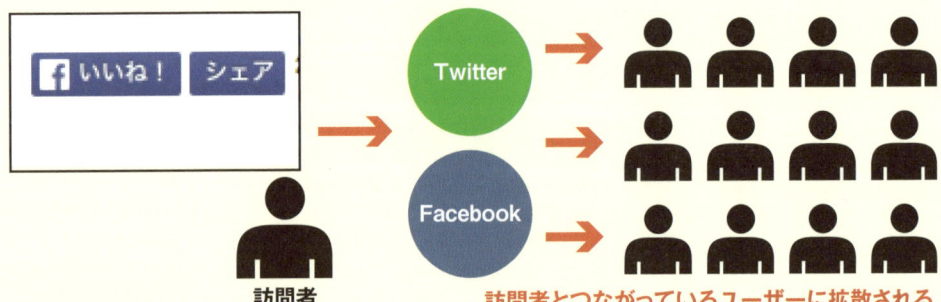

→ OGPでページのイメージを伝えやすくする

OGP (Open Graph Protocol：オープングラフプロトコル) は、Webページのタイトルや URL、概要などを正しく伝えるための情報で、FacebookやTwitterはもちろん、mixi、GREEなどのSNSでも使われています。WebページにOGP用のmeta要素が記述されていると、SNSでシェアしたときに画像や説明が表示され、Webサイトの内容やブランドイメージなどを伝えられるようになります。

OGPを利用するにはページのイメージとして表示する画像が必要です。SNSの中で埋もれないように目に付きやすい画像を使いましょう。ブランドイメージが強い場合は、企業ロゴなど同じものを使うのも1つの手ですが、なるべく遷移先のページがイメージできるような画像や写真を使うことをおすすめします。特に写真は目に付きやすい傾向にあります。

2015年時点のFacebookでは、画像サイズは1200×630px以上を推奨しています。正方形で表示されることもあるので、1200×630pxで作成しておき、600×600程度でトリミングされても問題ないデザインにするといいでしょう。

OGPの指定が適切かどうかを調べるために、FacebookのOpen Graph Debugger (https://developers.facebook.com/tools/debug/) やTwitterのTwitter Cards (https://dev.twitter.com/cards/overview) などのチェックツールも用意されています。

▶ FacebookでのOGP対応ページと非対応ページの違い

非対応

サイト内の画像が勝手にピックアップされる

対応

興味を引く画像を指定できる

OGPのサイズは、SNSの仕様に合わせて変化しています。設定する前にその時点での推奨サイズを調べるようにしましょう。

● Facebookの「いいね！」ボタンを設置する

Facebookの「いいね！」ボタン（Like Button）を設置すると、それを押してもらうだけで訪問者のタイムラインに掲載することができます。
「いいね！」ボタンを設置するには、「Facebook Developer登録」と「Facebookアプリ登録」が必要です。Facebook上で動くアプリなどを開発するための登録なので手順が少々複雑ですが、今回はアプリ＝Webサイトと考えて機械的に登録してください。Facebookアカウントでログインしてから以下の手順で登録しましょう。

1 Facebook Develper登録を開始する
1 Facebookデベロッパーページ（https://developers.facebook.com/）を表示
2 [Register]をクリック

2 登録を許可する
1 [いいえ]のボタンをクリック
2 [登録する]をクリック

3 登録が完了した
1 [完了]をクリック

4 アプリ登録を開始する
1 [Website]をクリック

アプリを登録済みなら手順13に進んでください

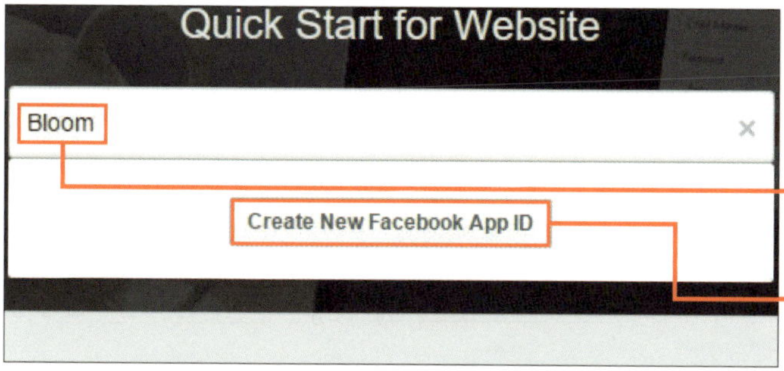

5 アプリ名を入力する

1 アプリ名（ここではWebサイト名の「Bloom」）を入力
2 [Create New Facebook App ID]をクリック

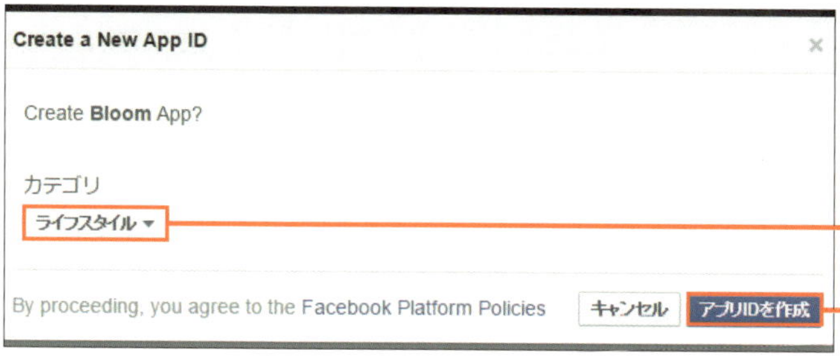

6 アプリのカテゴリを選択する

1 アプリのカテゴリ（ここでは[ライフスタイル]）を選択
2 [アプリIDを作成]をクリック

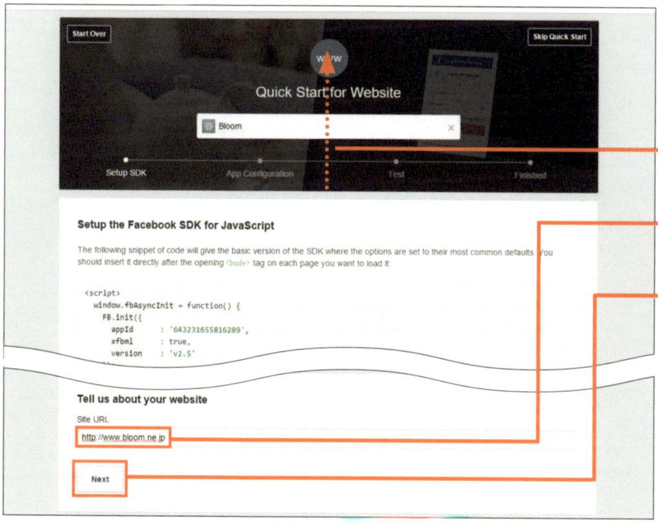

7 サイトのURLを入力する

1 画面を下にスクロール
2 サイトのURLを入力
3 [Next]をクリック

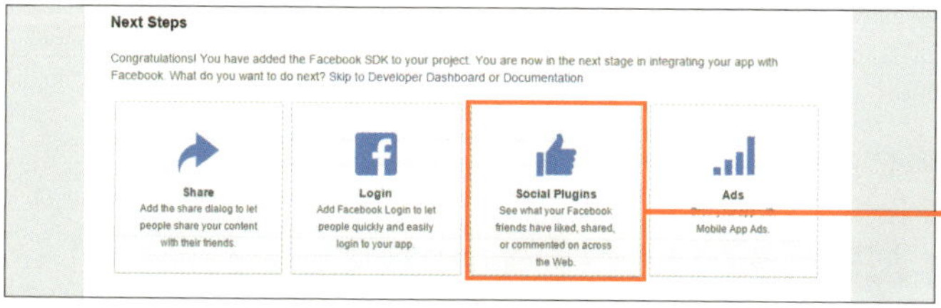

8 プラグインの設定ページへ移動する

1 [Social Plugins]をクリック

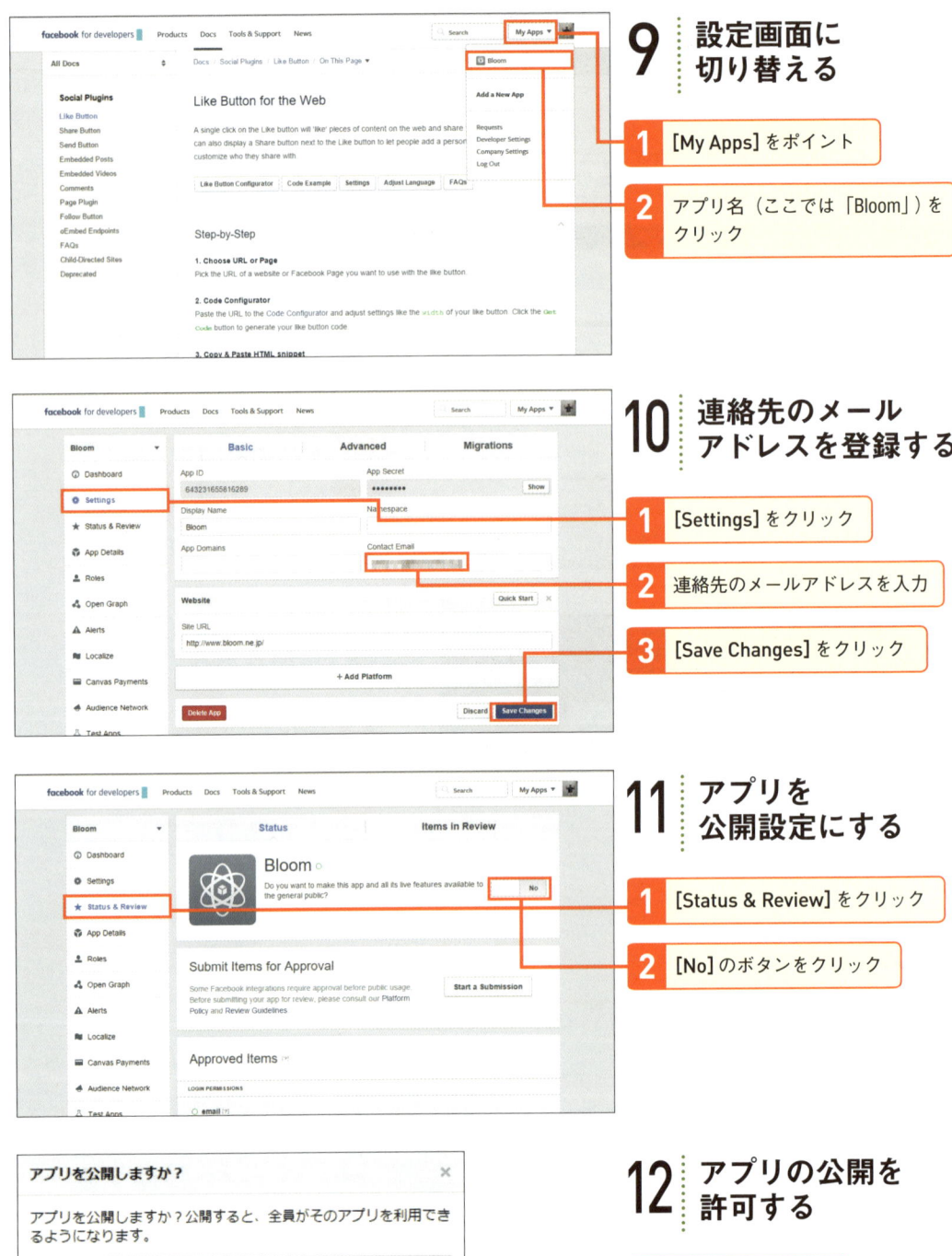

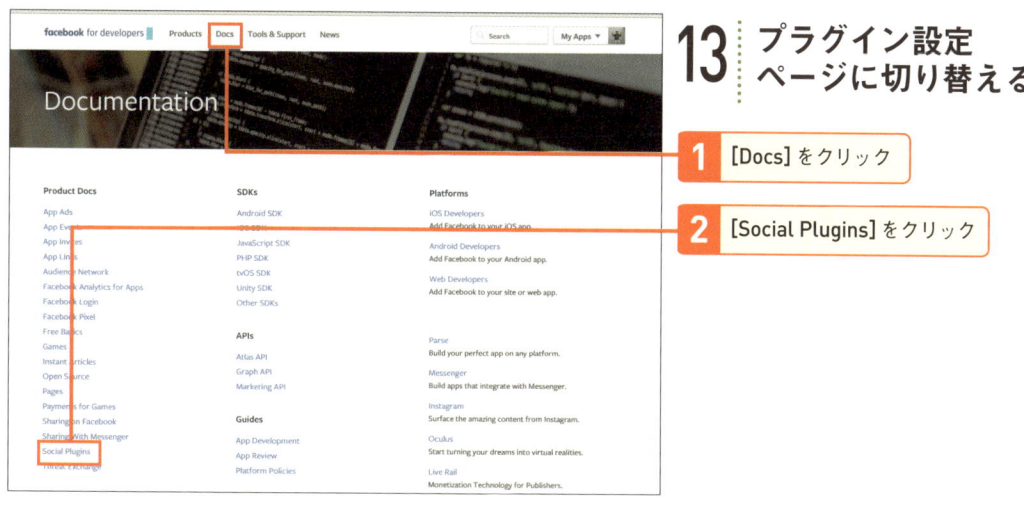

13 プラグイン設定ページに切り替える

1 [Docs] をクリック
2 [Social Plugins] をクリック

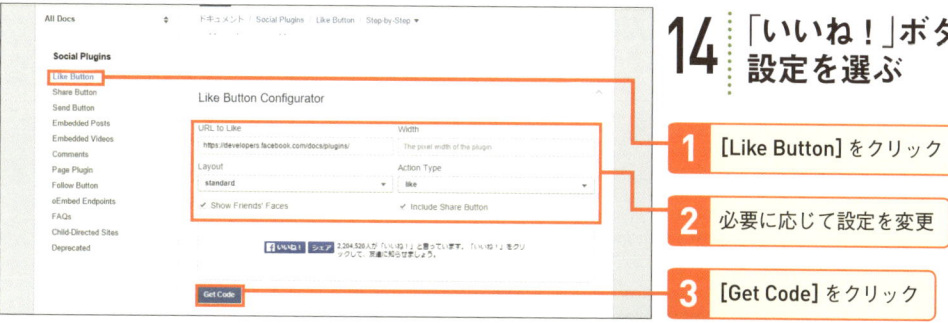

14 「いいね！」ボタンの設定を選ぶ

1 [Like Button] をクリック
2 必要に応じて設定を変更
3 [Get Code] をクリック

[Layout]でボタンの配置、[Button_count]でいいね数のカウントなどといった細かい表示設定がいろいろできます。でもFacebookの仕様はよく変わるので常に最新情報をチェックしよう！

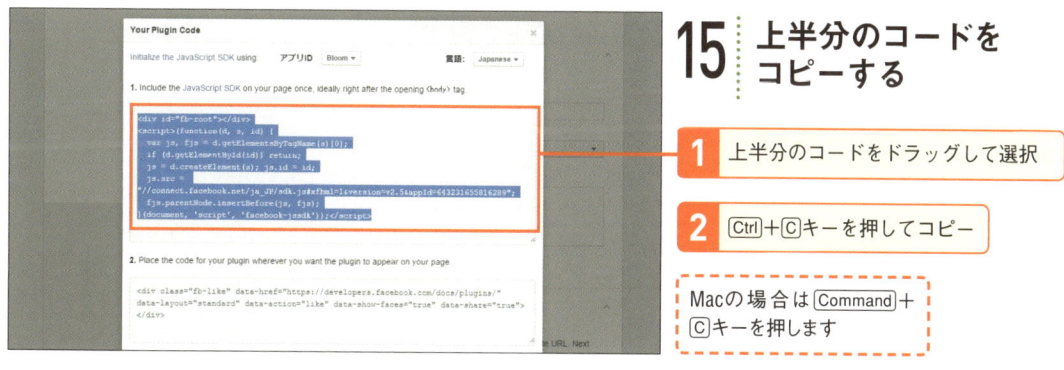

15 上半分のコードをコピーする

1 上半分のコードをドラッグして選択
2 Ctrl+C キーを押してコピー

Macの場合は Command+C キーを押します

chapter 10　機能を追加して集客しよう

16 コードを貼り付ける `index.html`

「いいね！」ボタンの挿入コードは2つに分かれています。まず上半分のコードをHTMLのbody要素の開始タグ直後に貼り付けます❶。

貼り付けたコード内で使われているscript要素は、JavaScriptのプログラムを書くための要素です。本書では詳しい説明は省きますが、script要素とJavaScriptはWebページの中で動作するプログラムを書くために使われます。

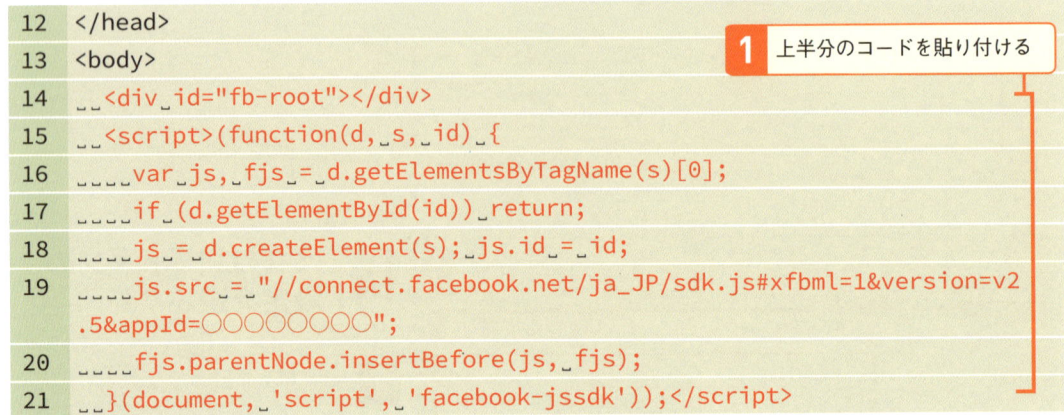

1 上半分のコードを貼り付ける

```
12  </head>
13  <body>
14    <div id="fb-root"></div>
15    <script>(function(d, s, id) {
16      var js, fjs = d.getElementsByTagName(s)[0];
17      if (d.getElementById(id)) return;
18      js = d.createElement(s); js.id = id;
19      js.src = "//connect.facebook.net/ja_JP/sdk.js#xfbml=1&version=v2.5&appId=○○○○○○○○";
20      fjs.parentNode.insertBefore(js, fjs);
21    }(document, 'script', 'facebook-jssdk'));</script>
```

17 下半分のコードをコピーする

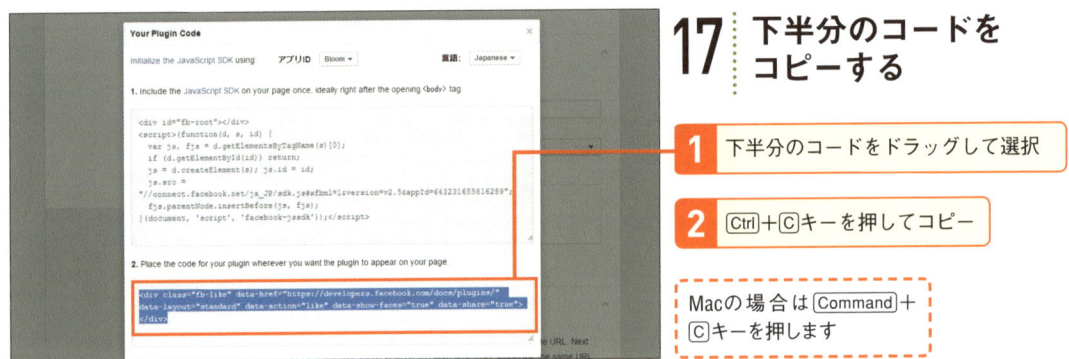

1 下半分のコードをドラッグして選択

2 Ctrl+Cキーを押してコピー

Macの場合はCommand+Cキーを押します

18 コードを貼り付ける

下半分のコードを「いいね！」ボタンを配置したい場所に貼り付けます❶。ここではメインコンテンツの一番下の部分に貼り付けています。これで設定は完了したので、ファイルを保存します。

```
79        </dl>
80      </section>
81      <div class="fb-like" data-href="https://developers.facebook.com/docs/plugins/" data-layout="standard" data-action="like" data-show-faces="true" data-share="true"></div>
82    </div>
83    <!--/メイン-->
```

1 下半分のコードを貼り付ける

19 設置したボタンを確認する

「いいね！」ボタンを確認してみましょう。Facebookと通信しながら動作するボタンなので、パソコン内に保存しただけでは確認できません。Webサーバにアップロードして公開してから、ブラウザで確認します。

▶ 設置した「いいね！」ボタン

「いいね！」ボタンが設置された

NEXT PAGE 279

● Twitterボタンを設置する

Twitterの場合、ボタンを設置するためのHTMLコードを生成する便利なツールが公式サイトにあるので、種類やオプションなどを選んで発行されたHTMLコードを貼り付けるだけで簡単にボタンを付けることができます。ボタンの種類は共有、フォロー、ハッシュタグ、@ツイート（メンション）などがありますが、ここでは「リンクを共有する」を選びましょう。
※ツイート数を表示する機能は2015年11月に廃止になりました。

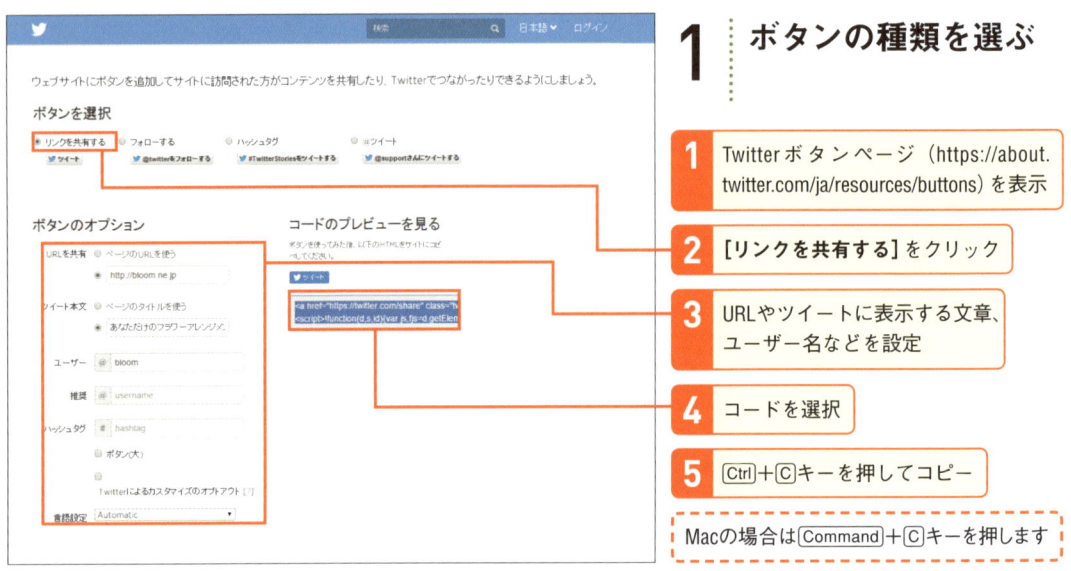

1 ボタンの種類を選ぶ

1. Twitterボタンページ（https://about.twitter.com/ja/resources/buttons）を表示
2. [リンクを共有する]をクリック
3. URLやツイートに表示する文章、ユーザー名などを設定
4. コードを選択
5. Ctrl+Cキーを押してコピー

Macの場合はCommand+Cキーを押します

2 コードを貼り付ける　index.html

コードをHTML内のボタンを配置したい場所に貼り付けます❶。ここではasideの一番下の、<section id="side_contact">の下に貼り付けています。これで設定は完了したので、ファイルを保存します。

```
099       </section>
100         <a href="https://twitter.com/share" class="twitter-share-button"{count} data-url="http://bloom.ne.jp" data-text="あなただけのフラワーアレンジメント教室Bloom" data-via="bloom">Tweet</a>
101         <script>!function(d,s,id){var js,fjs=d.getElementsByTagName(s)[0],p=/^http:/……略……'script','twitter-wjs');</script>
102     </section>
```

❶ コードを貼り付ける

3 設置したボタンを確認する

「いいね！」ボタンを確認してみましょう。Twitterと通信しながら動作するボタンなので、パソコン内に保存しただけでは確認できません。Webサーバにアップロードして公開してから、ブラウザで確認します。

▶ 設置した「リンクを共有する」ボタン

ボタンが設置された

▶ クリックするツイートされる内容

OGPを設定する

1 コードを書き換える `index.html`

まずhtml要素にいくつか属性を追加します❶。ここは特に理解する必要はないのでそのまま入力してください。次にhead要素にも属性を追加します❷。

最後にmeta要素でページタイトルやサイトの説明、URL、サムネイル画像へのリンクなどを記述していきます❸。

```
01  <!DOCTYPE html>
02  <html lang="ja" xmlns:og="http://ogp.me/ns#" xmlns:fb="http://www.facebook.com/2008/fbml">
03  <head prefix="og: http://ogp.me/ns# fb: http://ogp.me/ns/fb# article: http://ogp.me/ns/article#">
04  <meta charset="UTF-8">
05  <meta property="og:title" content="フラワーアレンジメント教室 Bloom【ブルーム】">
06  <meta property="og:description" content="東京都千代田区にあるフラワーアレンジメント教室 Bloom【ブルーム】">
07  <meta property="og:url" content="http://bloom.ne.jp">
08  <meta property="og:image" content="images/main_visual.jpg">
09  <title>フラワーアレンジメント教室 Bloom</title>
```

❶ html要素に属性を追加
❷ head要素に属性を追加
❸ 各種情報を入力

Lesson 63 ［Googleマップの設置］
Google マップを埋め込みましょう

このレッスンの
ポイント

最後にアクセスページにGoogleマップの地図を埋め込んでみましょう。静止画の地図と違って、表示する範囲を移動したり現在地からの経路を調べたりすることもできるので、アクセスページの使い勝手がよくなります。設置方法も簡単なので、ぜひ使ってみましょう。

Google マップとは

Googleマップとは、Googleが提供する地図サービスで、世界中で利用されています。この地図をWebページの中に埋め込むと、地図としてスクロールしたりストリートビューを表示したりなど、ページの中でGoogle マップの機能をそのまま使用することができます。おそらくこの原稿を読んでいる皆さんも使ったことがある、見たことがあるという方が多いのではないでしょうか？ 自分で地図の画像を作るよりも正確かつ手軽ですし、経路検索などの便利な機能を使うこともできます。

▶ Googleマップを埋め込んだ店舗案内の例

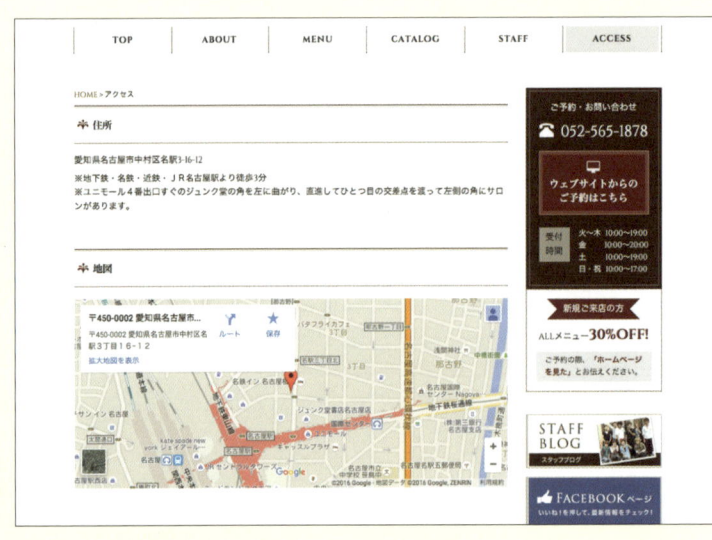

Googleマップなら現在地からの経路検索もできて親切ですよ。

◯ Googleマップを埋め込む

サンプルサイトに便利なGoogleマップを埋め込んでみましょう。住所がないと不便なので、ここでは例として「東京都千代田区神田神保町1-105」を使用します。

1　Googleマップを開いて住所を検索する

1　Googleマップのページ（https://maps.google.co.jp/）を表示

2　埋め込みたい場所の地図を表示

3　ここをクリック

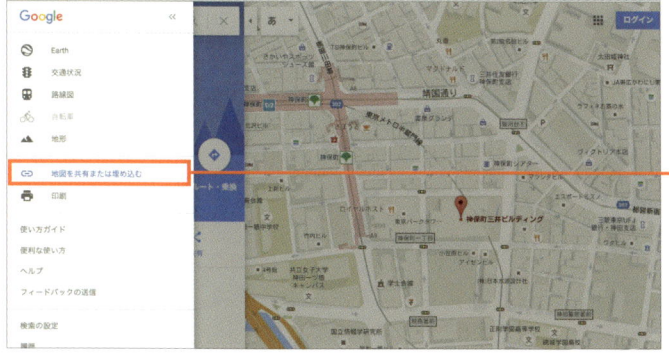

2　メニューから「共有または埋め込み」を選ぶ

1　[地図を共有または埋め込む]をクリック

3　地図の埋め込み画面が表示される

1　[地図を埋め込む]をクリック

chapter 10　機能を追加して集客しよう

NEXT PAGE ➡　283

4 地図のサイズを選ぶ

1 ここをクリック

2 ［カスタムサイズ］をクリック

5 カスタムサイズを指定する

1 サンプルサイトのアクセスページに合わせて、横730px、縦600pxに設定

2 コードを選択

3 Ctrl+Cキーを押してコピー

> Macの場合はCommand+Cキーを押します

6 コードを貼り付ける　access.html

サンプルファイルの「10章開始」フォルダからaccess.htmlをコピーして開きます。コードをHTML内のボタンを配置したい場所に貼り付けます❶。ここでは、「住所」のセクションの下に「地図」という見出しのセクションを作成して貼り付けます。これで設定は完了したので、ファイルを保存します。

```
47          <section>
48            <h3>地図</h3>
49              <iframe src="https://www.google.com/……中略……" width="730" height="600" frameborder="0" style="border:0" allowfullscreen></iframe>
50          </section>
```

1 コードを貼り付ける

7 設置した地図を確認する

貼り付けた地図を確認してみましょう。ソーシャルボタンと同じく、パソコン内に保存しただけでは確認できません。Webサーバにアップロードして公開してから、ブラウザで確認します。

▶ 地図が埋め込まれたアクセスページ

これでサンプルサイトは完成です。お疲れさまでした！　次はあなたのサイトを作る番です。本書で学んだ内容を参考にして、魅力的なサイト作りを目指しましょう！

Point　Googleマップのコードが品質チェックで警告される？

Googleマップで作成した埋め込みコードは、レッスン59で紹介した品質チェッカーで警告が表示されることがあります。最新仕様では非推奨になったframeborderという属性が使われているためですが、これは古いブラウザに対応させるためのものと思われるので、そのままにして構いません。

HTML要素&CSSプロパティ一覧

本書で使用したものを中心に、HTMLの代表的な要素とCSSのプロパティをまとめて紹介します。

▶ 主なHTMLの要素

要素名	役割	参照ページ
address要素	直近のbody要素やarticle要素に属する連絡先情報を表す。	89
article要素	その部分だけを取り出しても独立したコンテンツとして成り立つ記事を表す。	82
aside要素	ページ内における補足情報を表す。	87
a要素	リンクを表す。href属性にリンク先のパスを書く。	49
body要素	Webページに表示されるすべての内容の親要素を表す。	41
br要素	要素内で改行する。終了タグは書かない。	99
b要素	他と区別したいテキストを表す。重要性や強調の意味は持たない。	92
dd要素	定義リストのデータ部分を表す。dl要素の子にする。	96
del要素	削除された部分を表す。	92
div要素	特に意味を持たない汎用的なコンテナ（何かをまとめるもの）を表す。	72
dl要素	定義リストを表す。dd要素、dt要素とセットで使用する。	96
dt要素	定義リストの見出し部分を表す。dl要素の子にする。	96
em要素	強調したいテキストを表す。	92
figcaption要素	図表のタイトルまたはキャプションを表す。figure要素の子にする。	96
figure要素	図表を囲む要素。その図表を別の場所に移動しても文脈を損なわない場合に使用する。	96
footer要素	フッターを表す。	72
form要素	フォーム全体を表す。	109
h1〜h6要素	見出しを表す。	56
header要素	ヘッダーを表す。	76
head要素	その文書に関連する情報を示す。基本的にWebページに表示されない。	41
html要素	文書全体を表す。すべての要素はhtml要素の子として書く。	54
img要素	画像を表す。src属性に画像ファイルのパスを書く。	62
input要素	フォームの部品を表す。type属性に部品の種類を書く。	109
i要素	声や心理表現などを表す。重要性や強調の意味は持たない。	92
link要素	CSSファイルなどの関連ファイルを読み込む。	75

要素名	役割	参照ページ
li要素	リストの項目を表す。ul要素やol要素の子にする。	57
mark要素	ハイライトして目立たせたいテキストを表す。	92
meta要素	head要素の中に書き、さまざまな関連情報を表す。文字コードやViewportなどの指定に使う。	44
nav要素	主要なナビゲーションを表す。	79
ol要素	順序を持つリストを表す。li要素を子にする。	83
option要素	セレクトボックスの項目を表す。select要素の子にする。	111
p要素	段落を表す。	56
section要素	長い文章の一部を表し、文書のアウトラインを下げる働きを持つ。	82
select要素	セレクトボックスを表す。option要素を子にする。	111
small要素	注釈や細目を表す。	90
strong要素	重要性を表す。	92
table要素	表を表す。tr要素を子にする。	103
td要素	表のデータセルを表す。tr要素の子にする。	103
textarea要素	複数行入力可能なテキストエリアを表す。	111
th要素	表の見出しセルを表す。tr要素の子にする。	103
title要素	ページのタイトルを表す。head要素の子にする。	55
tr要素	表の行を表す。table要素の子になり、thまたはtd要素を子にする。	103
ul要素	順序を持たないリストを表す。li要素を子にする。	57

▶ 主なCSSのプロパティ

プロパティ名	書き方	参照ページ
background-clipプロパティ	background-clip: 範囲の値	167
背景の適用範囲を指定する。範囲の値：border-box	padding-box	content-box		
background-colorプロパティ	background-color: 色	167
背景色を指定する。		
background-imageプロパティ	background-image: url(画像ファイルのパス)	167
背景画像を指定する。		
background-originプロパティ	background-origin: 基準位置	167
背景の基準位置を指定する。基準位置：border-box	padding-box	content-box		

HTML要素&CSSプロパティチートシート

プロパティ名	書き方	参照ページ
background-positionプロパティ	background-position: 位置	167
背景の表示開始位置を指定する。位置：top	bottom	left	right	center	%		
background-repeatプロパティ	background-repeat: 繰り返し方法	167
背景の繰り返し方法を指定する。繰り返し方法：repeat-x	repeat-y	repeat	space	round	no-repeat		
background-sizeプロパティ	background-size: サイズ	167
背景画像の表示サイズを指定する。		
backgroundプロパティ	background: 値	167
背景に関する指定をまとめて行う。background-colorなどの値を使用。		
border-collapseプロパティ	border-collapse: 重なり方	207
表の隣接するセルの重なりを指定する。重なり方：collapse	separate		
border-radiusプロパティ	border-radius: 半径	169
表の角を丸める。2〜4個の値を指定して4つの角を個別に変更することも可能。角を個別に設定するためのborder-top-right-radius、border-bottom-right-radius、border-bottom-left-radius、border-top-left-radiusもある。		
borderプロパティ	border: 線種 太さ 色	142
ボーダー（枠線）を設定する。四辺を別に設定するためのborder-top、border-bottom、border-left、border-rightもある。		
bottomプロパティ	bottom: 距離	150
要素の下からの位置を指定する。positionプロパティと組み合わせて使用。		
box-shadowプロパティ	box-shadow: Xシフト量 Yシフト量 ぼかし幅 色 inset	214
要素に影を付ける。insetを付けると要素の内側に影が付く。		
box-sizingプロパティ	box-sizing: 計算方法	241
ボックスモデルのルールを変更し、サイズの指定方法を変える。計算方法：content-box	padding-box	border-box		
clearプロパティ	clear: クリア方法	147
先行するフロートを解除する。クリア方法：left	right	both		
colorプロパティ	color: 色	136
文字の色を設定する。		
contentプロパティ	content: "文字"	194
疑似要素と組み合わせ、要素の前後に文字を表示する。		
cursorプロパティ	cursor: カーソル種類	223
要素にマウスオーバーしたときのマウスポインタの種類を設定する。カーソル種類：pointer	textなど		
displayプロパティ	display: 表示特性	148
要素の表示特性を切り換える。表示特性：none	inline	block	inline-block	table-cellなど		

プロパティ名	書き方	参照ページ
floatプロパティ	float: フロート方法	146
要素をフロート状態にする。フロート方法：left	right	none		
font-familyプロパティ	font-family: フォント名	
文字のフォントを指定する。カンマで区切って複数のフォント名を列挙した場合、先に出現したそのパソコンで利用可能なフォントで表示される。フォント名：任意のフォント名	serif	sans-serif	monospace		
font-sizeプロパティ	font-size: サイズ	132
文字のサイズを指定する。		
font-weightプロパティ	font-weight: 太さ	134
文字の太さを指定する。太さ：100〜900	normal	bold	bolder	lighter		
heightプロパティ	height: 高さ	143
要素の高さを指定する。		
leftプロパティ	left: 距離	150
要素の左からの位置を指定する。positionプロパティと組み合わせて使用。		
letter-spacingプロパティ	letter-spacing: 字間	134
字間を指定する。		
line-heightプロパティ	line-height: 行間	135
行間を指定する。		
list-styleプロパティ	list-style: タイプ 位置	175
リストの行頭アイコンの種類や位置を指定する。タイプ：disc	circle	square	decimal		
marginプロパティ	margin: 幅	141
要素のマージン（ボーダーより外側の空き）を指定する。2〜4個の値を指定して4方向のマージンを個別に変更することも可能。個別に設定するためのmargin-top、margin-bottom、margin-left、margin-right もある。		
max-heightプロパティ	max-height: 高さ	―
要素の最大の高さを指定する。この指定値以上には広がらなくなる。		
max-widthプロパティ	max-width: 幅	238
要素の最大の幅を指定する。この指定値以上には広がらなくなる。		
min-heightプロパティ	min-height: 高さ	―
要素の最小の高さを指定する。この指定値以上には縮まなくなくなる。		
min-widthプロパティ	min-width: 幅	―
要素の最小の幅を指定する。この指定値以上には縮まなくなくなる。		
opacityプロパティ	opacity: 不透明度	163
要素の不透明度を0〜1の数値で指定する。		

HTML要素&CSSプロパティチートシート

HTML要素&CSSプロパティチートシート

プロパティ名	書き方	参照ページ
overflowプロパティ	overflow: 表示方法	147
要素からはみ出したコンテンツの表示方法を指定する。表示方法：visible	hidden	scroll	auto			
paddingプロパティ	padding: 幅	142
要素のパディング（ボーダーより内側の空き）を指定する。2〜4個の値を指定して4方向のパディングを個別に変更することも可能。個別に設定するためのpadding-top、padding-bottom、padding-left、padding-rightもある。			
positionプロパティ	position: 配置方法	150
ポジションでの配置方法を指定する。top、bottom、left、rightプロパティと組み合わせて使用する。 配置方法：static	relative	absolute	fixed			
rightプロパティ	right: 距離	150
要素の右からの位置を指定する。positionプロパティと組み合わせて使用。			
text-alignプロパティ	text-align: 配置方法	134
行内でのテキストやインラインの要素の揃え方を指定する。配置方法：left	right	center	justify			
text-decorationプロパティ	text-decoration: 種類	134
文字の下線や取り消し線を指定する。 種類：none	underline	overline	line-through	blink			
text-indentプロパティ	text-indent: 幅 hanging	134
1行目のインデント（字下げ）幅を指定する。hangingを付けるとぶら下げインデントになる。			
topプロパティ	top: 距離	150
要素の上からの位置を指定する。positionプロパティと組み合わせて使用。			
transitionプロパティ	transition: 対象プロパティ 時間 タイミング 遅延時間	196
徐々に対象プロパティの値が変化するアニメーションにする。			
vertical-alignプロパティ	vertical-align: 基準	165
インラインの要素の縦の揃え方を指定する。基準：baseline	text-top	text-bottom	middle	top	bottom			
widthプロパティ	width: 幅	143
要素の幅を指定する。			

索引

記号・数字

%	133
::after	194
:hover	161, 177, 187, 223
:last-child	191, 195, 241
:nth-child	211, 215
:visited	161
!importan	131
@mediaルール	237
16進数	136

A

address要素	089, 183
Adobe Color CC	138
alt属性	060
Another HTML-lint 5	263
article要素	072, 082, 084
aside要素	072, 087
a要素	059, 088

B

background-colorプロパティ	167
background-imageプロパティ	167, 168
backgroundプロパティ	167, 186
body要素	041, 054
border-collapseプロパティ	207
border-radiusプロパティ	169, 222
borderプロパティ	142, 169, 190, 208
box-shadowプロパティ	214
box-sizingプロパティ	241
Brackets	026, 052, 063, 224
br要素	099
b要素	092

C

CDN	246
class属性	073
clearプロパティ	147, 175, 205
cm	133
colorプロパティ	136, 156
contentプロパティ	194
CSS	015, 120
CSS3	121
CSS-TRICKS	195
CSSファイルを読み込み	075
cubic-bezier.com	199

D

dd要素	096, 205, 217
del要素	092
device-width	233
displayプロパティ	148, 176, 186, 190, 191, 194, 240
div要素	072, 076
dl要素	096, 205, 217
DOCTYPE宣言	040, 054
dt要素	096, 205, 217

E

em	133, 220
em要素	092
EUC-JP	032
ex	133

F

Facebook	274
figcaption要素	096, 204
figure要素	096, 204
FileZilla	254
floatプロパティ	146, 173, 179, 204
Font Awesome	246
font-sizeプロパティ	132, 155
font-styleプロパティ	183
font-weightプロパティ	134, 163
footer要素	072, 076, 090
form要素	109
FTPクライアント	254

G

GIF	061
Google Chrome	022
Googleフォーム	114
Googleマップ	282

H
h1要素	056
header要素	072, 076
head要素	041, 054, 281
heightプロパティ	143
href属性	059, 075
hsl関数、hsla関数	137
HTML	015, 036
HTML5	037
html要素	040, 075, 281

I
IDセレクタ	125
id属性	073
ID名	051, 073, 081
img要素	060, 080
in	133
inherit	131
input要素	109
Internet Explorer	037
i要素	092, 248

J
JavaScript	200
JPEG	061
jQuery	200

L
label要素	115
lang属性	075
letter-spacingプロパティ	134
linear-gradient関数	184
line-heightプロパティ	135
link要素	044, 075, 123, 154, 246, 270
list-styleプロパティ	175, 193
li要素	057

M
main要素	072
marginプロパティ	141, 162
mark要素	092
max-widthプロパティ	238
meta要素	044, 055, 233, 267, 281
mm	133

N
name属性	110
nav要素	072, 079, 081

O
OGP	273, 281
ol要素	083, 192
opacityプロパティ	163
option要素	111, 114
overflowプロパティ	147, 175

P
paddingプロパティ	142, 162
pc	133
Pixlr Editor	118
PNG	061
positionプロパティ	151
pt	133
px	133
p要素	056

R
radial-gradient関数	185
rem	133
required属性	113
rgb関数、rgba関数	137

S
SCREEN SIZ.ES	233
section要素	072, 082, 085
select要素	111, 114
SEO	066, 083, 266
Shift JIS	032
small要素	090, 191
SNS	272
span要素	112
src属性	060
strong要素	092
style属性	123
style要素	123

T
table要素	103
target属性	088
td要素	103, 208
text-alignプロパティ	134, 156

textarea要素	111, 116	画像	060
text-decorationプロパティ	134, 163	画像リスト	107
text-indentプロパティ	134	可変幅	145
The W3c Markup Validation Service	263	カラムレイアウト	144, 147
th要素	103, 208	疑似クラス	127, 161, 177, 187, 191, 195, 211, 223
title要素	044, 055, 077	疑似要素	127, 192, 194, 241
transitionプロパティ	196, 223	ギャラリー	106, 210
tr要素	103	行間	135
Twitter	280	行頭アイコン	175
type属性	109	空白文字	092
U		クラスセレクタ	125, 156, 219
Ultimate CSS Gradient Generator	187	クラス名	073, 081, 219
ul要素	057	グラデーション	184
Unicode	032	グローバルナビゲーション	020, 079, 174
UTF-8	032, 153	コーディング	016
V		固定位置	151
value属性	110	固定幅	145
vertical-alignプロパティ	165, 183	コピーライト	090, 191
Viewport	232	個別性	129
W		コメント	065, 157
Webクリップアイコン	268	コンテナ	045
Webサーバ	252	コンテンツエリア	020, 179
Webサイト	014	コンテンツモデル	047
Webフォント	245	**さ行**	
widthプロパティ	143	サイドエリア	020
wrapper	076, 179	サイドバー	020, 086, 179, 180
あ行		サイトマップ	018
アイコンフォント	245	サイトルート相対パス	051
アクセシビリティ	158, 262	子孫セレクタ	126, 168
アップロード	254	斜体	183
アニメーション	196	終了タグ	042
「いいね!」ボタン	274	スタイルの継承	130
インデント	064, 134	スマートフォン対応	226
インライン	046, 148, 190, 194	セクショニングコンテンツ	082
インラインブロック	148, 186	絶対単位	133
ウェブマスター向け公式ブログ	267	絶対配置	151
親子関係	039	絶対パス	049
か行		セマンティクス	066, 262
開始タグ	042	セマンティックウェブ	066
拡張機能	034, 224	セレクタ	122, 124
拡張子	030		

セレクタの優先順位	128
セレクトボックス	111, 114
全称セレクタ	127
送信ボタン	117, 222
ソーシャルボタン	272
相対単位	133
相対配置	151
相対パス	050
属性	043

た行
タイトル	266
タイプセレクタ	125, 160
タグ	042
段落	056
チェックボックス	110, 115, 221
定義リスト	096, 112, 205, 217
ディスクリプション	266
ディスプレイ	148
ディレクトリ	048
テキストエリア	111, 116, 221
テキストファイル	026
デバイス解像度	231
デバイスモード	228
デフォルトスタイル	165
デベロッパーツール	228
独自ドメイン	253
特殊記号	092
ドメイン	049, 253

は行
背景	167
パディング	141
パンくずリスト	083, 192
ピクセル	133
表組み	102, 206
ファビコン	268
フォーム	108, 216
複数セレクタ	126
フッター	020, 086, 188
不透明度	137, 163
フロート	146, 171, 174, 210
フロートを解除	175
ブロックレベル	046, 148, 176, 191
プロパティ	122
ページ内リンク	051
ヘッダー	020, 078, 170
ベンダープレフィックス	185
ボーダー	141, 166
ポジション	150
ボックスモデル	141, 206

ま行
マージン	141
マウスオーバー	161
マルチクラス	073, 250
見出し	056
メールアドレス用ボックス	113
メインエリア	020, 082
メインビジュアル	097, 203
メディアクエリ	236
文字エンコーディング	044, 055
文字コード	032, 055, 153
文字化け	033
モックアップ画像	017, 021
モバイル対応	262
要素	038
要素を非表示にする	148, 240

ら行
ライブプレビュー	055, 154
ラジオボタン	110, 116, 221
リスト	057, 083
リンク	059
ルートディレクトリ	048
レスポンシブWebデザイン	145, 227
レンタルサーバ	252

わ行
ワイヤーフレーム	019

本書サンプルコードのダウンロードについて

本書に掲載しているサンプルコードは、本書のサポートページからダウンロードできます。サンプルコードは「yasashiihtml.zip」というファイル名で、zip形式で圧縮されています。展開してご利用ください。なお、サンプルコードには、第3章、第4章、第6章〜第8章、第10章のそれぞれ開始時点のコードと、完成後のコードを用意しています。また、style.cssは紙面のコードと合わせたコメントなしのものと、コメントありの2種類があります。
なお、サンプルサイト内で使用している写真のライセンスはCreative Commons CC0にもとづいています。

○ 本書サポートページ

http://book.impress.co.jp/books/1115101020

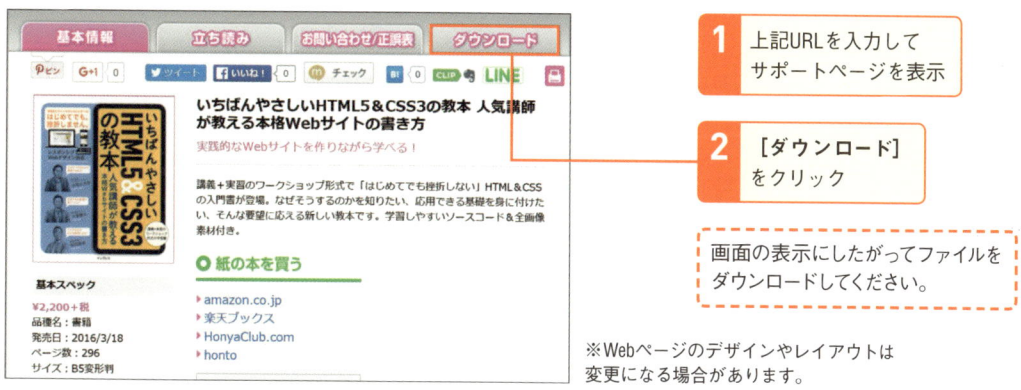

1 上記URLを入力してサポートページを表示

2 ［ダウンロード］をクリック

画面の表示にしたがってファイルをダウンロードしてください。

※Webページのデザインやレイアウトは変更になる場合があります。

○ スタッフリスト

カバー・本文デザイン	米倉英弘（細山田デザイン事務所）
カバー・本文イラスト	あべあつし
DTP	風間篤士（株式会社リブロワークス）
デザイン制作室	今津幸弘
	鈴木 薫
編集	大津雄一郎（株式会社リブロワークス）
副編集長	柳沼俊宏
編集長	藤井貴志

本書のご感想をぜひお寄せください

http://book.impress.co.jp/books/1115101020

［読者アンケートに答える］をクリックしてアンケートにぜひご協力ください。はじめての方は「CLUB Impress（クラブインプレス）」にご登録いただく必要があります。アンケート回答者の中から、抽選で**商品券（1万円分）**や**図書カード（1,000円分）**などを毎月プレゼント。当選は賞品の発送をもって代えさせていただきます。

アンケート回答で本書の読者登録が完了します

読者登録サービス　CLUB impress　登録カンタン 費用も無料！

いちばんやさしい HTML5 & CSS3 の教本
人気講師が教える本格 Web サイトの書き方

2016 年 3 月 21 日 初版発行
2017 年 5 月 1 日 第 1 版第 3 刷発行

著者　　赤間公太郎、大屋慶太、服部雄樹
発行人　土田米一
編集人　高橋隆志
発行所　株式会社インプレス
　　　　〒 101-0051 東京都千代田区神田神保町一丁目 105 番地
　　　　TEL 03-6837-4635（出版営業統括部）
　　　　ホームページ http://book.impress.co.jp/
印刷所　株式会社廣済堂

本書は著作権法上の保護を受けています。本書の一部あるいは全部について（ソフトウェア及びプログラムを含む）、株式会社インプレスから文書による許諾を得ずに、いかなる方法においても無断で複写、複製することは禁じられています。

Copyright © 2016 Kotaro Akama, Keita Oya, Yuki Hattori, All rights reserved.
ISBN 978-4-8443-8029-0 C3055
Printed in Japan

本書の内容に関するご質問は、書名・ISBN・お名前・電話番号と、該当するページや具体的な質問内容、お使いの動作環境などを明記のうえ、インプレスカスタマーセンターまでメールまたは封書にてお問い合わせください。電話や FAX 等でのご質問には対応しておりません。なお、本書の範囲を超える質問に関しましてはお答えできませんのでご了承ください。また、本書の利用によって生じる直接的または間接的被害について、著者ならびに弊社では一切の責任を負いかねます。あらかじめご了承ください。

落丁・乱丁本はお手数ですがインプレスカスタマーセンターまでお送りください。送料弊社負担にてお取り替えさせていただきます。但し、古書店で購入されたものについてはお取り替えできません。

■読者の窓口
インプレスカスタマーセンター
〒101-0051 東京都千代田区神田神保町一丁目105番地
TEL 03-6837-5016 ／ FAX 03-6837-5023
info@impress.co.jp

■書店／販売店のご注文窓口
株式会社インプレス 受注センター
TEL 048-449-8040 ／ FAX 048-449-8041